Stephan Schröder

Geschichte und Theorie der Gattung Paian

Beiträge zur Altertumskunde

Herausgegeben von
Michael Erler, Ernst Heitsch, Ludwig Koenen,
Reinhold Merkelbach, Clemens Zintzen

Band 121

B. G. Teubner Stuttgart und Leipzig

Geschichte und Theorie der Gattung Paian

Eine kritische Untersuchung
mit einem Ausblick auf Behandlung und Auffassung der lyrischen Gattungen bei den alexandrinischen Philologen

Von
Stephan Schröder

B. G. Teubner Stuttgart und Leipzig 1999

Die Deutsche Bibliothek – CIP-Einheitsaufnahme

Schröder, Stephan:
Geschichte und Theorie der Gattung Paian:
eine kritische Untersuchung mit einem Ausblick auf Behandlung und
Auffassung der lyrischen Gattungen bei den alexandrinischen Philologen /
von Stephan Schröder. – Stuttgart; Leipzig: Teubner, 1999
(Beiträge zur Altertumskunde; Bd. 121)
ISBN 3-519-07670-5

Printed in Germany
Druck und Bindung: Röck, Weinsberg

Danksagung

Für Hilfe bei der Korrektur danke ich Sandra Withenius, Henning Dreyling und Markus Stein. Herr Prof. Stefan Radt hat mir brieflich Auskunft zur Überlieferung einer Strabonstelle gegeben. Herr Prof. Clemens Zintzen hat sich freundlicherweise zur Aufnahme dieser Schrift in die Reihe `Beiträge zur Altertumskunde´ bereiterklärt. Vor allem habe ich Herrn Prof. Rudolf Kassel zu danken, der das ganze Manuskript mit äußerster Sorgfalt durchgelesen und zahlreiche Verbesserungen vorgeschlagen hat. Was an Fehlern und Versehen stehengeblieben ist, geht allein zu meinen Lasten.

Köln, im August 1998

Addendum zu S. 121 f.: Das Gemeinte zu verdeutlichen, ist vielleicht folgende Formulierung geeignet: Aristarch kann seinem Kontrahenten nur dann mit Recht entgegenhalten, daß das Paianepiphthegma auch in Dithyramben vorkomme, wenn er Texte besitzt, von denen er glauben darf, daß sie sich aus anderen Gründen als dem, auf den er sich in dem vorliegenden Fall beruft, mit höherer Sicherheit dem Genos Dithyrambos zuweisen lassen. Dann ist ihm die formale Gestalt des Gedichts lediglich Indiz, nicht letzte Instanz. Hinge Aristarch dagegen der Auffassung an, die Gattung Dithyrambos sei durch das Vorhandensein einer Mythenerzählung *definiert*, liefe das, was er sagt, auf eine petitio principii hinaus; er hätte ja die Texte, auf die er sich beruft, nach demselben Kriterium, das er im Fall des Kassandragedichts verwendet, trotz des vorkommenden Epiphthegmas als Dithyramben klassifiziert. Er müßte dem Kallimachos stattdessen vorhalten, daß er mit einem falschen Begriff der Gattung operiere.

Inhaltsverzeichnis

Verzeichnis abgekürzt zitierter Literatur

Die Pindarfragmente sind zitiert nach der von H. Maehler bearbeiteten Edition von B. Snell, Leipzig 1989 ([Sn.-] M.), Bakchylides nach der unten aufgeführten zweiteiligen kommentierten Ausgabe von H. Maehler (M.).
Mit "Verf., Kretafahrt" ist auf einen Aufsatz über Bacch. c. 17 M. verwiesen, der im Jahrgang 1999 des RhM erscheinen soll, mit "Verf., Delphische Paiane" auf einen Beitrag über die auf der Südmauer des delphischen Athenerschatzhauses aufgezeichneten Lieder des Athenaios und des Limenios, der für dasselbe Jahr zur Publikation in der ZPE vorgesehen ist.

D´Alessio, Classification	G. B. D´Alessio, Pindar´s Prosodia and the Classification of Pindaric Papyrus Fragments, ZPE 118 (1997) S. 23 - 60.
D´Alessio, Rez. Käppel	G. B. D´Alessio, Rez. Käppel, CR 108 (1994) 62 - 65.
Bélis	Anne Bélis, Corpus des inscriptions de Delphes, tome III: Les hymnes à Apollon, Paris 1992.
von Blumenthal	A. von Blumenthal, RE s.v. Paian, Bd. XVIII 1 (1942) Sp. 2340 - 2362.
Burkert, GR	W. Burkert, Griechische Religion der archaischen und klassischen Epoche, Stuttgart - Berlin - Köln - Mainz 1977.
Calame, Choeurs	C. Calame, Les choeurs de jeunes filles en Grèce archaique, 2 Bde., Rom 1977.
Daux	G. Daux, Delphes au IIe et au Ier siècle, Paris 1936.
Deubner, Paian	L. Deubner, Paian, NJbb 22 (1919) S. 385 - 406 (in Klammern dahinter die Seitenzahl des Nachdrucks in: L. Deubner, Kleine Schriften zur klassischen Altertumskunde, hrsg. von O. Deubner, Königstein/Ts. 1982, S. 204 - 225).

Färber	H. Färber, Die Lyrik in der Kunsttheorie der Antike, Diss. München 1935, gedr. München 1936.
Fairbanks	A. Fairbanks, A Study of the Greek Paian, Ithaca, NY 1900.
Fraser, Alexandria	P. M. Fraser, Ptolemaic Alexandria, 3 Bde., Oxford 1972.
Fuhrer	Therese Fuhrer, Die Auseinandersetzung mit den Chorlyrikern in den Epinikien des Kallimachos, Basel - Kassel 1992.
Gelzer, Alexandriner	Th. Gelzer, Die Alexandriner und die griechischen Lyriker, AAntHung 30 (1988) S. 129 - 147.
Gelzer, Μοῦσα αὐθιγενής	Th. Gelzer, Μοῦσα αὐθιγενής. Bemerkungen zu einem Typ Pindarischer und Bacchylideischer Epinikien, MH 42 (1985) S. 95 - 120.
Graf	F. Graf, Eleusis und die orphische Dichtung Athens in vorhellenistischer Zeit, Berlin - New York 1974.
Habicht, Gottmenschentum	Chr. Habicht, Gottmenschentum und griechische Städte, München 1956 (mit "Gottmenschentum^2" werden die Nachträge der sonst so gut wie unveränderten 2. Aufl., München 1970, zitiert).
Harvey	A. E. Harvey, The Classification of Greek Lyric Poetry, CQ 49 (1955) 157 - 175.
Irigoin, Histoire	J. Irigoin, Histoire du texte de Pindare, Paris 1952.
Jauß	H. R. Jauß, Theorie der Gattungen und Literatur des Mittelalters, in: Grundriß der romanischen Literaturen des Mittelalters, hrsg. von H. R.

	Jauß und E. Köhler, Bd. I (dir. M. Delbouille), Heidelberg 1972, S. 107 - 138 (dahinter in Klammern die Seitenzahl des Nachdrucks in: H. R. Jauß, Alterität und Modernität der mittelalterlichen Literatur. Gesammelte Aufsätze 1956 - 1976, München 1977, S. 327 - 358).
Käppel	L. Käppel, Paian. Studien zur Geschichte einer Gattung, Berlin - New York 1992.
Keyßner, Gottesvorstellung	K. Keyßner, Gottesvorstellung und Lebensauffassung im griechischen Hymnus, Stuttgart 1932.
Kircher	K. Kircher, Die sakrale Bedeutung des Weines im Altertum (RgVV IX 2), Gießen 1910.
Kleinknecht	H. Kleinknecht, Die Gebetsparodie in der Antike, Stuttgart - Berlin 1937.
Lefkowitz, Victory Ode	Mary R. Lefkowitz, The Victory Ode. An introduction, Park Ridge 1976.
Lloyd - Jones	H. Lloyd - Jones, Greek Epic, Lyric, and Tragedy. The academic papers of Sir Hugh Lloyd - Jones, Oxford 1990.
Maehler, Lieder, Teil I	H. Maehler, Die Lieder des Bakchylides. Erster Teil: Die Siegeslieder, 2 Bde., Leiden 1982.
Maehler, Lieder, Teil II	H. Maehler, Die Lieder des Bakchylides. Zweiter Teil: Die Dithyramben und Fragmente, Leiden - New York - Köln 1997.
van Minnen	P. van Minnen, The Performance and Readership of the Persai of

	Timotheus, AfP 43 (1997) S. 246 - 260.
Molyneux	J. H. Molyneux, Simonides. A historical study, Wauconda, Illinois 1992.
Most	G. Most, The Measures of Praise, Göttingen 1985.
Mylonas	G. E. Mylonas, Eleusis and the Eleusinian Mysteries, Princeton, N. J. 1961.
Nilsson, GGR^2	M. P. Nilsson, Geschichte der griechischen Religion, 2 Bde., München ^{2}1955 - 1961.
Page, Sappho and Alcaeus	D. L. Page, Sappho and Alcaeus. An introduction to the study of ancient Lesbian poetry, Oxford 1955.
Pardini	A. Pardini, La ripartizione in libri dell´ opera di Alceo, RFIC 119 (1991) S. 257 - 284.
Pfeiffer	R. Pfeiffer, Geschichte der Klassischen Philologie. Von den Anfängen bis zum Ende des Hellenismus, München ^{2}1978 (in eckigen Klammern zugesetzt ist jeweils die Seitenzahl der englischen Originalausgabe, History of Classical Scholarship: From the Beginnings to the End of the Hellenistic Age, Oxford 1968).
Pickard - Cambridge, DTC	Sir Arthur Wallace Pickard - Cambridge, Dithyramb, Tragedy and Comedy, Oxford 1927 (zumeist wird sowohl diese als auch die von T. B. L. Webster überarbeitete 2. Auflage, Oxford 1962, zitiert, in besonderen Fällen aber nur eine von beiden).
Privitera	G. A. Privitera, Il peana sacro ad Apollo, in: Rito e poesia corale in Grecia. Guida storica e critica,

	a cura di C. Calame, Rom - Bari 1977 (hiernach zitiert; ursprünglich erschienen in: Cultura e scuola 41, 1972, S. 41 - 49).
Rutherford, Et Hominum Et Deorum Laudes	I. C. Rutherford, Et Hominum Et Deorum ... Laudes (?): A Hypothesis about the Organisation of Pindar´s Paean - Book, ZPE 107 (1995) S. 44 - 52.
Rutherford, Lyric Structure	I. C. Rutherford, Pindar "Paean" VIII a, the "Cassandra" of Bacchylides and the Anonymous "Cassandra" in P. Oxy. 2368: An Exploration in Lyric Structure, Eos 79 (1991) S. 5 - 12.
Rutherford, Paeans	I. C. Rutherford, Paeans by Simonides, HSCP 93 (1990) S. 169 - 209.
Rutherford, Unnoticed Title	I. C. Rutherford, For the Aeginetans to Aiakos a Prosodion: An unnoticed Title at Pindar, Paean 6, 123, and its Significance for the Poem, ZPE 118 (1997) S. 1 - 21.
Vollgraff 1924	W. Vollgraff, Le péan delphique à Dionysos, BCH 48 (1924) S. 97 - 208.
Vollgraff 1927	W. Vollgraff, Le péan delphique à Dionysos [suite], BCH 51 (1927) S. 423 - 468.
van der Weiden	M. J. H. van der Weiden, The Dithyrambs of Pindar. Introduction, text and commentary, Amsterdam 1991.
Weil	H. Weil, Un péan delphique à Dionysos, BCH 19 (1895) S. 393 - 418 und 548, pl. XVI - XVII.
Wilamowitz, Einleitung	U. von Wilamowitz - Moellendorff, Einleitung in die

	griechische Tragödie, Berlin 1907 (unveränderter Nachdruck der Kapitel I - IV aus: Euripides, Herakles, erklärt von U. v. Wilamowitz - Moellendorff, Bd. I, Berlin [1]1889; die Seitenzahlen dieses älteren Drucks sind in eckigen Klammern zugesetzt).
Wilamowitz, GdH	U. v. Wilamowitz - Moellendorff, Der Glaube der Hellenen, 2 Bde., Berlin 1931 - 1932.
Wilamowitz, Nordionische Steine	Nordionische Steine, mit Beiträgen von P. Jacobsthal hrsg. von U. v. Wilamowitz - Moellendorff, Abh. d. preuss. Ak. d. Wiss., phil. - hist. Kl., Berlin 1909.
Wilamowitz, Rez. Kenyon	U. v. Wilamowitz - Moellendorff, Rez. von The Poems of Bacchylides, ed. by F. G. Kenyon, London 1897, GGA 160 (1898) S. 125 - 160.
Wilamowitz, Pindaros	U. v. Wilamowitz - Moellendorff, Pindaros, Berlin 1922.
Wilamowitz, Sappho und Simonides	U. v. Wilamowitz - Moellendorff, Sappho und Simonides. Untersuchungen über griechische Lyriker, Berlin 1913.
Wilamowitz, Timotheos	Timotheos, Die Perser, aus einem Papyrus von Abusir im Auftrage der Deutschen Orientgesellschaft hrsg. von U. v. Wilamowitz - Moellendorff, Leipzig 1903.
Wilamowitz, Textgeschichte	U. v. Wilamowitz - Moellendorff, die Textgeschichte der griechischen Lyriker, Abh. d. Ges. d. Wiss. zu Göttingen, phil. - hist. Kl., N. F. Bd. 4, 3, Berlin 1900.

Young, Pindar Pythians 2 and 3	D. C. Young, Pindar Pythians 2 and 3: Inscriptional ποτέ and the "Poetic epistle", HSCP 87 (1983) S. 31 - 48.
Zimmermann, Dithyrambos	B. Zimmermann, Dithyrambos. Geschichte einer Gattung, Göttingen 1992.
Zimmermann, Pratinasfragment	B. Zimmermann, Überlegungen zum sogenannten Pratinasfragment, MH 43 (1986) S. 145 - 154.

Vorbemerkung

Im Jahre 1992 hat Lutz Käppel in seinem Paianbuch den Versuch unternommen, unser Verständnis der Gattung des bis dahin nicht sonderlich intensiv erforschten Paian und ihrer Geschichte auf eine neue Grundlage zu stellen. Gattungstheoretischen Überlegungen, dic in den Neueren Philologien angestellt worden sind, bemüht er sich neue Gesichtspunkte für die Durcharbeitung des, wie nicht zuletzt seine umfangreiche Textsammlung zeigt, in eindrucksvollem Umfang vorliegenden Zeugnismaterials abzugewinnen. Auf der Basis dreier Testimonien, die im Hinblick auf das im fünften und das im vierten Jahrhundert herrschende Gattungsverständnis sowie auf die Haltung der Alexandriner zur Gattungsproblematik hin ausgedeutet werden, und anhand von vier exemplarischen Gedichtinterpretationen entwirft Käppel ein eindrucksvolles Bild einer Entwicklung des Paians von einem rein funktional und durch den Aufführungsanlaß bestimmten Genos zu einer wesentlich unter dem Gesichtspunkt der Form aufgefaßten und bisweilen ganz vom ursprünglichen `Sitz im Leben´ emanzipierten Liedgattung.

Das Buch wird in vieler Hinsicht lange die wesentliche Grundlage für alle weitere Beschäftigung mit dem Paian bleiben. Das gilt, abgesehen von der bereits erwähnten Textsammlung, vor allem für seine Beschreibung und Analyse der Gelegenheiten, zu denen Paiane gesungen wurden.

Seine mit recht abstrakten Kategorien operierende Rekonstruktion der Entwicklung der Gattung als ganze aber erscheint in mehrfacher Hinsicht problematisch, und es sieht so aus, als sei Käppel gerade durch die Jauß´sche Gattungstheorie in die Irre geleitet worden.

Diese Arbeit bemüht sich um eine gründliche Kritik von Käppels Paiangeschichte und ihren theoretischen Grundlagen und versucht, die Gattung als ein Genos von Kultlyrik konkreter zu fassen und fester zu umgrenzen. Was ihre geschichtliche Entwicklung betrifft, soll der Anteil von religionsgeschichtlichen und literaturgeschichtlichen Faktoren klarer gesondert werden.

Wir gelangen dabei sowohl hinsichtlich der Adressaten, an die man sich mit Paianen wandte, als auch bezüglich der Bedeutung des ἰή - Rufes und der Paianepiklese für die Gattung zu von Käppel abweichenden Ergebnissen und rekonstruieren auch die Entwicklung des Paians als Liedgattung anders. Die Abhandlung beschließen soll eine Verteidigung der alexandrinischen Philologie gegen den von Käppel nicht als erstem erhobenen Vorwurf, sie habe kein Verständnis für die Funktionsbestimmtheit und Anlaßgebundenheit der archaischen Lyrik gehabt und habe sich bei der Auffassung der Gattungen von im Grunde unhistorischen Vorstellungen von der Gattung als bloßer Form leiten lassen.

Da es oft nicht ganz leicht ist, den komplexen Überlegungen zu folgen, die in Käppels Buch angestellt werden, beginne ich mit einem Referat seiner methodischen Grundlegung und seiner Auffassung vom Paian im fünften Jahrhundert. Ähnliche Referate zu weiteren Abschnitten seiner Ausführungen folgen weiter unten, wo sie in den Gang unserer Überlegungen passen.

I.) Käppels methodische Grundlegung und seine Auffassung vom Paian des fünften vorchristlichen Jahrhunderts

Ausgangspunkt von Käppels Untersuchung[1] ist A. E. Harveys Aufsatz über "The Classification of Greek Lyric Poetry" aus dem Jahre 1955[2]. Diese Untersuchung habe ihren Verfasser beim Versuch, die einzelnen lyrischen Gattungen zu bestimmen und zu beschreiben, in die Aporie geführt, eine Aporie, die seither im wesentlichen den Stand der Forschung repräsentiere.

Harvey hatte als Schwierigkeit hervorgehoben, daß den überlieferten Nachrichten über die lyrischen Gattungen[3] zumeist die von den Alexandrinern vorgenommene Einteilung der lyrischen Poesie zugrunde liege. Diesen Editoren aber sei es in erster Linie um die Klassifikation des auf sie gekommenen Textbestandes gegangen, und es sei generell zweifelhaft, ob sich die dabei angewandten Kriterien mit den zur Zeit der Dichter herrschenden Produktionsregeln gedeckt hätten[4]; hinsichtlich einiger von den Alexandrinern benutzter Klassenbezeichnungen sei sogar noch erweisbar, daß es sich nicht so verhalte. Unsere Nachrichten über die melischen Gattungen seien deshalb zur Ermittlung von Gattungsvorstellungen, die zur Zeit der Entstehung der Gedichte einmal gültig gewesen seien, höchstens mit Einschränkungen brauchbar[5].

Harvey legte seiner Untersuchung einen formal bestimmten normativen Gattungsbegriff zugrunde, nahm also an, die Dichter hätten von vornherein gewissen Regeln zu genügen gehabt, und der äußerliche Niederschlag des Strebens nach Erfüllung dieser Regeln müsse sich in Gestalt von formalen Konventionen, Stil und Technik beobachten lassen[6]. Leider führt seine Untersuchung der überlieferten Gedichte selbst zu keinem befriedigenden Ergebnis: "differences of style or technique are remarkably elusive"[7], und das, obwohl doch Platon in den Gesetzen (III p. 700 a - e = test. 2 Käppel) solche Unterschiede für die ältere Zeit voraussetze[8]. Speziell bei der Betrachtung der überlieferten Paiane dränge sich der Eindruck auf, es habe so gut wie gar keine Regeln gegeben[9].

---

1 Käppel S. 3 - 7.
2 S. Literaturverzeichnis.
3 Gesammelt bei Färber.
4 Harvey S. 157 - 164.
5 Harvey S. 165.
6 Harvey S. 157; 164.
7 Harvey S. 164.
8 Harvey S. 164 f.; vgl. dazu u. S. 60[1] und 97 ff.
9 Harvey S. 172 f.

Käppel hält es für offensichtlich, daß Harvey, abgesehen von einer gewissen "methodischen Unschärfe und inneren Widersprüchlichkeit seiner Untersuchung"[1], an der Wahl eines falschen Ansatzes gescheitert ist, an einer vorgefaßten falschen Meinung über das Wesen literarischer Gattungen überhaupt und über das Wesen der griechischen Liedgattungen im besonderen[2].

Hier nun möchte Käppel Abhilfe schaffen, und da er die Fruchtlosigkeit früherer Bemühungen auf die Anwendung eines falschen Gattungsbegriffs zurückführt, beginnt er mit einer Explikation des Gattungsbegriffes, den er selbst seiner Untersuchung zugrunde legt:

Erstens gehöre zu der zu untersuchenden Gattung alles, was im Altertum als Paian bezeichnet wurde, also nicht nur kunstvolle Kompositionen wie die eines Pindar, sondern auch Paiane, wie man sie vor der Schlacht, in plötzlich auftretenden Notsituationen, bei der Hochzeit oder aus anderen Anlässen zu singen pflegte und die sich u. U. auf den Anruf des Gottes als Paian oder wenig mehr beschränkt haben[3]. Diese Erweiterung der Materialbasis wird für seine weitere Untersuchung fundamental wichtig werden.

Zweitens impliziere der Begriff der literarischen Gattung, daß die Texte zueinander in einer Beziehung stehen. Wie man sich diese Beziehungen der Texte untereinander zu denken hat, soll zunächst geklärt werden, d. h. es soll eine der folgenden Untersuchung angemessene Gattungstheorie entwickelt werden[4].

Käppel schließt sich dabei an die Theorie an, die im Jahre 1972 der Romanist Hans Robert Jauß zur Untersuchung der sogenannten kleinen Gattungen der romanischen Literatur des Mittelalters entwickelt hat[5].

Grundlegend ist dabei, daß der Gattungsbegriff "entsubstantialisiert" werden soll[6]. Ein normativer Gattungsbegriff sei unzureichend, insofern er in seiner Statik keinen Platz lasse für die literarhistorische Entwicklung überhaupt und insbesondere für die mehr oder minder kühne Neuerung, also das Gedicht, das sich nicht in den aus der Kenntnis einer Reihe früherer Werke resultierenden Erwartungshorizont des Hörers fügt, sondern darüber hinausgeht. Gattung sei eine "prozeßhafte Erscheinung"; der Begriff selbst soll nur noch metaphorische Geltung haben dürfen. "Den literarischen \`Gattungen´ [sei] keine andere Allgemeinheit zuzuschreiben als die, die sich im Wandel ihrer historischen Erscheinung

---

[1] Käppel S. 7.

[2] S. 3 - 7.

[3] S. 8 f.

[4] S. 9 - 22.

[5] S. Literaturverzeichnis. Den Anschluß gerade an diese Theorie begründet Käppel S. 9 f.

[6] Schon früher ist die Problematik einer substantialistischen Auffassung des Epochenbegriffs erkannt worden: B. von Wiese, Zur Kritik des geistesgeschichtlichen Epochebegriffs, Deutsche Vierteljahresschrift 11 (1933) S. 130 - 144.

manifestiert"[1]. Diese Allgemeinheit nehme eine Mittelstellung ein zwischen dem Universalen und dem Individuellen; Jauß sprach in diesem Zusammenhang von "historischen Familien"[2], Käppel leitet diesen Begriff von Wittgenstein her und nennt das, was die einzelnen Texte einer Gattung miteinander verbindet, "Familienähnlichkeiten"[3]. Auf diese Weise soll der normative Gattungsbegriff (*ante rem*) wie der klassifikatorische (*post rem*) überwunden werden; an beider Stelle trete ein historischer Gattungsbegriff (*in re*).

Wolle man nun das Gattungshafte im Einzelwerk konkret bestimmen, habe man nach der synchronischen und nach der diachronischen Beziehung zu anderen Werken zu suchen. Beide Aspekte werden bei Käppel nacheinander erörtert:

Was die synchronische Bestimmung der Gattung, also ihre Abgrenzung von anderen gleichzeitig gepflegten Gattungen, betreffe, so lasse sich ein "Katalog von formalen, inhaltlichen oder sonstigen unabdingbaren Gattungsmerkmalen" aus dem vorliegenden Material nicht aufstellen; auch finde sich kein Element, das ausschließlich dem Paian und keiner anderen Gattung eigen sei. Daher soll die Gattung durch eine Struktur bestimmt werden, die dadurch gebildet ist, daß verschiedene Merkmale in einer bestimmten Weise funktional und intentional aufeinander bezogen sind. Darum solle es gehen, nicht um die Summe der Merkmale; bei den Paianen erwiesen sich alle Einzelelemente als austauschbar[4].

Wenn ein Bestandteil des Merkmal - Funktion - Gefüges, das die Gattung konstituiert, sich als besonders wichtig erweist, spricht Käppel mit einem Begriff des Russischen Formalismus von einer "systemprägenden Dominante".

Diachronisch manifestiere sich das Gattungshafte an einem Text in dem Bezug auf eine vor ihm liegende Reihe von Texten derselben Gattung. Jeder Text knüpfe an einen oder mehrere Vorgänger an und setze sich mit ihnen auseinander; darin liege der diachronische Gattungsbezug[5]. Käppel modifiziert in der Nachfolge von Jauß[6] diese Theorie der Russischen Formalisten dahingehend, daß er den Bezug auf Früheres rezeptionsästhetisch faßt: Der Hörer beziehe einen neuen Text auf seinen durch die Erfahrung früherer Texte entstandenen Erwartungshorizont und könne daher an dem neuen Text Variation, Erweiterung und Korrektur seiner Erwartungen erleben[7]. Das Verhältnis zwischen der Erwartung des Hörers und dem Gebotenen bewege sich in einem Spektrum zwischen Reproduktion und Bruch seines Erwartungshorizontes.

---

1 Käppel S. 11 nach Jauß S. 110 [330].
2 Jauß S. 110 [330].
3 Käppel S. 12 f.
4 Käppel S. 13 f.
5 Käppel S. 15 f.
6 Jauß S. 119 [339].
7 Käppel S. 16.

Ein drittes Element von Käppels Gattungstheorie[1] ist das Gewicht, das er auf die außerliterarische, die lebensweltliche Funktion des Paians legt ("Sitz im Leben" nach dem Vorgang der protestantischen Bibelforschung). Durch den mündlichen Vortrag im Rahmen bestimmter religiöser Situationen sei der Paian durch eine gesellschaftliche Funktion mitdeterminiert, die nicht außer acht gelassen werden dürfe, um so weniger, als es nie einen von allen kultischen Zwecken gelösten Kunst - und Buchpaian gegeben habe. Zur Ermittlung des Gattungshaften sei jeweils zu fragen nach dem durch die Aufführungssituation determinierten `Erwartungshorizont´ des Hörers. Auch dies sei sowohl synchronisch ("in der Abgrenzung gegen andere Situationen") als auch diachronisch ("in der Bestimmung der kontinuitätsbildenden Kraft der Reihe analoger Situationen") zu betrachten.

Der Begriff der Gattung soll rezeptionsästhetisch und radikal geschichtlich aufgefaßt werden; "eine Bestimmung der Gattung ... [könne] danach nur die Darstellung ihrer Geschichte sein"[2].

Mit Hilfe dieser theoretischen Grundlagen soll die oben skizzierte Aporie der Paian - Forschung überwunden werden.

In einem ersten Schritt nun schließt Käppel[3] aus Pind. fr. 128 c [Sn. -] M. (test. 1 Käppel), daß die Gattung `Paian´ im fünften Jahrhundert unter dem Gesichtspunkt ihrer lebensweltlichen Funktion gefaßt worden sei[4]; erst in den Augen der Griechen des vierten Jahrhunderts seien formale Gesichtspunkte daneben wichtig geworden.

Es muß also der `Sitz im Leben´ bestimmt werden, und dabei macht Käppel[5] Ernst mit seiner Ankündigung, die methodische Trennung zwischen der Untersuchung banaler Paianrufe und künstlerisch geformter Paiane aufzuheben, und stellt die verschiedenen Gelegenheiten zusammen, bei denen Paiane gesungen wurden.

Eine erste Gruppe von Gelegenheiten[6] sind die Paiane in alltäglichen Gefahrensituationen: sie fungieren etwa als Bitte um Abwehr von Krankheit oder um Heilung davon, im Krieg als Gebet um Überleben und körperliche Unversehrtheit oder als Dank dafür oder werden in anderen Gefahrensituationen gesungen: als Dank für eine gut vorübergegangene Sonnenfinsternis; bei Erdbeben wird ein Paian an Poseidon gesungen, ob als Dank fürs Überleben oder als Bitte um Gnade bei etwa noch zu befürchtenden Erdstößen, wird nicht ganz klar.

---

[1] Käppel S. 17 f.; ebenfalls nach Jauß, S. 129 ff. [349 ff.].

[2] Käppel S. 21 f.

[3] Käppel S. 33 - 43.

[4] Dazu vgl. u. S. 9 f.

[5] Käppel S. 43 - 65.

[6] Käppel S. 44 - 49 mit umfassend erörterten Belegen.

In einer zweiten Gruppe[1] zusammenfassen lassen sich die Paiane, die bei festen, aber nicht kalendarisch fixierten Gelegenheiten des menschlichen Lebens gesungen werden: Mit Paianen werde bei Hochzeiten um gutes Gedeihen gefleht, beim Symposion werde Zeus *Soter* angerufen.

Käppels dritte Gruppe[2] sind die Paiane, die bei offiziellen kalendarisch fixierten Festen gesungen werden, nicht nur solchen des Apollon (auf ihn entfallen bei weitem die meisten der in dieser Gruppe zusammengefaßten Gelegenheiten) und vielleicht der Artemis oder der Leto, sondern, wie er hervorhebt, auch solchen, die anderen Göttern gewidmet sind, z.T. dem Apoll nah verbundenen Göttern wie Asklepios, aber durchaus auch Göttern wie Zeus, Poseidon, Athene und sogar Heroen wie Aiakos und Elektryon von Argos.

Die so zusammengestellten Anlässe des Paiansingens haben äußerlich wenig miteinander gemein und sind nicht leicht auf einen Nenner zu bringen. Ihre Vielfalt veranlaßt Käppel[3] dazu, auch den traditionellen Begriff vom \`Sitz im Leben´ (zu verstehen am ehesten im Sinne der \`typischen Situation´) zu entsubstantialisieren: An die Stelle der "objektiven lebensweltlichen Grundsituation" soll ein "subjektives Deutungsmuster" treten, mit dem die παιανίζοντες objektiv durchaus divergierenden Situationen gegenübertreten. Ein solches Deutungsmuster ist allen hier angeführten Gelegenheiten gemein: das Bitten um σωτηρία oder der Dank dafür in enger Verbindung mit einem im gleichen Sinne dargebrachten Opfer.

Dies sucht Käppel[4] präziser zu fassen durch ein "Funktionsmodell" der Gattung Paian, das aus drei Komponenten besteht:

"a) dem in Heilserwartung oder nach Heilserfahrung angerufenen Gott

b) dem um Heil bittenden oder für Heil dankenden Ich

c) die [*sic*] Heilserwartung und die Heilserfahrung als solche

Der Paian stellt dabei das Interaktionsmedium zwischen (a) und (b) in dem Sinne dar, daß (b) sich um des Heils willen an (a), die Quelle dieses Heils, wendet. Damit ist der Paian gewissermaßen als verbalmenschlicher Teil eines \`Dialoges´ verstehbar, der – nach der Vorstellung des singenden Paian - Ichs – von seiten des Gottes als Gewährung von Heil geführt wird."

Im nächsten Schritt wendet sich Käppel[5] den formalen Merkmalen zu. Die Zusammenstellung soll einerseits die Unregelmäßigkeit des Erscheinens dieser Merkmale demonstrieren und dadurch die Unangemessenheit eines formalen Gattungsbegriffes für das fünfte Jahrhundert untermauern und andererseits erlauben,

---

[1] Käppel S. 50 - 54 mit umfassend erörterten Belegen.

[2] Käppel S. 54 - 62 mit umfassend erörterten Belegen.

[3] Käppel S. 62 f.

[4] Käppel S. 64 f.; dort ist um der höheren Anschaulichkeit willen eine Skizze beigefügt.

[5] Käppel S. 65 - 74.

den Einzelelementen ihren Platz im Funktionsgefüge des entwickelten Paianmodells zuzuweisen.

Die erste Zusammenstellung betrifft das Vorkommen bzw. Fehlen von ἰή und ἰέ bzw. einer Kombination von beidem[1]. Paianfragmente, die eine Beurteilung nicht mehr gestatten, sind fortgelassen; mitgezählt sind dagegen "Paianzitate", also Stellen, an denen das Singen eines Paians vorgeführt wird, etwa im tragischen Chorgesang. So zählt Käppel im fünften Jahrhundert unter 25 Paianen[2] (ohne "Zitate" wären es 17) zwei, die nichts dergleichen zeigen, darunter Bacch. 17, ein als Dithyrambos überliefertes Lied, das er im weiteren Verlauf seiner Untersuchung als Paian zu erweisen versucht. Im vierten Jahrhundert zählt er unter 15 Paianen (dazu gehören zwei "Zitate") drei Paiane (davon ein "Zitat") ohne Epiphthegma. Das Ergebnis lautet, daß bei einigen Paianen das Epiphthegma fehle, "ohne daß dadurch ihre Gattungszugehörigkeit in irgendeiner Weise beeinträchtigt wäre"[3]; dennoch komme es in der überwiegenden Mehrheit der Texte vor. Auf der anderen Seite erscheine es außerhalb der Gattung nur in Paianzitaten und als Interjektion tragischer Chöre, die Entsetzen oder Gefahr signalisiere.

Das Epiphthegma sei also unzweifelhaft ein wichtiges Gattungsmerkmal; eigentlich gattungskonstitutiv aber könne es wegen der Möglichkeit seines Fehlens nicht sein. Gattungskonstituierend müsse die Funktion sein, die es innerhalb der funktionalen Struktur der Gattung erfüllt: "Als Ruf konstituiert es die Anredestruktur des jeweiligen Gedichtes". "Es dient der Anrufung des Adressaten" und "der Heilsgedanke ist für den Anrufenden unmittelbar mit dem Ruf verknüpft"[4].

Ein weiteres wichtiges formales Element sei die Anrede des Heilsstifters, wobei nicht nur Apollon, sondern ein ganzer Kreis von Göttern und Heroen in Frage komme, meist mit dem Vokativ des jeweiligen Namens; ob auf einen solchen Vokativ zugunsten einer Erwähnung in der dritten Person verzichtet werden könne, sei der Überlieferung nicht mehr sicher zu entnehmen.

---

[1] Käppel bezeichnet dieses Element als ἐπίφθεγμα. D'Alessio aber (Classification S. 37[89]) hat zu Recht darauf hingewiesen, daß die Bezeugung des Begriffs παιανικὸν ἐπίφθεγμα bei Athen. XV 696 f (test. 7 Käppel: τὸ ἰὴ παιὰν ἐπίφθεγμα) es nahelegt, unter diesen Terminus nicht nur den ἰή - Ruf, sondern auch die Paianepiklese zu fassen. Der Ausdruck scheint wie etwas weiter oben 696 e τὸ παιανικὸν ἐπίρρημα einfach "Refrain" zu bedeuten (vgl. LSJ s.v.). Im Referat der Käppel'schen Ausführungen verwende ich den Terminus in seinem, dem enger gefaßten Sinne, sonst spreche ich stets vom "ἰή - Ruf".

[2] Vgl. u. S. 51 m. Anm. 2.

[3] Käppel S. 68.

[4] Käppel S. 68 f.

Ein letztes wichtiges formales Element sei die Erwähnung des Paian - Ichs, was von bloßer Nennung bis zu ausführlicher Selbstcharakterisierung reiche.

Das Ergebnis dieser Betrachtung der formalen Elemente des Paians ergebe, daß die Gattung nicht durch feste substantiell bestimmte formale Merkmale konstituiert werde, sondern durch die vom `Sitz im Leben´ festgelegte Struktur, deren einzelne Bestandteile ("Adressat als `Heilsstifter´, Anruf, Paian - Ich als `Heilsempfänger´"[1]) durch verschiedene formale Elemente ausgefüllt und konkretisiert werden könnten. Die formalen Elemente seien dabei im Prinzip austauschbar; keines komme ja in allen Paianen vor. Da die Dichter aber durchaus einige davon bevorzugten und andere nicht, so "entsteh(e) unterhalb der funktionalen auch eine gewisse formale Kontinuität der Gattung"[2].

Zuletzt stellt Käppel[3] noch fest, daß es sprachliche, stilistische und metrische Kriterien zur Unterscheidung von gleichzeitiger Lyrik anderer Gattungen nicht gebe.

Soweit Käppels gedankliche Grundlegung und seine Auffassung vom Paian im fünften Jahrhundert. Auf seine u.a. aus diesen Grundlagen entwickelte Auffassung von der späteren Geschichte der Gattung und von der Beurteilung der lyrischen Gattungen überhaupt durch die alexandrinischen Philologen werden wir weiter unten eingehen[4].

Die hier wiedergegebene Beschreibung der Gattung des Paian scheint auf den ersten Blick tatsächlich geeignet, eine Reihe von Problemen zu lösen; sie läßt Raum für eine gewisse formale Vielfalt, macht die Hinwendung zu verschiedenen Adressaten plausibel und bringt die scheinbar disparaten Gelegenheiten auf einen Nenner, zu denen man Paiane sang. Bei näherem Hinsehen jedoch erscheint es in mehrfacher Hinsicht fraglich, ob dieses Paianmodell uns tatsächlich zu einer realistischen Einschätzung der Gattung und der Vorstellung verhilft, die sich die Zeitgenossen von ihr machten; auch ist es manchmal zweifelhaft, ob die herangezogenen antiken Zeugnisse befriedigend ausgewertet sind und nicht bei genauer Prüfung zusammen mit einigen Überlegungen zur Aufführungssituation auf andere Lösungen führen. Eine Auseinandersetzung mit Käppels Theorie erscheint daher nicht überflüssig, und da sie einen gewissen avantgardistischen Anspruch erhebt, bietet es sich an, gleichzeitig stets im Auge zu behalten, inwiefern problematische Ergebnisse vielleicht das Resultat gerade dieser neuartigen Vorgehensweise sind.

---

1 Käppel S. 73.

2 Käppel S. 74.

3 Käppel S. 74 - 82.

4 S. 62 ff. und 105 ff.

II. a) Pind. fr. 128 c [Sn. -] M. (test. 1 Käppel) als Kardinalzeugnis für den Paianbegriff des fünften Jahrhunderts

Käppels Behauptung, das Bewußtsein der Griechen des fünften vorchristlichen Jahrhunderts von dem, was ein Paian sei, sei rein funktional bestimmt gewesen, stützt sich neben den oben referierten Ergebnissen der Untersuchung der verschiedenen Arten von Paianen und der Verteilung der formalen Elemente wesentlich auf eine Interpretation der erhaltenen Priamel vom Anfang eines verlorenen pindarischen Threnos (fr. 128 c [Sn. -] M. = test. 1 Käppel)[1].

In der Tat sagt der Dichter in den ersten beiden Versen, daß der Paian ein Lied sei, das zu einem bestimmten Termin im Jahr an Festen des Apollon und der Artemis gesungen werde, und man darf trotz der Zerstörung der folgenden Verse[2] vermuten, daß der dort zweifellos gemeinte Dithyrambos in einer analogen Weise umschrieben war. Damit sind die Gattungen in der Tat unter dem Gesichtspunkt der \`lebensweltlichen Funktion´ und des Anlasses bestimmt, und es ist zuzugeben, daß diese Aussage, weil sie eine Priamel eröffnet, nicht bloß eine persönliche Meinung des Dichters repräsentieren darf, sondern sich im wesentlichen mit der Auffassung der Zeitgenossen überhaupt decken muß. Dennoch ist die Stelle in Käppels Sinne unter zwei Aspekten unbrauchbar: Erstens war hier nicht der Platz, mehr über die Gattung auszusagen, etwa Angaben über formale Erwartungen zu machen, die man an einen Paian oder einen Dithyrambos stellen könnte. Der Satz über den Paian gehört schließlich zusammen mit dem, was über den Dithyrambos gesagt wird, zur Folie, vor der sich die verschiedenen Trauergesänge abheben sollen, die in den folgenden Versen (4 ff.) aufgezählt werden. Worauf die offenbar komplexe Priamel hinauslief, können wir nicht mehr sagen[3]; man wird am ehesten annehmen, daß Pindar die Behandlung seines eigentlichen Themas mit einem Wort zu der Gelegenheit begann, zu der er sein Lied geschrieben hat, also zu seiner \`lebensweltlichen Funktion´ in einem denkbar konkreten Sinne. Daß der Dichter dann, als er in V. 1 - 4 weit ausholte, mit nicht auf diesen Punkt hinführenden Einzelheiten sparsam umgehen mußte, ist hingegen deutlich genug, und auch wenn die Priamel ein anderes gedankliches Ziel gehabt haben sollte, konnte niemand von ihm erwarten, daß er sein Lied mit einer gewissenhaften Definition des Paians oder des Dithyram-

---

[1] Käppel S. 34 - 36; vgl. S. 28 f.; 74; 85. Ablehnend, wenn auch ohne nähere Begründung, hat sich zu diesem Glied seiner Argumentation schon D´Alessio (Rez. Käppel, S. 63) geäußert.

[2] Zuletzt hat E. Dettori, Spigolature dal Vat. gr. 909 (Pind. fr. 128 c M.), Eikasmos 5 (1994) S. 65 - 70 einiges zu Lesung und Textkonstitution nachgetragen.

[3] Den Versuch einer Interpretation macht Maria Cannatà Fera in ihrer kommentierten Ausgabe (Pindaro, Trenodie. Introduzione, testo critico, traduzione e commento, Rom 1990) S. 136 - 144.

bos begann. Daß Pindar auch formale Elemente für gattungskonstitutive Paianmerkmale gehalten haben könnte, wird durch das Threnosfragment mitnichten ausgeschlossen. Diesen Aspekt werden wir weiter unten ab S. 50 ausführlich behandeln.

Der zweite Gesichtspunkt, unter dem Käppels Verwendung des Pindarzeugnisses problematisch erscheint, und mit dem wir uns hier als erstem auseinandersetzen wollen, ist der, daß der `Sitz im Leben´, durch den Pindar den Paian bestimmt, mit dem von Käppel ermittelten[1] wenig oder nichts gemein hat. Käppel wendet sich ja gerade gegen eine Definition über eine "objektive lebensweltliche Grundsituation" (eine Festlegung auf bestimmte Adressaten wie Apollon und Artemis lehnt er ausdrücklich ab) und fordert eine solche über ein "subjektives Deutungsmuster von objektiv durchaus verschiedenen Situationen"[2] bzw. über eine "sozio - psychologische Lebenssituation"[3]; die objektive Situation ist das, was wir bei Pindar finden, von dem Deutungsmuster findet sich in dem Threnos nichts.

II. b) Paianadressaten

Pindar bestimmt den Paian als ein Lied an regelmäßig wiederkehrenden Festen der "Kinder der Leto". Es ist dabei klar, daß er nicht daran denken konnte, Artemis als gleichberechtigte Paianadressatin neben ihren Bruder zu stellen. Während Apollon unbestritten der am häufigsten mit Paianen bedachte Gott ist[4], ist ein Festpaian allein an Artemis nicht bezeugt. Sie ist offenbar durch die Nachbarschaft, die sie auf Delos mit ihrem Bruder verbindet, mit dem Paian in Berührung gekommen. Sie erscheint zumindest in manchen delischen Paianen als Adressatin neben Apollon[5]. In unmittelbarer Nähe ihres Bruders läßt ihr auch Sophokles im Chorlied Trach. 205 ff. (test. 122 Käppel) einen Paian singen; als alleinige Empfängerin eines Paians läßt sie zweimal Euripides auftreten (test. 123 und 124 Käppel), und wir hören auch, daß Frauen die Göttin bei der Entbindung mit Paianrufen um Hilfe anflehten (test. 125 Käppel). Artemis spielt also als Paianempfängerin neben Apollon nur eine ganz untergeordnete Rolle, obwohl auch die späten Gelehrten (Proklos ap. Phot. bibl. cod. 239 p. 320 a 21 - 24 [§ 41 Severyns] und EM 657, 3 ff.) Apollon und seine Schwester

---

1 Vgl. o. S. 5 f.

2 Käppel S. 63.

3 Käppel S. 73; vgl. S.19 f.; 62 f.

4 Das räumt auch Käppel ohne weiteres ein, vgl. S. 54; 61; 85; vgl. seine Zusammenstellung S. 341 f.

5 Vgl. Käppel, S. 146 f.; Liste von Paianen an Apollon und Artemis S. 342.

ganz ähnlich wie Pindar nebeneinanderstellen[1]. Vielleicht empfahl sich Pindar der Ausdruck "Kinder der Leto" als Variation gegenüber dem bloßen Götternamen Διόνυσος, und der sachlichen Stichhaltigkeit schadete die Einbeziehung der Artemis ja auch nicht.

Wir sind also berechtigt und verpflichtet, Pind. fr. 128 c [Sn. -] M. unter Absehung von der Verbindung mit Artemis als wichtiges Zeugnis dafür anzusehen, daß es einmal eine Zeit gab, in der Apollon in konkurrenzloser Verbindung mit dem Paian stand.

Käppel geht nicht näher auf die Frage ein, wie man die von ihm konstatierte Vielfalt der Paianadressaten mit dem Pindarzeugnis in Übereinstimmung bringen könnte; er deutet allerdings an, daß er die Aussage in der Priamel so auslegt, als ob sie nur *a parte potiori* Gültigkeit beanspruche[2]. Dem steht jedoch entgegen, daß die Verbindung des Liedes mit den beiden Göttern dort keineswegs als etwas nur durch dominierende Häufigkeit Charakteristisches erscheint. \`Paian´ und \`Lied an Apollon oder Artemis´ fallen vielmehr begrifflich zusammen. Nun könnte man einwenden, daß ja auch Dithyramben nicht nur an dionysischen Festen aufgeführt worden seien, sondern in Athen auch an den apollinischen Thargelien, an den Prometheia, an den Hephaisteia und an den Kleinen Panathenäen. Dabei darf man aber nicht übersehen, daß die ersten Belege für diese Übertragung des Dithyramben*agons* als eines populären Programmpunktes dionysischer Feiern auf nichtdionysische Feste aus dem späten fünften Jahrhundert stammen[3]. Vor allem aber hat wohl nie jemand bezweifelt, daß der Dithyrambos aus dem Dionysoskult kommt. Danach müssen wir festhalten, daß Pindar Apollon keinesfalls nur als einen besonders häufig mit Paianen angesungenen Gott bezeichnen will, sondern daß er ein besonderes und wesentliches Verhältnis zwischen Lied und Gott konstatiert.

Aesch. fr. 161 Radt (test. 49 Käppel), eine Stelle, von der man zunächst glauben könnte, sie stehe zu unserem Kardinalzeugnis in Widerspruch, läßt sich im Lichte der Pindarstelle interpretieren. Es heißt dort:

μόνος θεῶν γὰρ Θάνατος οὐ δώρων ἐρᾷ,
οὐδ᾽ ἄν τι θύων οὐδ᾽ ἐπισπένδων ἄνοις,
οὐδ᾽ ἔστι βωμὸς οὐδὲ παιωνίζεται·
μόνου δὲ Πειθὼ δαιμόνων ἀποστατεῖ.

Es liegt an sich nahe, von allen Prädikaten der ersten drei Verse anzunehmen, daß sie nach Streichung der Negationen für alle oder doch wenigstens für fast

---

[1] Implizite Bestätigung wird das auch noch unten S. 44 ff. erfahren, wenn wir Zeugnisse zur konkurrenzlosen Geltung Apollons als des namentlich so bezeichneten Παιάν und zur allgemein verbreiteten Auffassung des Gottes als des Paianadressaten schlechthin Revue passieren lassen.

[2] Käppel S. 85.

[3] Vgl. Zimmermann, Dithyrambos, S. 37[15].

alle Gottheiten gelten. Könnte Aischylos jedoch bei seinen Zuschauern auf Übereinstimmung darüber rechnen, daß allen oder fast allen Göttern παιωνίζεται, ergäbe sich ein krasser Widerspruch zu den Worten des Zeitgenossen Pindar. Besaß aber das Publikum ein diesen entsprechendes Vorwissen, brauchte es das οὐδὲ παιωνίζεται als letztes Glied einer ganzen Reihe von Illustrationen der Unerbittlichkeit des Θάνατος nicht unmittelbar mit μόνος θεῶν zu verbinden, sondern konnte es etwas absetzen und etwa so verstehen: "und allein er ist unter allen Gottheiten so erbarmungslos, daß man ihm nicht mit Aussicht auf Erfolg, wie dem zugänglichen Apollon, Paiane singen könnte".

Der Pindars Priamel zugrundeliegende Zusammenhang zwischen Gott und Lied muß deshalb nicht ausnahmslos gelten, zumal die Priamel, wie gesagt, nicht der Platz war, sich über Einzelheiten auszusprechen; die Ausnahmen sollten allerdings rar und in irgendeiner Weise randständig sein. Jedenfalls aber liegt uns ein Zeugnis vor, das gegen die These spricht, die Zeitgenossen Pindars hätten den Paian in ihrer Vorstellung nicht speziell mit Apollon, sondern mit einem beliebigen σωτήρ als Adressaten verbunden.

Außerdem müssen wir Konsequenzen in unserer Behandlung von Hinweisen auf an andere Adressaten als Apollon (und Artemis) gerichtete Paiane ziehen: Zwar läßt sich unser Threnosfragment nicht näher datieren, ist also irgendwann in der ersten Hälfte des fünften Jahrhunderts entstanden, und vom Anfang des Jahrhunderts bis in seine Mitte oder bis zu einem noch etwas späteren Zeitpunkt könnte sich einiges verändert haben. Dennoch sollten wir die Annahme von dem Threnos gleichzeitigen nichtapollinischen Paianen nur dann zulassen, wenn die Bezeugung eindeutig ist[1]; bei unsicheren Indizien für möglicherweise etwas später aufgeführte Paiane dieser Art müssen wir verlangen, daß sich die Übertragung von Apollon plausibel erklären läßt, und zwar, weil dies, wie die folgenden Ausführungen zeigen werden[2], bis zum Ende des fünften Jahrhunderts und, wenn wir, was bei der Betrachtung von an Götter gerichteten Paianen naheliegt, von den frühestens um diese Zeit einsetzenden Paianen auf Sterbliche absehen, noch mindestens ein Jahrhundert länger der einzige nachweisbare Weg der Übertragung ist, durch eine gewisse Nähe zu Apollon[3].

In diesem Sinne sollen jetzt die Zeugnisse, die nichtapollinische Paiane zu belegen scheinen, durchgemustert werden. Wir beschränken uns dabei zunächst auf solche Paiane, die, zum Lied ausgestaltet, nicht auf die bescheidene Form eines Rufes oder eines primitiven kurzen Gesangs beschränkt, an einem religiösen Fest in öffentlichem Rahmen aufgeführt worden sind. Auf diese Lieder be-

---

[1] Das wird wichtig werden für den Symposienpaian, vgl. u. S. 22 f.

[2] Vgl. u. S. 19; 36 ff.; 47.

[3] Dies wird bei den Pindarbruchstücken eine Rolle spielen, die in der Teubneriana als Paean 15*, 18 und 21* angeführt sind sowie bei dem dort rekonstruierten Paian an den Zeus von Dodona (fr. 57 - 60 [Sn.-] M.).

zieht sich ja auch Pindars Aussage. Anderes werden wir später hinzunehmen, weil nur eine Betrachtung auch der anderen Zeugnisse über die Verbindung zwischen Apollon und Paian richtig urteilen läßt.

Was also wird an nichtapollinischen Paianen Pindars ins Feld geführt, des Dichters also, von dem das Kardinalzeugnis für die feste Verbindung der Gattung mit dem Gott stammt?

Den zweiten pindarischen Paian faßt Käppel als einen "an Abderos (und vielleicht den Derenischen Apollon und Aphrodite)"[1] auf. In der Tat beginnt das Lied mit einer Apostrophe an den Heros von Abdera, und in V. 104 kurz vor Schluß des Gedichts hat die nach Radt (Kommentar zur Stelle) papyrologisch nicht ganz befriedigende Ergänzung ["Αβδ]ηρε ihren Platz gegen seinen Alternativvorschlag [δαφν]ηρέ (kaum das Epitheton, das man erwartet, aber auf etwas Glatteres ist niemand gekommen[2]) behauptet. Nun ist Abderos am Anfang des Liedes als Ausgangspunkt der Paianaufführung, nicht als ihr Ziel eingeführt[3]; Ziel sind vielmehr Apollon und Aphrodite (ob das alles lokal oder in irgendeiner Weise metaphorisch gemeint ist, kann man kaum entscheiden[4]). Die Verbindung mit Aphrodite macht es uns nicht leichter, aber wenn wir auf den Schluß blicken, finden wir in den V. 96 - 102 nach einer längeren Lücke Worte über apollinische Chöre in Delphi und auf Delos[5]. Es war also zuletzt von Apoll, nicht von Abderos die Rede, und "die natürliche Erklärung ist wohl, daß Pindar den Gott durch eine Aufzählung seiner Kultorte und der dort zu seinen Ehren veranstalteten Feiern preisen will"[6]. Wenn in V. 104 ["Αβδ]ηρε richtig sein sollte, so "müßte die Bitte an Apollon hier in ungewöhnlicher Weise vor der Prädikation gestanden haben"[7]. Der Paianruf am Ende aber, der sogar die ungewöhnliche Formulierung "Paian (Subjekt!) aber möge uns nie verlassen" enthält, kann, vor allem an einer Stelle, wo Apollon als der Παιάν schlechthin[8] so präsent ist wie hier, nicht gut dem Abderos gelten, den Pindar also hier wie in einem Einschub unterzubringen auf eine Weise verstanden haben müßte, die uns wegen der Textlücke vor V. 96 nicht mehr erkennbar ist. Die Konstellation von Apollon, Abderos und Aphrodite muß in den lokalen Kulteigentümlichkeiten ihren Grund haben, aber daß Abderos hinter dem als Paian angerufenen Gott als dem eigentlichen Adressaten zurücktreten muß, daran sollten wir festhalten[9].

---

[1] Käppel S. 59.

[2] Im Text bleibt auch Radt bei ["Αβδ]ηρε.

[3] Vgl. Radts Kommentar zu V. 104.

[4] Vgl. Radts Kommentar, S. 27 und 31.

[5] [Δᾶλο]ν von Housman fast sicher ergänzt; vgl. Radt zu V. 97.

[6] Radt zu V. 97 ff.

[7] Radt zu V. 97.

[8] Vgl. u. S. 44 ff.

Der zweite Paian also war mit allerhöchster Wahrscheinlichkeit ein echt apollinischer.

Ein zweifelhaftes Zeugnis ist auch der vermutete Paian an den Zeus von Dodona[1]. Was wir haben, ist ein Anruf an den Gott (fr. *57 [Sn. -] M.) und von P. Oxy. 2442, einem Papyrus, auf dessen Resten bisher Paiane, Hymnen und Pythische Siegeslieder identifiziert worden sind (Π[26] bei [Sn. -] M.)[2], ein kleines Stück (fr. *59 [Sn. -] M.), dessen Bezug auf Dodona und das Orakel offensichtlich ist, außerdem eine Notiz, daß Pindar Dodona Θεσπρωτίς genannt habe (fr. *60 [Sn. -] M.)[3]. Das für die Gattungsfrage entscheidende Zeugnis aber ist fr. 58 [Sn. -] M., ein Sophokles - Scholion, in dem es heißt: Εὐριπίδης (fr. 1021 N.[2]) δὲ τρεῖς γεγονέναι φησὶν αὐτὰς (sc. die πελειάδες von Dodona)· οἱ δὲ δύο, καὶ τὴν μὲν εἰς Λιβύην ἀφικέσθαι Θήβηθεν εἰς τὸ τοῦ Ἄμμωνος χρηστήριον, τὴν ⟨δὲ εἰς τὸ[4]⟩ περὶ τὴν Δωδώνην, ὡς καὶ Πίνδαρος παιᾶσιν (Σ Soph. Trach. 172 p. 290, 19 - 22 Papag.). Es hat natürlich einiges für sich, diese Zeugnisse auf *ein* Lied zu beziehen, und man hat daran gedacht, daß es sich um ein τριποδηφορικόν handeln könnte, ein Lied, das bei der Überführung eines Dreifußes aus dem thebanischen Ismenion in das Heiligtum von Dodona zu Ehren des Empfängers der Weihung gesungen wurde. Eine gewisse zusätzliche Bestätigung dafür, daß ein Tripodephorikon an den dodonäischen Zeus in Pindars Paianbuch ediert war, sieht D'Alessio[5] in Ammon. De diff. verb. 231 Nickau. Aus diesem Zeugnis, das von einem ebenfalls Tripodephorie genannten Ritus spricht, bei dem man einen goldenen Dreifuß in das Ismenion brachte, und angibt, daß davon bei Didymos ἐν ὑπομνήματι τῷ πρώτῳ (τοῦ πρώτου Wilamowitz[6]) τῶν παιάνων Πινδάρου die Rede war, ist in der Teubneriana auf ein weiteres Lied, ein von den Alexandrinern unter die Paiane gestelltes τριποδηφορικὸν εἰς Ἰσμήνιον für die Thebaner geschlossen (fr. 66 [Sn. -] M.)[7]. D'Alessio setzt dagegen, daß für ein solches Lied sonst keine Zeugnisse vorliegen, und neigt eher der Auffassung zu, daß von dem rein thebanischen Ritus in dem

---

[9] Daß der eingangs des Textes Angerufene nicht notwendig der Adressat des Paians sein muß, zeigen Pae. 6 und Pae. 8 (vgl. D'Alessio, Classification, S. 41).

[1] Käppel S. 54 und 61.

[2] Vgl. D'Alessio, Classification, S. 35.

[3] Zu fr. 60 (a) und (b) vgl. D'Alessio, Classification, S. 45[137].

[4] Die hier nach [Sn.-] M. ausgeschriebene Ergänzung stammt von Brunck, Papageorgios ergänzt nur δέ.

[5] Classification, S. 45 f.

[6] Vgl. D'Alessio, Classification, S. 46 m. Anm. 144.

[7] Wie in der Teubneriana die Notiz zu fr. 57 - 60 (*dubium, an inserenda inter paeanes sint fr. 57, 59, 60, nam fr. 58 cum fr. 66 coniungi potest*) gemeint ist, verstehe ich nicht.

Kommentar zu dem τριποδηφορικόν für den Zeus von Dodona im Sinne einer Parallele die Rede war.

Die Hauptunsicherheit, die diese Kombinationen belastet, liegt wohl darin, daß das recht unklare Sophokles - Scholion nicht erkennen läßt, was Pindar παιᾶσι genau gesagt hat. Hat er die Herkunft der Priesterinnen sowohl des Ammon als auch des dodonäischen Zeus aus dem ägyptischen Theben behandelt, ist das in einem apollinischen Paian schwer unterzubringen. Wenn er wie Sophokles lediglich von zwei dodonischen Orakelpriesterinnen gesprochen hat[1], so kann er das beiläufig in irgendeinem Paian an den Orakelgott Apollon angebracht haben[2]; die Notiz bei Ammonios hat kaum selbständiges Gewicht. Selbst aber wenn die Worte Pindars in dem Lied an Zeus standen und dies ein τριποδηφορικόν war[3], legt der Umstand, daß dieses Genre bei Proklos (Phot. bibl. cod. 239 p. 321 b 32 - 322 a 13 [§ 79 - 86 Severyns]) mit keinem Wort in Beziehung zum Paian gesetzt wird, nahe, mit D'Alessio[4] äußerliche Gründe dafür zu suchen, daß das Gedicht von den Alexandrinern im Paianbuch untergebracht wurde[5]. D'Alessio denkt unter Rückgriff auf Boeckh an die Verbindung zum Kult des Ismenischen Apollon, der vielleicht bei dem Vollzug jenes obskuren Ritus mitverehrt wurde. Vielleicht hätte es dann nähergelegen, das Lied unter die Prosodien zu stellen, aber das können wir letztlich nicht beurteilen. Eine gewiß hypothetische Alternative aber könnte, sollte es das in der Teubneriana postulierte Lied zur Tripodephorie ins Ismenion doch gegeben haben und dies ein richtiger Paian gewesen sein[6], darin bestehen, daß man das dodonische Tripodephorikon wegen der äußerlichen Parallele der rituellen Begehungen dazustellte.

Das Fazit muß lauten, daß hier erhebliche Unsicherheiten bestehen bleiben und ein Paian an den Zeus von Dodona bei weitem nicht bewiesen ist. Daß der Adressat keine besondere Affinität zu Apollon aufweist, macht nach dem oben

---

1 Dafür spricht sich Jebb in seinem Kommentar zu den Trachinierinnen S. 205 aus.

2 D'Alessio, Classification S. 45 schließt, ohne zur Frage einer Abgrenzung der pindarischen Aussage Stellung zu nehmen, eine gelegentliche Erwähnung nicht aus, findet aber die Zusammengehörigkeit der Zeugnisse doch wahrscheinlich.

3 Letzteres ist nicht sicher. Die Erwähnung der Dreifüße in fr. 59, 11 f. [Sn. -] M. ([τ]ριπόδεσσί τε καὶ θυσίαις) könnte sich auch auf die Gesamtheit der großen Ereignisse des dodonischen Festkalenders beziehen.

4 Classification, S. 45.

5 Zu solchen Gesichtspunkten in der Aufteilung der Gedichte durch die alexandrinischen Philologen vgl. u. S. 142 - 148.

6 Die in der Teubneriana gewählte Überschrift τριποδηφορικόν ist jedenfalls mit Skepsis zu betrachten, da Proklos unter diesem Begriff nur Lieder für den dodonäischen Ritus versteht.

S. 12 aufgestellten Kriterium die Existenz eines solchen Paians bis zur Mitte des fünften Jahrhunderts ausgesprochen unwahrscheinlich.

Bei den von Käppel[1] in Orientierung an der Teubnerausgabe den pindarischen Paianen zugeschlagenen Liedern an Aiakos (Pae. *15 [Sn. -] M.), Elektryon (Pae. 18 [Sn. -] M.) und Hera (Pae. *21 [Sn. -] M.) ist, seit Rutherford ein Zeugnis dafür entdeckt hat, daß die Alexandriner die dritte Triade des sechsten pindarischen Paians auch in einem der beiden Prosodienbücher ediert haben, und D´ Alessio mit diesem Anhaltspunkt die papyrologischen Grundlagen der modernen Rekonstruktion der alexandrinischen Pindarausgabe geprüft hat, zweifelhaft geworden, daß sie dort unter den Paianen standen.

Pae. *15 und Pae. * 21 [Sn. -] M. waren in P. Oxy. 1792 (Π^7 bei [Sn. -] M.) enthalten, einer Handschrift, unter deren erhaltenen Bruchstücken keins als Paianfragment zu erweisen wäre. Gegen die Zuweisung der auf P. Oxy. 1792 erhaltenen Gedichte zum Genos könnte die Gestalt des Titels von Pae. *15 [Sn. -] M. sprechen[2], außerdem gerät das alexandrinische Buch der pindarischen Paiane bedenklich lang, wenn wir die Gedichte, die bei Maehler als Paiane 12 - 15 und 20 - 21 und fr. 52 w (k) [unter Paian 22] aufgeführt sind, zu 1 - 11 hinzuschlagen[3]. Für die Annahme, daß durch den Papyrus Reste eines der beiden Prosodienbücher der alexandrinischen Ausgabe auf uns gekommen sind, spricht, daß unter seinen Bruchstücken Fragmente der dritten Triade des 6. pindarischen Paians sind, die, wie Rutherford[4] einer Scholiennotiz entlockt hat, auch im ersten Prosodienbuch zu finden war, und in diesen Bruchstücken die Kolometrie auffällig von der im sechsten Paian vorliegenden abweicht[5].

Pae. *15 [Sn. -] M. ist daneben auf P. Oxy. 2441 (Π^{29} bei [Sn. -] M.) bezeugt, einer Handschrift, die gar keinen Hinweis auf die Gattung gibt. Pae. *21 ist hauptsächlich auf P. Oxy. 2442 (Π^{26} bei [Sn. -] M.) erhalten; auf diesem Papyrus sind, wie gesagt, bislang Paiane, Hymnen und Pythien identifiziert worden[6]. Auch hier entscheidet also die Papyrusüberlieferung nicht für die Zuweisung an das alexandrinische Paianbuch, und daß das Lied unter die Prosodia gestellt war, bleibt angesichts der ohnehin über mehrere Bücher der alexandrini-

---

[1] S. 54 und 61.

[2] Vgl. D´Alessio, S. 25.

[3] Vgl. D´Alessio, Classification, S. 26. D´Alessios Hauptargument, die Alexandriner hätten im Hinblick auf Pind. fr. 128 c [Sn.-] M. Gedichte an andere Adressaten als Apollon und Artemis nicht unter die Paiane stelle dürfen, hat etwas für sich, kann aber in diesem Stadium unserer Argumentation keine Verwendung finden (vgl. u. S. 17[1]).

[4] Rutherford, Unnoticed Title, S. 3 - 12.

[5] D´Alessio, Classification, S. 27.

[6] Vgl. o. S. 14.

schen Ausgabe verstreuten Provenienz der unter P. Oxy. 2442 edierten Texte eine plausible Möglichkeit[1].

Auf P. Oxy. 2442 ist auch Pae. 18 [Sn. -] M. bezeugt. Gegen Ende des Liedes, das auf dem Papyrus unmittelbar voraufging, ist die Form παιηόνων (fr. 52 r (b) 25? [Sn. -] M.) erhalten, was natürlich für die Einordnung des Liedes nichts beweist, aber doch auch nicht zu vernachlässigen ist[2]. Andererseits ist die nur teilweise erhaltene Überschrift leicht so herzustellen, daß sie zu einem Prosodion oder zu einem Hymnos paßt, aber schwerlich so, daß sie zum Typus der Überschriften stimmt, die die Alexandriner über Paiane setzten[3].

Es ist also bei allen drei Liedern unsicher oder zweifelhaft, ob sie in der alexandrinischen Ausgabe unter den Paianen standen.

Da Pae. 15* und Pae. 18, soweit die Texte erhalten sind, nichts Paianhaftes an sich haben, besteht für uns wenig Anlaß, eine entsprechende Gattungszuweisung auf eigene Hand vorzunehmen, zumal die Adressaten das o. S. 12 aufgestellte Kriterium einer gewissen Nähe zu Apollon schwerlich erfüllen.

Pae. *21 zeigt immerhin den ἰή - Ruf, wenn auch ohne Paianepiklese, im Refrain verwendet. Bei diesem Zeugnis bleiben Unklarheiten[4]. Das hier und im folgenden ausgebreitete Material jedoch bietet uns keinen überzeugenden Beleg für einen lyrischen Paian, der in vorhellenistischer Zeit ohne eine wenigstens indirekte Verbindung zu Apollon an eine andere Gottheit gerichtet wurde. Die an Machthaber, also Sterbliche, zur göttergleichen Verehrung gerichteten Paiane sind eine Sache für sich und setzen, wenn wir von einem dubiosen Beleg für das Ende des fünften Jahrhunderts[5] absehen, auch erst um die Wende vom vierten zum dritten Jahrhundert ein[6]. Ein Herapaian unter den Werken Pindars wäre danach beinahe ein τέρας.

Das Ergebnis dieser Überlegungen lautet, daß sich in den Resten Pindars kein sicheres Zeugnis dafür findet, daß er einen seiner Paiane an einen anderen

---

[1] Vgl. D'Alessio, Classification, S. 35 - 37 und S. 40 f., wo die Entscheidung gegen die Zugehörigkeit zum Paianbuch vielleicht doch etwas zu sicher begründet erscheint. D'Alessios Bestimmtheit hängt wesentlich mit der Annahme zusammen, die Editoren hätten sich bei der Einordnung von Gedichten unter die Paiane strikt an Pind. fr. 128 c [Sn. -] M. orientieren müssen. Das hat etwas für sich, kann aber im größeren Rahmen unserer Argumentation an dieser Stelle noch keine Verwendung finden.

[2] Vgl. D'Alessio, Classification, S. 41.

[3] Vgl. D'Alessio, Classification, S. 41 - 43.

[4] Einige hypothetische Überlegungen zur Aufführung des Liedes bei D'Alessio, Classification, S. 36 f.

[5] Vgl. u. S. 37 ff. die Ausführungen zu dem samischen Lysanderhymnus.

[6] Vgl. u. S. 39.

Adressaten als die in der Priamel fr. 128 c [Sn. -] M. bezeichneten gerichtet hätte.

Verlassen wir Pindar und wenden wir uns dem zu, was sonst an großen nichtapollinischen Festpaianen bezeugt ist oder bezeugt zu sein scheint.

Der von Käppel aus Plut. Thes. 22, 4 (test. 114 Käppel) mit Vorbehalt[1] abgeleitete Paian am attischen Oschophorienfest ist ein Phantom[2].

Festpaiane für Ares scheint auf den ersten Blick test. 127 Käppel zu belegen; indes schöpft der Iliaskommentar des Eustathios (679, 29 - 31. vol. II p. 454, 6 - 8 van der Valk) hier aus unbekannter Quelle, und die Formulierung, die den übertragenen homerischen Ausdruck ἐνὶ σταδίῃ δηίῳ μέλπεσθαι Ἄρηι (H 241) alternativ zu den gängigen Kriegspaianen von καθ' ἡσυχίαν μέλποντες παιανικῶς τῷ Ἄρει λόγῳ ἑορτῆς herleitet, erweckt stark den Eindruck einer ohne allen Anhalt in der Überlieferung gewagten Vermutung[3]; mit καθ' ἡσυχίαν und λόγῳ ἑορτῆς geht sie über eine abstrakte, ohne besondere sachliche Kenntnis leicht auszudenkende Kontrastvorstellung zu dem allbekannten Kriegspaian nicht hinaus. Feste, die zu lyrischen Paianaufführungen Gelegenheit geboten hätten, besaß Ares auch kaum[4].

Die Paiane an die in Thyraiai gefallenen Spartiaten[5] können nicht als bezeugt gelten. Käppel beruft sich auf test. 103 a und c. Aber test. 103 a (Suda γ 486 s.v. Γυμνοπαίδια) spricht von χοροί ... εἰς θεοὺς ὕμνους ᾄδοντες, und der in test. 103 c (Phrynich. praep. soph. p. 57, 19 de Borries) in leicht abgewandelter Formulierung wiederkehrende Zusatz εἰς τιμὴν τῶν ἐν Θυραιαῖς ἀποθανόντων Σπαρτιατῶν mag auf eine besondere thematische Festlegung dieser Paiane weisen; an der durch test. 103 b (EM 243, 3 Gaisf.: παῖδες ᾖδον τῷ Ἀπόλλωνι παιᾶνας) und d (Lex. Bekk.[V] anecd. I p. 234, 4 s.v. γυμνοπαιδία· παῖδες

---

[1] In der Testimoniensammlung ist ein Fragezeichen dazugesetzt.

[2] Vom Oschophorienfest wird nur gesagt, daß dort beim Weihguß ἐλελεῦ ἰοὺ ἰού gerufen wurde. Diesen Ruf analysiert Plutarch nach zwei Komponenten. Die eine, von der es heißt, daß sie ἐκπλήξεως καὶ ταραχῆς ἐστιν, wird aitiologisch damit in Verbindung gebracht, daß Theseus im Augenblick der Stiftung des Ritus die Nachricht vom Tod seines Vaters überbringt. Die andere paßt zu dem trotz dieser betrüblichen Neuigkeit nach der glücklichen Rückkehr von der Reise zum Minotauros angebrachten dankbaren Jubel, indem es sich um ein ἐπιφώνημα handelt, das sich gewöhnlich mit dem σπένδειν καὶ παιωνίζειν verbindet. Leider ist eine Verbindung eines der beiden Rufe mit Spende und Paian nicht sicher zu belegen; was wir haben, ist lediglich die *varia lectio* ἐλέλυσδον in einer solchen Situation bei Sappho fr. 44, 31 Voigt (zum Ruf ἐλελεῦ vgl. Dunbar zu Ar. av. 213 - 14). Jedenfalls ist klar, daß Plutarch das, was man an diesem Fest tut, für vom παιανίζειν verschieden hält.

[3] Vgl. van der Valk im Apparat: *Eust. ipse, opinor.*

[4] Zu seiner Kultarmut überhaupt vgl. Nilsson, GGR^2 I S. 517 f.

[5] Käppel S. 346.

γυμνοὶ παιᾶνας ᾄδοντες ἐχόρευον τῷ Ἀπόλλωνι) bestätigten Hinwendung zu Apollon, dem Herrn des Festes, ändert er nichts, auch nicht, daß das EM εἰς τοὺς περὶ Θυρέαν πεσόντας hinzusetzt, was im Lichte der anderen Zeugnisse als bloß ungeschickte Formulierung angesehen werden muß.

Bis hierhin haben wir also noch keinen sicheren Beleg für einen nichtapollinischen Paian[1].

Wer nun tatsächlich außer diesem Gott Paiane erhält, ist Asklepios. Auch dies ist strenggenommen für die Zeit Pindars nicht belegt, aber da der Kult des Gottes Asklepios etwa seit dem Ende des sechsten Jahrhunderts im Aufstieg begriffen ist, werden wir mit der Möglichkeit rechnen müssen, daß es Paiane wie den von Erythrai (Pai. 37 Käppel) oder den des Isyllos (Pai. 40 Käppel) schon in der ersten Hälfte des fünften Jahrhunderts gegeben hat. Die Übernahme des Liedes in den Kult des Asklepios hat auch nichts Verwunderliches, hat doch Asklepios die iatrische Funktion Apollons direkt von diesem übernommen[2]. Er beginnt seinen Siegeszug in der Kultnachbarschaft des Apollon Maleatas. Was aber den Paian angeht, so ist zu beachten, daß in den uns inschriftlich erhaltenen Asklepiospaianen, von denen allenfalls der Erythräische noch ans Ende des fünften Jahrhunderts hinaufreichen könnte und die anderen sicher wesentlich später sind, eine Ablösung von Apollon gar nicht stattgefunden hat. Vielmehr beginnen alle diese Lieder mit dem Anruf Apollons und führen erst von dort zur Anrufung seines Sohnes mit der gleichen Epiklese.

Der erste und einzige uns erhaltene Asklepiospaian, in dem Asklepios ganz selbständig erscheint und Apollon lediglich bei der Aufzählung der Verwandten Erwähnung findet, ist der Paian im vierten Mimiambos des Herondas (V. 1 - 20), und da handelt es sich eher um ein persönliches Gebet als um einen Liedpaian, so sehr sich der Text an den Erythräischen Paian (test. 37 Käppel) anschließt ('Pai. 61', V. 1 - 20 Käppel).

Alles, was jetzt noch an Nichtapollinischem bleibt, fällt in die Zeit seit dem Ausgang des fünften Jahrhunderts[3].

---

[1] Der Heliospaian bei Timotheos PMG 800 (Pai. 33 Käppel) beruht einfach auf der Eur. Phaethon 224 - 226 Diggle erstmals belegten Identifikation Apollons und der Sonne; Käppel führt ihn denn auch S. 343 ohne weiteres unter den apollinischen Paianen.

[2] Ebenso leicht würden wir uns mit Hygieia - Paianen abfinden, indes der einzige Beleg ist das Lied des Ariphron, das schwerlich an einem Fest zu Ehren der Gottheit als Paian aufgeführt worden ist (vgl. u. S. 52 f.).

[3] Wir nehmen hier, da Pind. fr. 128 c [Sn. -] M. so lange nach dem Tode des Dichters natürlich keine Rolle mehr spielen kann, alle Paiane auf, die eine vollentwickelte Gedichtform hatten oder von denen man dies annehmen kann, ohne Rücksicht darauf, ob sie an einem regelmäßig wiederkehrenden Fest öffentlich aufgeführt wurden.

Die Herrscherpaiane setzen frühestens[1] mit dem Spartaner Lysander ein (Pai. 35 Käppel), der dionysische Paian des Philodamos (Pai. 39 Käppel) gehört in die späte Mitte des vierten Jahrhunderts. Sarapis kommt erst seit der Wende vom vierten zum dritten Jahrhundert in Frage, für die dauerhaft in den Liederschatz eingegangene Sarapispaiane des Demetrios von Phaleron bezeugt sind (D. L. V 76 = Demetr. Phal. fr. 68 und 200 W.[2] = test. 141 Käppel: λέγεται δ' ἀποβαλόντα αὐτὸν τὰς ὄψεις ἐν Ἀλεξανδρείᾳ κομίσασθαι αὖθις παρὰ τοῦ Σαράπιδος· ὅθεν καὶ τοὺς παιᾶνας ποιῆσαι τοὺς μέχρι νῦν ᾀδομένους)[2]. Der spartanische Paian an Euros (Pai. 44 Käppel) kann hellenistisch sein[3]. Das gleiche gilt für die Lieder, die die unter den spartanischen Ταινάριοι IG V 1, 210, 52 - 54 und 212, 50 - 52 bezeugten παιανίαι vermutlich dem Poseidon gesungen haben (test. 108 b Käppel[4]); möglicherweise beschränkte man sich da auf Paianrufe. Der IG V 1, 209, 23 (test. 108 a Käppel) bezeugte παιανίας, der sich wohl an die Dioskuren wandte, gehört ins erste vorchristliche Jahrhundert[5]. Was Herakles betrifft, so liegen die bei Käppel unter Pai. 47 gesammelten Aristidesstellen mehr als ein halbes Jahrtausend nach Pindar und zeigen auch abgesehen davon keineswegs, daß der Heros tatsächlich einen Paian bekam, sondern nur, daß man auf den Gedanken, ihm einen zu dichten, kommen konnte.

Daß der Göttin Athene an den Großen Panathenäen Paiane gesungen worden seien, ist nicht vor Heliodor (Aeth. I 10 p. 14 Colonna = test. 113 Käppel) belegt, eine Ἀθηνᾶ Παιωνία erst bei Pausanias (I 2, 5 und [deutlich als Heilgöttin] 34, 3) erwähnt, auch wenn es einen Kult der Ἀθηνᾶ Ὑγίεια in Athen schon im fünften vorchristlichen Jahrhundert gab[6].

In der Zeit umittelbar nach den Zerstörungen Sullas singen in Eleusis Techniten Paiane zu Ehren der Demeter und Kore (test. 117 Käppel).

---

1 Vgl. u. S. 37 ff.

2 Die Authentizität ist nicht über jeden Zweifel erhaben; Wehrli (zu fr. 200) vermutet in diesen Liedern echte liturgische Paiane, die Demetrios lediglich in Erinnerung an seine mögliche Rolle bei der Gründung des Sarapiskultes zugeschrieben wurden. Im zweiten und dritten nachchristlichen Jahrhundert sind Παιανισταί im Sarapiskult in Rom belegt (Moretti, Inscr. Urb. Rom. 35 und 77).

3 Über die Datierung des Papyrus ist man sich nicht ganz einig (B. Snell, Euripides Alexandros und andere Strassburger Papyri mit Fragmenten griechischer Dichter, Berlin 1937, S. 69); niemand aber ist mit der Schrift auf der Rückseite, auf der der Paian steht, weiter hinaufgegangen als bis ins zweite vorchristliche Jahrhundert.

4 Das bei Käppel angegebene "1. Jh. v. Chr." erscheint in den IG nur als *terminus post quem non.*

5 Vgl. Kolbe in den IG.

6 R. Parker, Athenian Religion. A history, Oxford 1996, S. 175[78].

Spät sind auch die Orphischen Hymnen, die Dionysos (52, 11), Pan (8, 12) und Helios (11, 11) als Paian anrufen, aber hier gehen, wie v. Blumenthal Sp. 2343, 59 ff. anmerkt, die Prädikationen auch sonst bunt durcheinander.

Ähnlich spät ist der Philostratbeleg für Paiane an Θάνατος in Gadeira (test. 119 Käppel). Ob diese Paiane lyrische waren, ist schwer zu beurteilen.

Bis hierhin ergibt sich, daß bis in die Zeit Pindars und sogar bis gegen Ende des fünften Jahrhunderts kein lyrischer Festpaian nachweisbar ist, der nicht an Apollon (und evtl. Artemis oder Asklepios) gerichtet gewesen wäre[1].

Wenn wir vorübergehend von der lyrischen Form absehen und nur den in dem Pindarfragment bezeichneten Festrahmen ins Auge fassen, verdient hier noch die milesische Molpoi - Inschrift (Syll.[3] 57 = Sokolowski, LSAM Nr. 50 = test. 111 Käppel) eine kurze Betrachtung. Neben einem Paian zur Begleitung eines Opfers an Hestia (Z. 12 f.) finden wir hier (Z. 28 ff.) im Rahmen eines Festzuges Paiane an verschiedenen Stationen, die meist mit dem Namen einer oder mehrerer Gottheiten bezeichnet sind; einmal ist auch von Statuen des Chares (vgl. Syll.[3] 3 d) die Rede, der in Z. 30 und 31 erwähnte Keraites ist aus Kallimachos (fr. 217 Pf.) als bloßer Ortsname bekannt. Nun handelt es sich bei den Molpoi um einen apollinischen Verein (die Präsenz des Gottes prägt die Inschrift durchweg), und die Prozession führt zum Apollonheiligtum in Didyma. Es besteht keinerlei Anlaß anzunehmen, die erwähnten, zur Bezeichnung der Örtlichkeiten herangezogenen Gottheiten seien "als Adressaten mitgemeint" gewesen[2]. Anders liegt die Sache bei dem mit Spende und Paian verbundenen Opfer an Hestia (Z. 12 f.). Die Formulierung sagt aber nicht geradezu, daß der Paian an Hestia zu richten sei: ὁ δὲ ἐξιὼν αἰσυμνήτης ἀπὸ τῶν ἡμισέων θύει Ἱστίῃ καὶ κρατῆρας σπενδέτω αὐτὸς καὶ παιωνιζέτω. Der Herd ist als Treffpunkt und Zentrum eines Männerbundes der freien Bürger von besonderer Bedeutung, und aus einem solchen scheinen auch die milesischen Molpoi hervorgegangen zu sein[3]. Die ἑστία ist also eng mit dem Vereinszweck verbunden, und leicht kann man sich vorstellen, daß der Paian an Apoll gerichtet war; allenfalls partizipiert Hestia etwas an der Ehre. Jedenfalls handelt es sich um einen einfachen Spendenpaian, den ja auch kein Chor, sondern der aus dem Amt scheidende Aisymnet allein singt.

---

[1] Der Paian, den Sophokles beim Tropaion von Salamis angestimmt haben soll (vita Soph. 3 = TrGF 4 p. 31 Radt = test. 26 Käppel), gehört zwar nicht in den Rahmen eines regelmäßig wiederkehrenden Festes, sollte aber ein lyrischer gewesen sein. Nach Timoth. Pers. (PMG 791) 196 - 199 (test. 25 Käppel) müßte er dem Apollon gesungen worden sein.

[2] Käppel S. 60.

[3] Vgl. zuletzt F. Graf, Apollon Delphinios, MH 36, 1979, S. 2 - 22, dort S. 11 f.

Apollon als Adressat sollte demnach ein wichtiges und unentbehrliches Element der Vorstellung sein, die man sich zu Pindars Zeit von einem lyrischen Festpaian machte, und dann haben wir keinen Grund zu der Annahme, daß sich daran vor dem späten fünften Jahrhundert etwas geändert hat; allenfalls werden wir damit rechnen, daß als Mitadressat apollinischer Paiane neben Artemis allmählich Asklepios trat.

Das ist noch nicht ganz gleichbedeutend mit der Aussage, daß diese Bindung an Apollon als Adressaten für den Paian als Liedgattung schlechthin galt.

Bevor wir dies behaupten, müssen wir uns noch mit dem Symposienpaian auseinandersetzen, der im Hinblick auf die nichtoffizielle, private Gelegenheit dem alltäglichen Paianruf nahesteht, aber doch ein regelrechtes Lied gewesen zu sein scheint. Darauf weist neben der Wendung, mit der Platon diesen Paian bezeichnet, (conv. 176 a = test. 80 Käppel: ᾄσαντας τὸν θεόν)[1] vor allem Xenophan. B 1, 13 f. W.[2] (χρὴ δὲ πρῶτον μὲν θεὸν ὑμνεῖν εὔφρονας ἄνδρας / εὐφήμοις μύθοις καὶ καθαροῖσι λόγοις)[2], und wenn Plutarch sich nicht geirrt hat, stellte Dikaiarch (fr. 88 W.[2] = test 74 a - d Käppel) den Paian an den Anfang einer Reihe symposiastischer Gesangseinlagen (Plut. quaest. conv. I 1, 5. 615 B = test. 74 c Käppel: ᾖδον ᾠδὴν τοῦ θεοῦ κοινῶς ἅπαντες μιᾷ φωνῇ παιανίζοντες)[3].

Das Absingen dieses Paians muß für weite Kreise eine häufig wiederholte Erfahrung gewesen sein, und zwar schon früh (das Zeugnis, an dem in unserem speziellen Zusammenhang alles hängt, liefert der aischyleische "Agamemnon")[4]. Er ist deshalb alles andere als eine Randerscheinung. Deshalb stellt sich, wenn Käppel mit Älteren annimmt, daß bei jedem mit voller Rücksicht auf den νόμος begangenen Symposion nicht etwa Apollon, sondern Zeus Soter mit einem Paian angerufen worden sei, die Frage, ob Pindar das bei seiner Charakterisierung des Paians als eines Liedes an die "Kinder der Leto" fr. 128 c [Sn.-] M. einfach hätte beiseitesetzen können[5]. Ein direkter Widerspruch ergäbe sich zwar nicht, denn ὥριαι sind diese symposiastischen ἀοιδαί natürlich nicht, und man könnte sich vorstellen, daß Pindar seine Aussage ausschließlich auf öffentlich aufgeführte Festpaiane bezogen wissen wollte. Dennoch würde diese strenge Auslegung der Worte Pindars, die das Attribut ὥριαι im Sinne einer Ein-

---

[1] Zur Identifikation dieses Liedes mit dem Symposienpaian vgl. u. S. 26.

[2] Zur Identifikation dieses Liedes mit dem Symposienpaian vgl. u. S. 26.

[3] Vgl. u. S. 24 f.

[4] Zu diesem Zeugnis vgl. u. S. 24.

[5] Dieses Testimonium ist als dem besagten Hauptzeugnis aus dem "Agamemnon" des Aischylos gleichzeitig zu betrachtenden. Es wäre Willkür, gerade zwischen dem Beginn des fünften Jahrhunderts als der frühestmöglichen Aufführungszeit des pindarischen Threnos (vgl. o. S. 12) und der Aufführung der "Orestie" einen Wandel der symposiastischen Gepflogenheiten anzunehmen.

schränkung versteht, dem Passus schwerlich gerecht. Es geht dem Dichter um Liedgattungen, und da in V. 2 - 4 beim Dithyrambos nicht zwischen urwüchsigen Kultliedern und attischen Wettbewerbsdithyramben unterschieden wird, tut man wohl gut daran, in ὥριαι einen lediglich verlebendigenden Zusatz zu sehen, der durchaus nur *a parte potiori* zu gelten braucht. Wir haben also auch hier wie bei den an großen öffentlichen Festen aufgeführten Paianen zu fragen, ob die Zeugnisse wirklich beweiskräftig sind.

Die Auffassung, beim klassischen Symposion sei ein Paian an Zeus Soter gesungen worden, beruht auf folgenden Grundlagen[1]:

Es wird uns mehrfach bezeugt, daß man drei Mischkrüge füllte und jeder von ihnen bestimmten über- und unterirdischen Mächten geweiht war. So heißt es Σ Plat. Phil. 66 d p. 55 Greene ≈ Σ Plat. resp. IX 583 b p. 269 Greene: ἐκιρνῶντο γὰρ ἐν αὐταῖς (sc. ἐν ταῖς συνουσίαις) κρατῆρες τρεῖς, καὶ τὸν μὲν πρῶτον Διὸς Ὀλυμπίου καὶ θεῶν Ὀλυμπίων ἔλεγον, τὸν δὲ δεύτερον ἡρώων, τὸν δὲ τρίτον Σωτῆρος (das gleiche bei Pollux VI 15 und Hesych τ 1450 s.v. τρίτος κρατήρ), und unter Absehung von den θεοὶ Ὀλύμπιοι beim ersten Krater Σ Pind. Isthm. 6, 10 a. vol. III p. 251, 24 sq. Dr.: τὸν μὲν γὰρ πρῶτον (sc. κρατῆρα) Διὸς Ὀλυμπίου ἐκίρνασαν, τὸν δὲ δεύτερον ἡρώων, τὸν δὲ τρίτον Διὸς Σωτῆρος. In der Synagoge (Photius p. 604, 25 Porson s.v. τρίτου κρατῆρος und Suda τ 1024 s.v. τρίτου κρατῆρος) ist beim ersten Krater Zeus vergessen, aber dafür weisen die hier allein erscheinenden Ὀλύμπιοι darauf, daß diese in dem Pindarscholion nur durch ein Versehen fehlen: τοῦ Σωτῆρος, ὃν καὶ τέλειον ἔλεγον· τὸν μέν γε (γε om. Phot.) πρῶτον Ὀλυμπίων φασί· τὸν δὲ δεύτερον ἡρώων· τὸν δὲ τρίτον Ὀλυμπικῶς τῷ Σωτῆρί τε καὶ Ὀλυμπίῳ. Das Ὀλυμπικῶς und die Erweiterung von τῷ Σωτῆρι durch τε καὶ Ὀλυμπίῳ entstammen der Platonstelle, aus deren Erklärung diese Notizen offenbar hervorgegangen sind, resp. 583 B[2]; beides ist daher für uns ohne Belang.

Diese Götter bzw. Heroen erhielten aus dem Inhalt des jeweiligen Mischkruges Trankspenden. Σ Plat. Charm. 167 a p. 116 Greene: τὰς γὰρ τρίτας σπονδὰς καὶ τὸν τρίτον κρατῆρα ἐκίρνων τῷ Διὶ τῷ Σωτῆρι. Die drei zitierten Platonscholien, das Pindarscholion wie auch Hesych berufen sich alle auf eine Sophoklesstelle als Kardinalzeugnis (fr. 425 R.):

Ζεῦ παυσίλυπε καὶ Διὸς Σωτηρίου
σπονδὴ τρίτου κρατῆρος.

---

[1] Die reichhaltigste Materialsammlung zu allem, was die Phase des Übergangs vom δεῖπνον zum συμπόσιον betrifft, bietet Arnold Hugs Kommentar zu Platons Symposion in der zweiten Auflage, Leipzig 1884 zu 176 a, S. 22 - 25. In der von Hermann Schöne bearbeiteten dritten Auflage von 1909 sind diese Dinge fortgefallen.

[2] Die komplexe mehrfache Anspielung an dieser Stelle wird bei Adam vorzüglich erklärt.

Diese Stelle bezeugt strenggenommen nur den Krater des Zeus Soter als den dritten irgendeiner Reihe und die σπονδή daraus, aber das Pindarscholion zitiert dazu noch aus den aischyleischen Ἐπίγονοι (fr. 55 R.):

λοιβὰς Διὸς μὲν πρῶτον ὡραίου γάμου
Ἥρας τε·
εἶτα·
τὴν δευτέραν γε κρᾶσιν ἥρωσιν νέμω·
εἶτα·
τρίτον Διὸς Σωτῆρος εὐκταίαν λίβα.

Diese Verse bestätigen die Spende auch aus dem ersten Krater und dazu die Reihenfolge und die Adressaten, wenn man sich nicht an der Hochzeit von Zeus und Hera stören will, die nicht ganz das ist, was wir erwarten.

Nun ist verschiedentlich bezeugt, daß beim Symposion Paian gesungen wurde (einige Stellen sind bereits oben[1] zitiert, auf weitere Belege werden wir im weiteren eingehen), Aischylos aber spricht im `Agamemnon´ in einem Gelagezusammenhang von einem τριτόσπονδος παιών, den Iphigenie im Hause ihres Vaters gesungen habe (Ag. 243 - 247 = test. 69 Käppel):

πολλάκις
πατρὸς κατ' ἀνδρῶνας εὐτραπέζους
ἔμελψεν, ἁγνᾷ δ' ἀταύρωτος αὐδᾷ πατρὸς
φίλου τριτόσπονδον εὔ-
ποτμον ⟨π⟩αιῶνα φίλως ἐτίμα.

Diese Wendung bezieht man auf die Spende an Zeus Soter, in deren Nähe damit der Symposienpaian rückt[2].

Den mit der Trankspende verbundenen Paian identifiziert Käppel[3] mit dem Lied, das nach Dikaiarch fr. 88 W.[2] (test. 74 a - d Käppel) als erste Gesangsdarbietung des Trinkgelages[4] alle Symposiasten gemeinsam bestritten und über das als einer der Zeugen für die verlorenen Ausführungen des Peripatetikers

---

[1] S. 22.

[2] Eine feste Abfolge von σπονδαί läßt auch die Formulierung τρίται σπονδαί bei Xen. inst. Cyr. II 3, 1 ahnen. Die Spende wird dort zum Abschluß einer durch den Zusammenhang als δεῖπνον charakterisierten Festlichkeit (vgl. II 1, 30) dargebracht, ohne daß von den näheren Umständen etwas zu erkennen wäre. Das Xenophonzeugnis steht in unserer Überlieferung zu isoliert und unverständlich da, als daß es in unserem Zusammenhang eine entscheidende Rolle spielen könnte.

[3] S. 52.

[4] Eine zeitliche Abfolge ist bei dem Zeugen Athenaios (XV 694 a - b) bei der dritten Klasse ausdrücklich bezeichnet (⟨τὸ⟩ τρίτον δὲ καὶ τὴν ἐπὶ πᾶσι τάξιν ἔχον) und eine solche Deutung bei Plutarch quaest. conv. I 1, 5. 615 B nicht nur wegen des an entsprechender Stelle erscheinenden ἐπὶ δὲ τούτῳ für die dritte Klasse, sondern des Wortlauts wegen insgesamt für alle drei fast unvermeidlich.

Plutarch sagt: ᾖδον ᾠδὴν τοῦ θεοῦ κοινῶς ἅπαντες μιᾷ φωνῇ παιανίζοντες (quaest. conv. I 1, 5. 615 B = test. 74 c Käppel).

Käppel und vor ihm bereits Deubner[1] und Sjövall[2] finden zu Recht die Nachbarschaft dieses Paians zur Spende ausgerechnet eines Soters auffällig, und Käppel hegt deshalb nicht den geringsten Zweifel, daß Zeus Soter der Adressat auch des Paians sei[3].

Das hat Gewicht, aber bei näherem Hinsehen erweist sich die Sache als keineswegs ausgemacht[4].

Die von Käppel gestützt auf Plutarch vorgenommene Identifikation von Dikaiarchs erster Gesangsdarbietung mit dem Paian nach der Spende des Zeus Soter setzt voraus, daß die drei Mischkrüge unmittelbar hintereinander zu Beginn des Symposions gefüllt wurden.

Das ist nicht ausdrücklich bezeugt, und man muß auch die auf den ersten Blick doch ziemlich plausible Möglichkeit in Erwägung ziehen, daß die drei Mischkrüge in einigem zeitlichen Abstand im Laufe des Symposions angesetzt wurden[5].

---

1 Paian S. 392 [= S. 211].

2 Harald Sjövall, Zeus im griechischen Hauskult, Lund 1931, S. 91.

3 Vgl. auch schon Fairbanks, S. 57 f.

4 Unter den anderen von Käppel als Testimonien für den Paian beim Symposion angeführten Stellen ist die Beziehung auf ein Trinkgelage bei Archilochos fr. 121 W.[2] (test. 67 Käppel) trotz der Erwähnung des αὐλός (vgl. Plut. quaest. conv. VII 8, 4. 712 F - 713 A = test. 82 Käppel und Ar. vesp.1217 - 19) unsicher. Ar. eq. 405 - 408 (test. 71) hat damit mit Sicherheit nichts zu tun; es handelt sich um einen Ausdruck spontanen Jubels als Reaktion auf ein freudiges Ereignis. Bei test. 78 (Xen. inst. Cyr. IV 1, 6) weist Käppel selbst auf die Parallele Hell. VII 2, 23 (test. 24 Käppel) hin: Der Paian findet zwar in Verbindung mit einem Essen statt, aber dieses spielt sich im Felde ab, und es handelt sich ersichtlich um einen Dankpaian für den voraufgegangenen militärischen Sieg. Von Feldzügen ist auch bei Philochoros FGrHist 328 F 216 (test. 72 Käppel) die Rede. Hier heißt es nur ἂν δειπνοποιήσωνται καὶ παιανίσωσιν; von einem Übergang zum Trinkgelage wird nichts gesagt. Dennoch mag Philochoros daran gedacht haben (M. L. West, Studies in Greek Elegy and Iambus, Berlin - New York 1974, S. 11 setzt die im Anschluß erwähnten Tyrtaiosrezitationen hinsichtlich ihres Platzes im Programm des Gelages mit den attischen Skolien in Analogie). Wir brauchen die Stelle nicht unbedingt, und da es sich auch noch um Sparta handelt, lassen wir diesen Beleg besser ähnlich wie die Worte Alkmans (PMGF 98 = test. 68 Käppel) beiseite.

5 Das ist ohne besondere Begründung angenommen bei R. Klimek - Winter, Andromedatragödien, Stuttgart 1993, S. 306. Ausdrücklich für die Verteilung des Ansetzens der Mischkrüge über das ganze Symposion hat sich mit Stellungnahme gegen K. Bernhardi, Das Trankopfer bei Homer, Leipziger Gymnasial - Programm

Immerhin spricht für Käppels Auffassung das zitierte Fragment aus den Ἐπίγονοι des Aischylos (fr. 55 R.). Daß dort die Verse über die drei κράσεις nicht unmittelbar aufeinander folgten, scheint klar, aber allzuviel kann nicht dazwischengestanden haben, und dann möchte man annehmen, daß die drei Kratere auch unmittelbar hintereinander angesetzt wurden. Immerhin aber läßt sich nicht garantieren, daß die drei in einem Tragödientext nicht auch in einem Zusammenhang Verwendung finden konnten, der Dinge, die im zeitlichen Ablauf eines Symposions weit auseinanderliegen mochten, in dichter Folge zu nennen erlaubte.

Für das frühe Ansetzen aller Mischkrüge könnte auch der Plural sprechen, den Platon conv. 176 a (test. 80 Käppel), Xenophon anab. VI 1, 5 (test. 79 Käppel) und Plutarch quaest. conv. VIII 8, 4. 712 F - 713 A (test. 82 Käppel) zur Bezeichnung des Spendens am Beginn des Symposions benutzen[1]. Man wird allerdings mit der Möglichkeit rechnen müssen, daß jeder Gelageteilnehmer aus jedem Krater zu spenden erhielt und sich der Plural daraus erklärt[2].

Ein Zeugnis in die gleiche Richtung könnte die milesische Molpoi - Inschrift (Syll.[3] 57 = Sokolowski, LSAM Nr. 50 = test. 111 Käppel) sein, wo in Z. 7 f. steht: ὁ δὲ αἰσυμνήτης καὶ ὁ προσέταιρος ({ὁ} προσεταίρος Wilamowitz; ⟨τ⟩ὸ⟨ς⟩) προσεταίρος Rehm) προσαιρεῖται, ὅταν οἱ κρατῆρες πάντες σπεσθέωσι καὶ παιωνίσωσιν. Ein Paian erklingt erst nach dem Libieren aus allen Mischkrügen, und es scheint, als sei damit der Beginn einer Veranstaltung bezeichnet (wohin der Paian ja nach anderen Zeugnissen gehört[3]), aber welchen Charakter sie hatte und wieweit sie sich von den symposiastischen Gepflogen-

---

1885, S. 6 (non vidi) Kircher ausgesprochen (S. 17 m. Anm. 3 und folgende Seiten), allerdings unter problematischer Ausnutzung von Antiphan. fr. 3 K. - A., Athen. I 16 b (= Dioskurides, Περὶ τῶν παρ' Ὁμήρῳ νόμων, fr. 45 Weber [De Dioscuridis Περὶ τῶν παρ' Ὁμήρῳ νόμων libello, Leipziger Studien 11, 1889, S. 87 - 196]) und Suda α 122 s.v. Ἀγαθοῦ Δαίμονος (die Notiz ist bei Kircher irrtümlich unter das Suda - Stichwort τρίτου κρατῆρος gestellt) und mit schiefem Resultat. Von Fritze (J. de Fritze, De libatione veterum Graecorum, Diss. Berlin 1893, S. 46) stellte sich vor, daß die drei Kraterspenden im Laufe der Zeit gemeinsam ihren Platz wechselten und zu gewissen Zeiten zusammen am Anfang des Trinkgelages, zu anderen an seinem Ende standen; dabei ist aber Xen. inst. Cyr. II 3, 1 falsch ausgenützt (vgl. o. S. 24[2]) und zwischen dem Krater und dem Becher des Zeus Soter kein Unterschied gemacht (Belege für den Becher bei K.- A. zu Eubul. fr. 56, 7).

[1] Vgl. zu diesen Stellen u. S. 27 f.

[2] Noch weniger beweist in die andere Richtung ein Singular wie der bei Plato fr. 71, 10 K.- A.

[3] Vgl. u. S. 27 f.

heiten entfernen mochte, die wir aus anderen, vor allem attischen Zeugnissen rekonstruieren, können wir nicht wissen.

Gegen die Annahme, daß alle drei Mischkrüge zu Beginn des Trinkgelages angesetzt wurden, läßt sich auf Xenophanes verweisen, der, als er die Situation zu Beginn eines Symposions, offenbar kurz vor dem Anstimmen des Paians, beschwört, nur von *einem* Krater spricht, der gefüllt dasteht (B 1, 4 W.^{2})[1]. Auch Matron von Pitane SH 534, 109 spricht in der Beschreibung der gleichen Situation nur von *einem* Mischkrug, erwähnt aber keinen Paian.

Angesichts dieser Ungewißheit tun wir gut daran, die These vom Symposienpaian an Zeus Soter unter beiden Voraussetzungen zu prüfen.

Halten wir uns zunächst an die Annahme, alle drei Mischkrüge seien in einem Schwung zu Beginn des Gelages angesetzt worden.

Es ist klar bezeugt, daß in der Anfangsphase des Symposions im Anschluß an eine σπονδή oder mehrere σπονδαί ein Paian gesungen wurde, so bei Xenophon conv. 2, 1 (ὡς δ' ἀφῃρέθησαν αἱ τράπεζαι καὶ ἔσπεισάν τε καὶ ἐπαιάνισαν, ..., test. 77 Käppel) und anab. VI 1, 5 (ἐπεὶ δὲ σπονδαί τ' ἐγένοντο καὶ ἐπαιάνισαν, ..., test. 79 Käppel). Auch bei Platon conv. 176 a (test. 80 Käppel: μετὰ ταῦτα, ἔφη, κατακλινέντος τοῦ Σωκράτους καὶ δειπνήσαντος καὶ τῶν ἄλλων, σπονδάς τε σφᾶς ποιήσασθαι, καὶ ᾄσαντας τὸν θεὸν καὶ τἆλλα τὰ νομιζόμενα, τρέπεσθαι πρὸς τὸν πότον) muß es sich um einen in Verbindung mit den Spenden beim Übergang vom δεῖπνον zum πότος gesungenen Paian handeln[2]. Das gleiche haben wir in der Formulierung θεὸν ὑμνεῖν offenbar bei Xenophan. B 1, 13 W.^{2} vor uns[3]. Hinzu kommt die oben als Zeugnis

---

[1] Kircher hat auch auf Antiphan. fr. 3 K. - A. (test. 75 Käppel) hingewiesen, wo ein Paian hinter dem Harmodioslied erscheint, also nach einem Skolion, das nach Dikaiarch erst nach dem zu Beginn des Symposions gesungenen Paian auf der Tagesordnung stand. Dabei ist allerdings zu beachten, daß von einem Paian beim Gelage auch einmal als einem nach Belieben zu wählenden Gesangsvortrag die Rede ist, Antiphan. fr. 85 K. - A. (test. 76 Käppel).

[2] So interpretiert die Stelle auch Athenaios (V 179 d vol. I p. 412 Kaibel).

[3] Daß sich auch in Phigaleia am Ende des δεῖπνον ein Paian an Weihgüsse anschloß, erfahren wir von dem Lokalschriftsteller Harmodios von Lepreon (FGrHist 319 F 1 bei Athen. IV 149 c = test. 81 Käppel: μετὰ δὲ τὸ δεῖπνον σπονδὰς ἐποιοῦντο .... ἀπὸ δὲ τῶν σπονδῶν παιὰν ᾄδεται); daß dies der Beginn eines Trinkgelages war, wird in dem uns erhaltenen Textstück nicht ausdrücklich gesagt, ist aber wahrscheinlich.

Die an diesen Stellen immer wieder erwähnten σπονδαί können nicht die von dem ungemischten Trunk 'Ἀγαθοῦ Δαίμονος sein (zu diesen Spenden vgl. Ar. eq. 105 f.), da dieser Trunk seinen Platz vor dem Hinaustragen der Tische hatte, vgl. Theop. fr. 99 K.- A. und Nicostr. fr. 19 K.- A. Unter den soeben im Text zitierten, einander so

für Dikaiarch zitierte Plutarchstelle quaest. conv. I 1. 615 B (test. 74 c Käppel).

An keiner dieser Stellen ist die *unmittelbare* Verbindung von Spende und Paian durch eine Wendung wie σπείσαντες ἐπαιάνισαν nahegelegt[1]. Die Formulierungen ἔσπεισάν τε καὶ ἐπαιάνισαν und σπονδαί τ' ἐγένοντο καὶ ἐπαιάνισαν brauchen auf nicht mehr als Nachbarschaft im Programm zu weisen. Die Art aber, wie Platon sich ausdrückt (σπονδάς τε σφᾶς ποιήσασθαι, καὶ ᾄσαντας τὸν θεὸν καὶ τἆλλα τὰ νομιζόμενα, τρέπεσθαι πρὸς τὸν πότον), läßt den Paian und τἆλλα τὰ νομιζόμενα von der Spende unabhängig erscheinen. Das gleiche gilt von Plut. quaest. conv. VIII 8, 4. 712 F - 713 A (test. 82 Käppel): τὸν δ' αὐλὸν οὐδὲ βουλομένοις ἀπώσασθαι τῆς τραπέζης ἔστιν· αἱ γὰρ σπονδαὶ ποθοῦσιν αὐτὸν ἅμα τῷ στεφάνῳ καὶ συνεπιφθέγγεται τῷ παιᾶνι τὸ θεῖον .... Überdies erscheint an all diesen Stellen der Paian dem Ausdruck nach nicht neben die Spende an Zeus Soter gesetzt, sondern (jedenfalls unter den hier gemachten Voraussetzungen) neben die drei blockartig zusammengefaßten Spenden.

Wie sich der apollinische Paian an Rituale anschließen kann, die anderen Göttern gelten, zeigt exemplarisch der Siegespaian Timoth. Pers. (PMG 791) 196 - 199:

οἱ δὲ τροπαῖα στησάμενοι, Διὸς
ἁγνότατον τέμενος, Παιᾶν'
ἐκελάδησαν ἰήιον
ἄνακτα

Von besonderem Gewicht aber ist das von Käppel nicht unter die Paiantestimonien aufgenommene fr. com. adesp. *745 K.- A., dessen Herkunft und sogar Gattungszugehörigkeit allerdings unklar sind:

"τί κάθῃ † καὶ πίωμεν· οὐ καὶ σιτία
πάρεστιν, ὦ δύστηνε; μὴ σαυτῷ φθόνει."

ähnlichen Stellen aber ist mit Xen. conv. 2, 1 eine, die die σπονδαί hinter das Entfernen der Tische setzt. Sie setzen also voraus, daß Wein gemischt worden ist.

[1] Bei Xenophanes heißt es zwar χρὴ ... θεὸν ὑμνεῖν ... σπείσαντάς τε καὶ εὐξαμένους, aber die beiden Partizipien, die bezeichnenderweise hinter dem übergeordneten Infinitiv stehen, sind nicht im Hinblick auf unmittelbare Zusammengehörigkeit aller drei Handlungen verwendet, sondern tragen nach, was zwischen der in den Versen 1 - 12 skizzierten symposiastischen Ausgangssituation und dem Programmpunkt "Paian" vor sich geht.

Plut. sept. sap. conv. 5. 150 D ist der Paian neben der Spende überhaupt nicht erwähnt, und das *könnte* seinen Grund in unmittelbarer Zusammengehörigkeit von beidem haben (der Paian wäre dann einfach mitgedacht); aber was wiegt dieses späte Zeugnis?

οἱ δ' εὐθὺς ἠλάλαξαν, ἐν δ' ἐκίρνατο
οἶνος, φέρων δὲ στέφανον ἀμφέθηκέ τις.
ὑμνεῖτο δ' αἰσχρῶς κλῶνα πρὸς καλὸν δάφνης
ὁ Φοῖβος οὐ προσῳδά· τὴν τ' ἐναύλιον
ὠθῶν τις ἐξέκλαγξε σύγκοιτον φίλην

Es ist nicht klar, welches Stadium dieses nach den Worten des zitierenden Plutarch von Sklaven abgehaltene Symposion erreicht hat. Sollten wir uns am Anfang befinden, wozu Weinmischung und Bekränzung[1] passen würden, müßte das apollinische Lied unter den hier gemachten Voraussetzungen wohl der τριτόσπονδος παιών sein, und dann wäre es um den Paian an Zeus Soter natürlich geschehen. Indes sieht es V. 6 f. eher so aus, als stoße jemand zu einer bereits länger im Gang befindlichen Zecherei. Auch dann aber haben wir zu konstatieren, daß hier ein Paian, der im Anschluß an eine Weinmischung und, so werden wir zu ergänzen haben, eine σπονδή davon, gesungen wird, ohne erkennbaren besonderen Anlaß wieder einmal an Apollon gerichtet wird.

So weit die Lage, wenn die drei κρατῆρες in einem Schwung angesetzt worden sein sollten. Wenn wir von dieser Voraussetzung abgehen, stellen sich zusätzliche Argumente gegen den Paian an Zeus Soter ein.

Wie wir oben[2] gesehen haben, schloß sich eingangs des Symposienprogramms ein Paian an eine Spende oder mehrere an.

Man muß also, soll der κρατὴρ Διὸς σωτῆρος im Programm nach hinten rücken, entweder die Verbindung der σπονδή aus diesem Krug mit dem Paian aufgeben und den aischyleischen τριτόσπονδος παιών anders erklären oder, wenn man letzteren in der Nachbarschaft der Spende aus dem Krater des Zeus Soter beläßt, annehmen, daß er nicht der einzige beim Symposion in der Nachbarschaft einer Trankspende gesungene Paian gewesen sei und nicht die erste der drei bei Dikaiarch genannten Gesangsdarbietungen. Plutarch spräche dann quaest. conv. I 1, 5. 615 B (test. 74 c Käppel) von einem anderen Paian als dem mit der Spende aus dem Mischkrug des Zeus Soter verbundenen.

Wir brauchen uns hier nur mit der zweiten Möglichkeit auseinanderzusetzen[3], da mit der ersten der Symposienpaian an Zeus Soter seines Kardinalzeugen beraubt und damit erledigt wäre.

---

[1] Vgl. Plat. fr. 71, 7 f. und Dromo fr. 2, 3 f. K.- A., Xenophan. B 1, 2 W.[2] und Matro SH 534, 107 f.

[2] S. 27 f.

[3] Ein Zeugnis, das auf mehrere Paiane weist, die bei einem Symposion gesungen wurden, sind Verse, die im Altertum unter dem Namen des Pherekrates (fr. 138, 5 K.- A. = test. 70 Käppel) umliefen (bei der Unsicherheit der Autorschaft [P. Geißler, Chronologie der altattischen Komödie, Berlin 1925, S. 41 f.] und der Möglichkeit einer späteren Bearbeitung [G. Rehrenböck, Pherekrates´ Persai, fr. 193 K., und die Datierung der sophokleischen Elektra, WS 101, 1988, 47 - 57, dort S. 50 - 53; die

Wenn nicht gleich alle drei Mischkrüge in unmittelbarer Folge angesetzt wurden, kann der erste Weiheguß nur an Zeus Olympios und die olympischen Götter gegangen sein.

Darauf wäre dann Paian gesungen worden. Die Bezeugung von Dikaiarchs Darstellung der verschiedenen Klassen symposiastischer Gesänge (test. 74 a - d Käppel = Dikaiarch fr. 88 W.[2]) bei Athen. XV 694 a - b und Plut. quaest. conv. I 1, 5. 615 B dürfte eine solche Aufteilung der Mischungen und zugehörigen Spenden gestatten. Man braucht beiden Zeugen keine allzu unpräzise Ausdrucksweise vorzuwerfen, wenn man annimmt, daß der erste Gesang ein erster, sich an die erste Spende anschließender Paian war und daß solche gemeinsam gesungenen Paiane auch im weiteren Verlauf vorkamen[1].

An die olympischen Götter nun könnte der Paian nach einer solchen ersten Spende nicht gegangen sein, bezeichnen doch sowohl Platon (ᾄσαντας τὸν θεόν) wie Plutarch (ᾠδῇ τοῦ θεοῦ) den Adressaten singularisch (vgl. Xenophan. B 1, 13). Wollten wir hier, an sich schon gewagt genug, an Zeus Olympios als primären Adressaten denken, so fehlt diesem gerade das Merkmal, das bei Deubner und Käppel als Hauptargument der Identifikation des Adressaten der dritten Spende mit dem des τριτόσπονδος παιών figuriert: Zeus Olympios ist nicht σωτήρ.

Polemik gegen Geißler scheint mir unbegründet] ist nicht sicher, daß der Vers aus dem fünften Jahrhundert stammt) und in denen es heißt: ἔγχει κἀπιβόα τρίτον παιῶν', ὡς νόμος ἐστίν (ἔγχει beweist nicht, daß es sich nicht um die Spende aus einem Krater handeln kann; der Wein muß zum Libieren zunächst in ein kleineres Gefäß gegeben werden vgl. etwa Hom. Γ 295 f. und ν 50 - 56; Antipho or. 1, 19 benutzt sogar die Junktur τὴν σπονδὴν ... ἐγχέουσα). Der vor diesem Vers erhaltene Text scheint eine Deutung des τρίτον in prädikativem Sinne ("als drittes") auszuschließen, und da τρίτος παιών nicht einfach desselbe heißen kann wie τριτόσπονδος παιών, gibt es offenbar noch andere kanonische Gelegenheiten zum Paiansingen als die im Zusammenhang mit der dritten Spende aus dem Krater des Zeus Soter. Gerne möchte man diese mit dem τρίτος παιών identifizieren und die beiden ersten jeweils einem der zwei ersten Mischkrüge zuordnen.

Käppel (S. 53[64]) schließt sich Deubner an, der bei Pherekrates παιών wie σωτήρ verstehen wollte (Paian S. 391 [210][8]). Diese Deutung wird dadurch ausgeschlossen, daß ἐπιβοᾶν als Objekt nicht den Besungenen, sondern das Gesungene bei sich hat (vgl. K.- A. zur Stelle).

Von mehreren Paianen ist auch bei Herodor von Herakleia FGrHist 31 F 59 (test. 73 Käppel) die Rede, aber über den Schauplatz und den Rahmen wissen wir nichts.

[1] Zur zeitlichen Anordnung bei den Dikaiarch - Zeugen Athenaios und Plutarch vgl. o. S. 24[4].

Es böte sich also an, den Adressaten des Paians nach der ersten Spende vom Adressaten dieser Spende selbst zu trennen. Dann aber liegt es nahe, bei den Paianen nach den Spenden aus dem zweiten und aus dem dritten Krater entsprechend zu verfahren.

Es scheint danach, daß Deubners und Käppels These von einem Symposienpaian an Zeus Soter auf schmaler Grundlage beruht und sich doch auch Indizien finden, die eher auf eine Hinwendung zu Apollon deuten. Nehmen wir das Pindarzeugnis aus dem Threnos hinzu, das sich, wie oben gesagt, nur schlecht mit der Annahme eines an Zeus gerichteten Symposienpaians verträgt, spricht alles dafür, daß wir uns Apollon auch als Adressaten des Gelagepaians denken.

Wir sollten uns danach zu der Aussage durchringen, daß zu Pindars Zeit und mindestens bis gegen Ende des fünften Jahrhunderts[1] der Paian als Liedgattung fest mit Apollon als Adressat verbunden war.

Gehen wir nun von den bei Pindar gemeinten Paianen einmal ab und nehmen all die bezeugten Paiane in den Blick, die nicht im Rahmen eines Festes die Gestalt eines mehr oder weniger anspruchsvollen Kunstliedes angenommen haben. Unter dieser Rubrik fassen wir recht verschiedene Erscheinungen, spontane Rufe in unmittelbarer Not oder nach ihrem Vorübergehen, Kampfrufe oder simple Kampflieder, Paianrufe bei einer staatlichen Prozedur, bezeugt auf Inschriften, in historischen Texten, in der Tragödie wie in der Komödie und sogar bei Homer. Es wird sich zeigen, daß sich die Aussage des pindarischen Threnos auf diese Paiane nicht übertragen läßt; die Belege für nicht an Apollon und Artemis gerichtete Paiane stammen zwar auch hier ausnahmslos aus nachpindarischer Zeit, sind aber von einer Natur, die es nahelegt, den durch sie repräsentierten religiösen Zustand nicht für das Resultat kurzfristiger Neuerungen zu halten.

Apollinische Paiane und solche an Artemis finden sich: Apollon wird sehr wahrscheinlich von dem verletzten Lamachos Ar. Ach. 1212 f. (test. 112 Käppel) angerufen. Sicher wendet sich an ihn der Chor der `Wespen´ V. 869 und 874 zu Beginn des von Bdelykleon für seinen Vater veranstalteten Prozesses (`Pai. 56´ Käppel). In der Ilias wird Apollon, der die Seuche geschickt hat, mit Paianen angefleht, sie auch wieder fortzunehmen (A 472 - 474 = test. 10 Käppel); es handelt sich am ehesten um einen primitiven, nur wenig über den Paianruf hinausgehenden Gesang[2]. Außerdem sollen Frauen in den Geburtswehen Artemis mit Paianen angerufen haben (Σ Soph. OT 173 p. 173 Papag. = test.

---

[1] Zu dem o. S. 20 erwähnten um diese Zeit aufgeführten Lied auf Lysander vgl. u. S. 37 ff.

[2] Wenn der καλὸς παιήων doch als ein durchkomponiertes Lied und damit doch wohl gewissermaßen als zur poetischen Gattung des Paian zugehörig gedacht gewesen sein sollte, stünde das unserer Argumentation nicht entgegen; das Zeugnis wäre eben als ein weiterer apollinischer Beleg in die Abteilung der poetisch ausgestalteten Paiane zu ziehen.

125 Käppel). Um einen simplen Paianruf oder -gesang handelt es sich wohl bei den Paianen, die bei Euripides (IA 1467 - 69 = test. 123 Käppel) Iphigenie die jungen Mädchen zu ihrer Opferung zu singen auffordert. IT 1398 - 1405 (test. 124 Käppel) folgt auf ein Gebet Iphigenies an Artemis, sie möge die Flucht nach Griechenland mit Erfolg krönen, ein Paianruf der begleitenden ναῦται[1].

Sicherlich nichts mit Apollon zu tun hat der Paian, der bei Xen. Hell. IV 7, 4 erscheint (test. 126 Käppel): Agesipolis rastet mit seinem Heer auf argivischem Territorium, als die Erde bebt. Καὶ οἱ ... Λακεδαιμόνιοι ἀρξαμένων τῶν ἀπὸ δαμοσίας πάντες ὕμνησαν τὸν περὶ τὸν Ποσειδῶ παιᾶνα. Es handelt sich offenbar um mehr als einen bloßen Ruf, nämlich um ein eigens für solche Fälle gedichtetes Lied, das allerdings sehr primitiv sein muß, wenn es von allen als spontane Reaktion auf ein unvorhersehbares Ereignis gesungen werden konnte. Dieser Paian ist mit Poseidon verbunden (auf die Beschaffenheit dieser Verbindung werden wir zurückkommen), und obwohl von ihm erst im vierten Jahrhundert die Rede ist, kann man sich kaum darauf festlegen, daß es ihn hundert Jahre früher noch nicht gegeben habe.

Den vor der Schlacht gesungenen Paian interpretierten die Griechen nach Käppel als Ruf an Enyalios bzw. Ares[2]. Das geben die Zeugnisse nicht aus; sie sprechen eher dagegen[3]. An den vier Xenophonstellen, auf die sich Käppel beruft, *folgt* der Anruf des Enyalios auf den Paian und ist von ihm mehr oder weniger deutlich getrennt. Das wird besonders klar anab. I 8, 17 f. (test. 34 Käppel): καὶ οὐκέτι τρία ἢ τέτταρα στάδια διειχέτην τὼ φάλαγγε ἀπ' ἀλλήλων ἡνίκα ἐπαιάνιζόν τε οἱ Ἕλληνες καὶ ἤρχοντο ἀντίοι ἰέναι τοῖς πολεμίοις. ὡς δὲ πορευομένων ἐξεκύμαινέ τι τῆς φάλαγγος, τὸ ὑπολειπόμενον ἤρξατο δρόμῳ θεῖν· καὶ ἅμα ἐφθέγξαντο πάντες οἷόνπερ τῷ Ἐνυαλίῳ ἐλελίζουσι, καὶ πάντες δὲ ἔθεον (woraufhin die Feinde die Flucht ergreifen). Inst. Cyr. VII 1, 25 (test. 40 Käppel): καὶ ἦν μὲν πολλὴ πάντοθεν σιγὴ ὑπὸ τοῦ τὸ μέλλον ὀκνεῖν· ἡνίκα δὲ ἔδοξε τῷ Κύρῳ καιρὸς εἶναι, ἐξῆρχε παιᾶνα, συνεπήχησε δὲ πᾶς ὁ στρατός. μετὰ δὲ τοῦτο τῷ Ἐνυαλίῳ τε ἅμα ἐπηλάλαξαν καὶ ἐξανίσταται ὁ Κῦρος (es folgt der Angriff). Auch daß anab. V 2, 14 (test. 37: ἐπεὶ δ' ἐπαιάνισαν καὶ ἡ σάλπιγξ ἐφθέγξατο, ἅμα τε τῷ Ἐνυαλίῳ ἠλέλιξαν καὶ ἔθεον δρόμῳ οἱ ὁπλῖται) das Trompetensignal dazwischentritt, weist in diese Richtung, und im Lichte dieser Belege prüfe man Hell. II 4, 17 (test. 32 Käppel): ἐξάρξω μὲν οὖν ἐγὼ ἡνίκ' ἂν καιρὸς ᾖ παιᾶνα· ὅταν δὲ τὸν Ἐνυάλιον παρακαλέσωμεν, τότε πάντες ὁμοθυμαδὸν ἀνθ' ὧν ὑβρίσθημεν τιμωρώμεθα τοὺς ἄνδρας. Wenn Paian

---

[1] Beide Belege zeigen nicht mehr, als daß ein Paianruf zu Artemis paßt; daß man in einer ähnlichen Notlage ohne besondere Beziehung zu Artemis einen Paian angestimmt hätte, ist dadurch nicht belegt.

[2] Käppel S. 46; vgl. auch u. S. 33[1] zu einschlägigen Zeugnissen aus der späteren Antike.

[3] Vgl. Fairbanks, S. 20 f.

und Enyaliosanruf zweierlei sind, kann der im ὅταν - Satz betont als Objekt eingeführte Gott schwerlich der sein, den sich jeder schon durch den Paian angerufen denkt[1]. Sonst weist kein Schlachtpaian auf einen besonderen Adressaten.

Xen. anab. III 2, 9 (test. 18 Käppel), eine Stelle, die Käppel[2] als einen der wenigen Belege anführt, der uns den Adressaten eines im Krieg gesungenen Paians erkennen lasse, ist nicht im engeren Sinne ein Kriegspaian. Xenophon hat in einer Rede an die Truppe für den Fall eines bestimmten Vorgehens πολλαὶ καὶ καλαὶ ἐλπίδες σωτηρίας in Aussicht gestellt, als plötzlich jemand niest, was natürlich allgemein sofort als Omen aufgefaßt und von Xenophon mit Geistesgegenwart ausgenutzt wird: ἀκούσαντες δ' οἱ στρατιῶται πάντες μιᾷ ὁρμῇ προσεκύνησαν τὸν θεόν, καὶ ὁ Ξενοφῶν εἶπεν· δοκεῖ μοι, ὦ ἄνδρες, ἐπεὶ περὶ σωτηρίας ἡμῶν λεγόντων οἰωνὸς τοῦ Διὸς τοῦ σωτῆρος ἐφάνη, εὔξασθαι τῷ θεῷ τούτῳ θύσειν σωτήρια ὅπου ἂν πρῶτον εἰς φιλίαν χώραν ἀφικώμεθα, συνεπεύξασθαι δὲ καὶ τοῖς ἄλλοις θεοῖς θύσειν κατὰ δύναμιν. καὶ ὅτῳ δοκεῖ ταῦτ', ἔφη, ἀνατεινάτω τὴν χεῖρα. καὶ ἀνέτειναν ἅπαντες. ἐκ τούτου ηὔξαντο καὶ ἐπαιάνισαν. Daß dieser Paian, wie Käppel sagt, "u. a. an Zeus Soter" geht, ist nicht ausgemacht. Die Opferversprechen sind sorgsam auf alle Götter ausgedehnt, und als es im Anschluß an die beschlossenen Gebete zum παιανίζειν kommt, erfahren über den oder die Adressaten nichts.

Ar. Pax 453 (`Pai. 57´ Käppel) ist gar kein Adressat erkennbar; Apollon kann nicht gemeint sein, denn unter den Gottheiten, die dann V. 456 Spenden erhalten, ist er nicht[3]; letztere aber können, da sie mit einiger Spontaneität *ad hoc* ausgewählt werden, V. 453 auch noch nicht vorschweben. Aves 1763 - 65 (`Pai. 59´ Käppel) wird nicht ganz klar, ob es sich eher um einen Siegespaian oder einen Hochzeitspaian handelt, und wahrscheinlich soll man gar nicht da-

---

[1] Daß der Paian vor der Schlacht an Enyalios gegangen sei, behaupten auch die Thukydideserklärer (Σ Thuc. I 50 und IV 43) und Kaiser Iulian, or. 1, 29. 36 b (Texte 60 und 61 bei Fairbanks). Die Scholiasten aber können keine eigene Kenntnis von diesen Dingen besessen haben, und selbst, wenn sie auf ältere Quellen zurückgehen sollten, dürften diese mit den gleichen oder ähnlichen Zeugnissen gearbeitet haben wie wir. In Julians Zeitalter aber gab es natürlich keine griechischen Kriegspaiane mehr, und schon die Formulierung τὸν ἐνυάλιον παιᾶνα τῶν στρατοπέδων ἐπαλαλαζόντων zeigt durch ihren Widerspruch zu den oben besprochenen Xenophonbelegen, daß auch er nicht genau weiß, wovon er redet.

[2] S. 45.

[3] Der Fall liegt hier anders als beim Symposienpaian, wo wir durchaus für möglich gehalten haben, daß der Adressat des Paians von den Mächten, denen zuvor libiert wurde, verschieden war. Dort mögen rituelle Elemente in Nachbarschaft geraten sein, die ursprünglich miteinander nichts zu tun hatten. An unserer Aristophanesstelle sucht sich der Spendende *ad hoc* aus, welche Gottheiten er bedenkt.

nach fragen[1]; jedenfalls wird in der Umgebung Peisetairos als neuer Zeus gefeiert, so daß Apollon als Adressat wohl kaum in Frage kommt, und da Peisetairos zwar Gott, aber doch auch Sieger und Bräutigam ist, kann der Paian auch nicht an ihn gerichtet sein. Lys. 1291 steht ἰὴ παιών ohne ausgedrückten Adressaten; daß Apollon gemeint ist, ist nach der Götterliste der V. 1279 - 90 unwahrscheinlich, obwohl er darin erscheint und obwohl 1294 gewissermaßen in Parallele zum Paianruf das dionysische εὐοῖ εὐοῖ, εὐαὶ εὐαί erscheint und Dionysos ebenfalls zuvor unter den Göttern aufgeführt ist; die dionysischen Rufe passen eben in die Jubelstimmung und implizieren ja auch keine Apostrophe.

Im Lichte dieser Stellen wird man wohl einen erheblichen Teil der Erwähnungen, die keinen Adressaten nennen, auf solche adressatenlosen Paiane hin ausdeuten müssen. Hierhin dürften neben den oben so interpretierten Paianen zumindest die meisten gehören, die Käppel aus militärischen Zusammenhängen anführt[2], dazu vielleicht auch Soph. Trach. 221 (test. 122 Käppel)[3] und Ar.

---

[1] Vgl. Dunbar zu Av. 1763.

[2] Es ist vielleicht nicht ohne Interesse, daß uns zwar kein unmittelbar nach dem Kampf ausgebrachter Jubelpaian (test. 41 ff. Käppel) einen Adressaten erkennen läßt, Timotheos aber Pers. (PMG 791) 196 - 199 (test. 25 Käppel) die Griechen nach der Errichtung des Tropaion aus der Schlacht bei Salamis einen Paian an Apollon singen läßt (weitere Paiangesänge nach Siegen bei Käppel test. 21 - 24 und 26, immer ohne Adressatenangabe). Zwischen diesen beiden Gelegenheiten muß jedoch unterschieden werden (vgl. Fairbanks, S. 60 und Deubner, Paian, S. 386 [204]), und Σ Thuc. I 50, wo der Paian nach der Schlacht dem Apollon zugeordnet wird, ist von zweifelhaftem Wert; vielleicht handelt es sich um einen Schluß auf der Basis eines Beleges wie der zitierten Timotheosstelle, möglicherweise stützt sich der Scholiast aber auch auf nichts weiter als den Umstand, daß Apollon eben, wenn sonst nichts dagegenspricht, als der nächstliegende Adressat gelten kann. Was Fairbanks, S. 23, zugunsten des apollinischen Charakters des Kriegspaians anführt, hat wenig Gewicht. Adressatenlosigkeit dürfte die nächstliegende Interpretation der Belege für Schlachtenpaiane bleiben.

[3] Dieser Paianruf scheint als spontane Reaktion auf den Auftritt des Lichas und seiner Gefangenen von dem Liedpaian, den der Chor V. 205 - 220 andeutet, getrennt werden zu müssen.

Möglicherweise hatten auch die für das dritte nachchristliche Jahrhundert bezeugten Paiane der attischen Epheben im Rahmen der eleusinischen Prozession (test. 116 Käppel) keinen bestimmten Adressaten; es handelte sich dann um den einzigen Beleg für solche Paianrufe, die durch die Ordnung eines religiösen Festes vorgeschrieben waren. Das wäre als eine besondere Spielart der späten Festpaiane zu betrachten, stünde also im Schnittpunkt zwischen apollinischen Rufpaianen, wie wir sie der milesischen Molpoi - Inschrift als Bestandteil des Festprogramms entnehmen, und späten nichtapollinischen Paiangedichten wie dem an Euros usw.

Thesm. 295 - 311 (`Pai. 55´ Käppel), und dann wurde möglicherweise auch in Athen regelmäßig in der Volksversammlung ein solcher Paian gesungen[1]. Wilamowitz[2] faßt auch Hom. X 391 - 394 (test. 21 Käppel) so auf. Es muß allerdings von Fall zu Fall abgewogen werden; wie wenig Sicherheit zu erlangen ist, zeigt etwa der Fall des Paians beim Tropaion: So sagt Xenophon Hell. VII 2, 15 (test. 22 Käppel) genausowenig über einen Adressaten des Paians wie an den oben als Belege für ausgesprochene Schlachtenpaiane zitierten Stellen, aber im Lichte des nun schon mehrfach zitierten Passus aus den "Persern" des Timotheos (ein Lied an Apollon singend wird man sich bei dieser Gelegenheit auch

---

[1] Das dem Eingangsgebet einer Sitzung der attischen Ekklesie parodistisch nachempfundene (Kleinknecht, S. 33 f.; vgl. die Kommentare von van Leeuwen, Rogers und Sommerstein sowie M. H. Hansen, The Athenian Assembly, Oxford 1987, Anm. 571 auf S. 170) und den Zwecken der Frauenversammlung am Thesmophorienfest angepaßte Gebet lautet: Εὐφημία ἔστω, εὐφημία ἔστω. Εὔχεσθε τοῖν Θεσμοφόροιν καὶ τῷ Πλούτῳ καὶ τῇ Καλλιγενείᾳ καὶ τῇ Κουροτρόφῳ καὶ τῷ Ἑρμῇ καὶ ⟨ταῖς⟩ Χάρισιν ἐκκλησίαν τήνδε καὶ σύνοδον τὴν νῦν κάλλιστα καὶ ἄριστα ποῆσαι, πολυωφελῶς μὲν ⟨τῇ⟩ πόλει τῇ Ἀθηναίων, τυχηρῶς δ' ὑμῖν αὐταῖς. Καὶ τὴν δρῶσαν καὶ ἀγορεύουσαν τὰ βέλτιστα περὶ τὸν δῆμον τὸν Ἀθηναίων καὶ τὸν τῶν γυναικῶν, ταύτην νικᾶν. Ταῦτ' εὔχεσθε καὶ ὑμῖν αὐταῖς τἀγαθά. Ἰὴ παιών, ἰὴ παιών, ἰὴ παιών. Χαίρωμεν. Die Paianrufe am Schluß, die es auch in der Ekklesia gegeben haben dürfte, sind nicht integraler Bestandteil des Gebettextes wie etwa in Pindars Paianen, bei Philodamos oder im Erythräischen Paian; das Gebet als ganzes ist kein Paian, was sich, wenn der Text denn mit einiger Treue dem Gebet in der Volksversammlung nachgebildet ist, auch dadurch bestätigt, daß sowohl bei Dinarch. or. 2, 14 wie bei Aeschin. or. 1, 23 im Zusammenhang mit dem Gebet in der Ekklesia nur von εὔχεσθαι die Rede ist, nicht von παιωνίζειν; die Paianrufe sind gewissermaßen angestückt. Daß die Sprecherin mit den Paianrufen direkt die in dem Gebet genannten Gottheiten anruft, wird durch den Umstand, daß παιών im Singular steht, nicht eben nahegelegt. Wir stehen daher vor der Wahl, uns bei den Paianrufen unter Verzicht auf eine direkte, gewissermaßen namentliche Anrufung doch die genannten Gottheiten um Hilfe angefleht zu denken oder Apollon als Adressaten einzusetzen oder in ἰὴ παιών, ἰὴ παιών, ἰὴ παιών einen Kultruf ohne persönliche Hinwendung zu einer Gottheit zu sehen. Die oben schon mehrfach zitierte Timotheosstelle, an der der Paian an Apollon neben die Errichtung eines Tropaion für Zeus tritt, könnte zunächst die erste Möglichkeit nicht ganz abwegig erscheinen lassen. Indes kann man sich kaum vorstellen, daß der Gebetstext den Kreis der angeflehten Gottheiten deutlich und gewissermaßen umständlich umreißt, um sozusagen *post festum* noch einen Gott hinzutreten zu lassen, der seinem Charakter und seiner Bedeutung nach in diese Gesellschaft nicht recht passen will. So dürfte die Annahme `adressatenloser´ Paianrufe auch in diesem Falle das einfachste sein.

[2] GdH, Bd. I S. 293 f.

Sophokles gerne vorstellen, vita Soph. 3 = TrGF 4 p. 31 Radt = test. 26 Käppel) möchte man annehmen, daß er an Apollon gerichtet wurde. Schwierig ist es auch bei dem allerdings sehr späten Paian, den der Ps. - Plut. De mus. 44. 1147 A gegen Ende der Unterredung und des Gelages singen läßt.

Fassen wir zusammen, was sich hinsichtlich der Adressaten der Paianrufe und primitiven Paiangesänge ergeben hat. Von einer vergleichbaren Homogenität wie bei den lyrischen Paianen kann auch in der älteren Zeit nicht die Rede sein. Zweifellos spielen die an Apollon und seine Schwester gerichteten Paiane auch hier eine prominente Rolle, soweit man so etwas überhaupt quantifizieren kann; über die relative Häufigkeit der verschiedenen Arten von Paianrufen können wir natürlich überhaupt keine Aussage machen. Daneben stehen, möglicherweise als wichtigste Gruppe, Paianrufe, bei denen nicht an einen bestimmten Adressaten gedacht ist[1], und als einziger nicht poetisch gestalteter Paian, der nachweislich mit einem anderen Gott als Apollon verbunden ist, der Erdbebenpaian an Poseidon.

Daß adressatenlose Paiane in der lyrischen Abteilung keine Rolle spielen, leuchtet sofort ein, denn die Liedpaiane werden regelmäßig im Rahmen großer Feste aufgeführt, bei denen ein bestimmter Gott Objekt des Kultes ist. Bemerkenswert ist der Paian an Poseidon, dessen Existenz wir nicht erst mit seiner Bezeugung bei Xenophon beginnen lassen können; auf ihn werden wir unten zurückkommen[2].

Fragen wir uns nun, wie der Paian von Apollon auf andere Adressaten übergegangen ist. Wir beginnen mit den lyrischen Festpaianen.

Wie das im Falle des Asklepios vor sich gegangen ist, wurde schon kurz gesagt[3].

Sarapis schließt sich als Adressat glatt an Asklepios an.

Wenn die Paiane bei Heliodor Athene in ihrer Eigenschaft als Heilgöttin galten[4], so wäre auch das neben die Asklepiospaiane zu stellen, und die Übertragung sollte nach der auf den, wie oben festgestellt wurde, in Verbindung mit Apollon angesungenen Asklepios stattgefunden haben, ohne daß man sich den zeitlichen Abstand übermäßig groß denken müßte. Man könnte sich das im vierten Jahrhundert, einige Zeit nach der Aufnahme des Asklepios in Athen, vorstellen. Wurde Athene nicht als Heilgöttin angesungen, was man, wenn man

---

[1] "Adressatenlose" Paiane spielen weder bei Fairbanks noch bei von Blumenthal noch bei Käppel eine Rolle. Sie erscheinen nur bei Deubner, und zwar infolge seiner Ableitung des Paians aus einem magischen und daher nicht mit einem göttlichen Adressaten verbundenen Tanzlied. Um einen Nachweis "adressatenloser" Paiane in der Überlieferung hat Deubner sich nicht bemüht.

[2] Vgl. u. S. 42 f.

[3] Vgl. o. S. 19.

[4] Das vermutet von Blumenthal, Sp. 2343, 40 ff.

die doch etwas bunte Zusammensetzung des Adressatenkreises in späterer Zeit bedenkt, für möglich halten muß, empfiehlt es sich, an eine verhältnismäßig späte Entwicklung zu denken. Dann wurde Athene eben als σώτειρα verehrt wie andere Paianadressaten als σωτῆρες.

Der dionysische Paian des Philodamos konzentriert sich, wie die Interpretation u. S. 77 ff. zu zeigen versucht, ganz darauf, Dionysos zum σωτήρ zu stilisieren. Zu beachten ist aber auch hier, daß diese Neustilisierung gerade in Delphi, durch Apollons Priesterschaft und im religiös - gedanklichen Anschluß an den Hauptkult des Ortes stattfindet[1].

Nichts ist bekannt über die Umstände, unter denen der spartanische Paian an den Wind Euros aufgeführt wurde. Dieser ist deutlich als σωτήρ angerufen.

Herakles bot sich als als ἀλεξίκακος an, was ja so gut wie dasselbe wie ein σωτήρ ist; außerdem ist er bei Aelius Aristides mit Asklepios verschmolzen.

Unklar bleiben die Fälle der παιανίαι unter den spartanischen Ταινάριοι mit ihren vermutlich poseidonischen Paianen, die Paiane an Θάνατος in Gadeira und die eleusinischen zu Ehren der Demeter und Kore.

Die tatsächlichen und vermeintlichen Belege für Paiane, die an Machthaber gerichtet wurden, legen verschiedene Beurteilungen nahe.

Das erste Beispiel ist der Paian an Lysander (PMG 867 = Pai. 35 Käppel), unseres Wissens überhaupt den ersten Griechen, der göttliche Ehren erhielt; den Eingang zitiert Plut. Lys. 18, 5 aus Duris von Samos. Nach Plutarchs Bericht benannten die Samier das Hauptfest der Insel, die Ἡραῖα, in Λυσάνδρεια um[2], und man sang Lysander einen Paian (Duris FGrHist 76 F 71; vgl. F 26)[3]. Der in der Vita ausgeschriebene Text lautet:

---

[1] Vgl. Rutherford, Et Hominum Et Deorum Laudes, S. 44, wo allerdings delphischer Synkretismus als treibende Kraft identifiziert wird; die Interpretation des Philodamospaians u. S. 77 ff., bes. 85 und 88 f., weist nicht in diese Richtung.

[2] Diese Nachricht ist auf viel Skepsis gestoßen, gegen die Habicht, Gottmenschentum, S. 3 - 5 gute Gründe vorbringt; 1964 wurde eine Siegerinschrift gefunden, die die Existenz der Λυσάνδρεια und sogar ihr Fortbestehen über den Sturz des Lysander hinaus beweist (Habicht, Gottmenschentum², S. 243). Mir scheint jedoch, daß auch dieser Fund wie der Text des Plutarch einer an sich eher einleuchtenden Deutung, nach der die Heraia zusätzlich den Namen Λυσάνδρεια bekamen oder etwa ein Tag angehängt oder eingeschoben wurde (A. D. Nock, Σύνναος Θεός, HSCP 41, 1930, S. 1 - 62, dort S. 59 - 61; vgl. D. Lotze, Lysander und der Peloponnesische Krieg, Abh. d. Sächs. Ak. d. Wiss., phil. - hist. Kl., Bd. 57, 1964, H. 1, S. 53), nicht unbedingt im Wege steht.

[3] Bei Plutarch klingt es so, als habe es auch andere Lysanderpaiane gegeben und hätten ihn auch andere Städte göttlich verehrt, aber möglicherweise verwendet der Autor den Plural nur im Blick auf die Gesamtheit der Städte, die überhaupt mit göttli-

τὸν Ἑλλάδος ἀγαθέας
στραταγὸν ἀπ' εὐρυχόρου
Σπάρτας ὑμνήσομεν, ὦ
ἰὲ Παιάν.

Plutarch ist offensichtlich der Meinung, dies habe sich zu Lebzeiten des Geehrten zugetragen. Unter dieser Voraussetzung hat man als Anlaß die Rückführung der exilierten Oligarchen in ihre Heimat nach dem Zusammenbruch des samischen Widerstandes am Ende des peloponnesischen Krieges identifiziert. Ernst Badian hat sich demgegenüber für eine Datierung der Vorgänge in die späten neunziger Jahre des vierten Jahrhunderts ausgesprochen, als Samos nach einigen Jahren der Entfremdung von Sparta wieder auf dessen Seite trat (bezeugt durch Xen. Hell. IV 8, 23)[1].

An der Tatsache, daß dieses Lied aufgeführt wurde, können wir nicht rütteln. Es ist aber unser erstes Beispiel und für hundert oder beinahe hundert weitere Jahre das einzige. Es ist außerdem unser erstes Beispiel für einen lyrischen Paian, der nicht dem Apollon oder wenigstens dem Asklepios gewidmet war. Das läßt es als außerordentlich problematisch erscheinen, wenn Lysander direkt mit der Paianepiklese, also mit dem eigensten Namen Apolls und seines nur im Verein mit ihm mit dieser Epiklese bedachten Sohnes Asklepios angerufen wäre. Vielleicht läßt sich der Anstoß mildern, wenn man den Paianruf im Sinne eines eingestreuten "adressatenlosen" Paianrufs interpretiert. Wenn das Lied nicht im eigentlichen Sinne ein Paian war, sondern nur ein Hymnus auf einen göttergleichen Menschen, konnte es zu dem Sujet, dem Ἑλλάδος ἀγαθέας στραταγός, sehr wohl passen, wenn ab und zu mit ὦ ἰὲ Παιάν der große Sieg bejubelt wurde[2]. Der Text legt eine solche Deutung nahe: Nach dem `episch - hymnischen´ Eingang, der von dem Objekt des Lobpreises in der dritten Person redet, fällt es ausgesprochen schwer, den Paianruf als direkte Apostrophe Lysanders zu verstehen; man halte dagegen den überlieferten Schluß des Paians an Titus Quinctius Flamininus (Plut. Tit. 16, 6 f. = Pai. 43 Käppel)[3]:

Πίστιν δὲ Ῥωμαίων σέβομεν
τὰν μεγαλευκτοτάταν ὅρκοις φυλάσσειν·
μέλπετε κοῦραι Ζῆνα μέγαν

---

chen Ehren und dem Singen von Paianen auf Menschen bei Lysander und niemand anderem den Anfang machte.

[1] E. Badian, The Deification of Alexander the Great, in: Ancient Macedonian Studies in Honor of Charles F. Edson, Thessaloniki 1981, S. 27 - 71, dort S. 33 - 38 und 43 f.

[2] Im Hinblick darauf habe ich oben vor ἰὲ Παιάν mit Page ὦ, nicht mit Ziegler ὦ akzentuiert.

[3] Vgl. dazu unten S. 40.

'Ρώμαν τε Τίτον θ' ἅμα 'Ρωμαίων τε Πίστιν·
ἰήιε Παιάν,
ὦ Τίτε σῶτερ.

Die direkte Anrufung des Titus als Heiland und Paian ist hier, im Gegensatz zum `Lysanderpaian´, denkbar offensichtlich[1]. Allerdings läßt die Parallele des Eingangs des Makedonikos[2] - Paians (Pai. 41 Käppel: Δήλιον εὐφαρέτραν Ζηνὸς γόνον ὑμνεῖτ' ἀργυρότ[οξον] εὔφρονι θυμῷ εὐφήμῳ γλώσσῃ, ἰὲ Παιάν) auch in dem samischen Lied eine direkte Anrufung nicht unmöglich erscheinen.

Um die Wende vom vierten zum dritten Jahrhundert, also in der Zeit, aus der uns die nächsten an Machthaber gerichteten Paiane bezeugt sind, hatten die Griechen Zeit gehabt, sich an die göttliche Verehrung von Sterblichen zu gewöhnen[3], und die Verbindung zwischen dem Paian und Apollon hatte sich etwas gelockert.

Wenn das Lied auf Lysander kein Paian im eigentlichen Sinne war, rückt der in der zweiten Hälfte des vierten Jahrhunderts gesungene Paian des Philodamos (Pai. 39 Käppel) an seine Stelle als erster nichtapollinischer Paian.

Andere Herrscherpaiane werden die Verehrung des betreffenden Machthabers als eines σωτήρ implizieren.

Der Paian, der dem ersten Ptolemäer auf Rhodos gesungen wurde (Gorgon FGrHist 515 F *19 = fr. 102 Tresp ap. Athen. XV 696 f - 697 a = test. 7 Käppel) und von dessen Text leider außer dem Epiphthegma nichts auf uns gekommen ist, ist in Zusammenhang zu sehen mit dem mit eigenem Temenos und Priester ausgestatteten Soterkult, der dem König nach dessen Hilfeleistung gegen die Belagerung durch Demetrios eingerichtet wurde[4].

---

[1] Vgl. Ch. Edson, Rez. Habicht, Gottmenschentum, CP 53 (1958) S. 624, der auch den Lysanderpaian nicht als Dokument "voller" Vergöttlichung verstehen will und ihn in dieser Hinsicht kontrastierend neben den Ithyphallikos an Demetrios Poliorketes stellt, aber nicht ins Detail der Deutung unseres Fragments geht.

[2] So heißt der bei Käppel noch Makedonios genannte Dichter aus Amphipolis. Den zunächst auf dem, was man von der Inschrift besaß, nur unvollständig erhaltenen Dichternamen hatte Loewy unter Vergleich mit IG II/III^2 3784 ([Μακε]δόνιος ἐποίει) zu Μακε[δόνιος] ergänzt (s. IG II/III^2 2273). Anfang der sechziger Jahre aber hat man ein weiteres Bruchstück des Steines gefunden (N. Platon, 'Αρχ. Δελτ. XVIII B, 1963, S. 20 und M. Th. Mitsos, ebd. XIX B, 1964, S. 16). Die erste auf einer Photographie der vervollständigten Inschrift basierende Edition (SEG XXXIII, 1968, Nr. 126) schreibt Μακεδόνικος, und an der Richtigkeit dieser Namensform läßt die Photographie bei Peek, Attische Versinschriften, Berlin 1980, Tafel IV keinen Zweifel, auch wenn Peeks Edition merkwürdigerweise noch den alten Makedonios bietet.

[3] Vgl. Habicht, Gottmenschentum, S. 8 - 44.

[4] Habicht, Gottmenschentum S. 109 f.

Beim Paian der Chalkidier an Titus Quinctius Flamininus (Pai. 43 Käppel) ist nicht zu bezweifeln, daß die Paianepiklese unmittelbar an den Römer gerichtet ist. Außerdem ist er gleichzeitig als σωτήρ apostrophiert[1].

Nicht ganz so eindeutig liegen die Dinge bei dem Paian auf Seleukos (Pai. 38 Käppel), dessen Anfang uns auf demselben Stein erhalten ist wie der Erythräische Paian (Pai. 37 [E] Käppel). Er nimmt Bezug auf die Apollonsohnschaft des Seleukos[2]. Man wird das Lied also hinsichtlich des Anschlusses an den dem Apollon gewidmeten Paian mit den inschriftlich erhaltenen Asklepiospaianen in Parallele setzen dürfen, die ja auch immer erst von Apollon ausgehen und dann erst zu seinem Sohn kommen. Als σωτήρ ist Seleukos dabei in dem uns erhaltenen Text nicht bezeichnet, aber als solcher wird er nach der Befreiung von der Herrschaft des Lysimachos[3] geehrt worden sein; für die athenische Kolonie auf Lemnos ist das belegt (Phylarch FGrHist 81 F 29).

Nichts erhalten ist leider vom Text der lyrischen Paiane, die Ende des vierten Jahrhunderts dem Demetrios Poliorketes und seinem Vater von den Athenern gesungen wurden (Philochoros FGrHist 328 F 165 = test. 7 Käppel[4]).

Reich belegt ist die göttliche Verehrung des Antigonos Doson durch Sikyon und den Achäischen Bund[5], in dessen Rahmen die durch Plut. Ag. et Cleom. 37, 7 (test. 129 Käppel) bezeugten, aber nicht wörtlich zitierten Paiane gehören. Von seiner Verehrung als Soter ist nichts ausdrücklich überliefert.

Nicht über Zweifel erhaben sind die Paiane an Aratos, die Käppel (test. 128) Plut. Arat. 53, 4 entnimmt: κομισθείσης δὲ τῆς μαντείας οἵ τ' Ἀχαιοὶ σύμπαντες ἥσθησαν καὶ διαφερόντως οἱ Σικυώνιοι μεταβαλόντες εἰς ἑορτὴν τὸ πένθος εὐθὺς ἐκ τοῦ Αἰγίου τὸν νεκρὸν ἐστεφανωμένοι καὶ λευχειμονοῦντες ὑπὸ παιάνων καὶ χορῶν εἰς τὴν πόλιν ἀνῆγον, καὶ τόπον ἐξελόμενοι περίοπτον ὥσπερ οἰκιστὴν καὶ σωτῆρα τῆς πόλεως ἐκήδευσαν. Hier ist wieder ein σωτήρ bezeichnet, aber der Wortlaut erlaubt durchaus, neben Chorliedern nicht näher bestimmter Art (χοροί) an `adressatenlose´ Paianrufe zu denken, die möglicher-

---

[1] Vgl. o. S. 38 f. Immerhin interessant scheint es, daß unter den zwei Weihungen an Flamininus, die Plutarch 16, 5 erwähnt, eine an Apollon ist; er zitiert die Inschrift ὁ δῆμος Τίτῳ καὶ Ἀπόλλωνι τὸ Δελφίνιον. Sollte auch bei diesem Paian wie bei dem gleich zu besprechenden an Seleukos Apollon in der Nähe gewesen sein? Wir mögen die direkte Paianepiklese dann noch kühner empfinden, jedenfalls könnte der apollinische Ausgangspunkt der Entwicklung des Paians auch hier seine Spur hinterlassen haben.

[2] Sonst scheint zu seinen Lebzeiten nur eine indirektere Abstammung von Apollon belegt zu sein (vgl. die Zeugnisse bei Stähelin, RE s.v. Seleukos Nr. 2, Bd. II A 1, 1921, Sp. 1208 - 1235, dort Sp. 1232).

[3] Habicht, Gottmenschentum, S. 86.

[4] Vgl. auch Athen. VI 253 b (test. 130 Käppel).

[5] Habicht, Gottmenschentum S. 80 f.

weise den Dank für die so lange maßgeblich durch Arats Verdienst erfahrene σωτηρία ausdrückten; dazu würde auch der Plural gut passen, denn wie viele Lieder dieser Art sollte man denn für den Anlaß in kurzer Frist komponiert haben? Hinzu kommt, daß Plutarch die typische Einholung eines Gründerheros beschreibt, dessen Schutz man sich dadurch empfiehlt, daß man ihm in der Stadt ein Heroon baut; genauso bezeichnet dieses Monument Pausanias II 8, 1 und 9, 4, und Polybios spricht von der Zuerkennung von τιμαὶ ἡρωικαί. In einer Feier, zumal einer Begräbnisfeier, für einen Heros aber erwartet man eigentlich keine Paiane. Immerhin haben wir einen möglichen Gegenbeleg in Demochares FGrHist 75 F 1 (test. 130 Käppel), wo unter den Greueln, die sich die Athener unter der Herrschaft des Demetrios Poliorketes zuschulden kommen ließen, Λεαίνης ... καὶ Λαμίας 'Αφροδίτης ἱερὰ καὶ Βουρίχου καὶ 'Αδειμάντου καὶ 'Οξυθέμιδος τῶν κολάκων αὐτοῦ καὶ βωμοὶ καὶ ἡρῷα καὶ σπονδαί aufgezählt werden und es dann heißt: τούτων ἑκάστῳ καὶ παιᾶνες ᾔδοντο[1]. Da nun nicht alle diese Mitarbeiter des Demetrios im Verlauf von dessen Herrschaft über Athen verstorben sein können[2], sollten sie diese Ehren als Lebende erhalten haben, was im vierten Jahrhundert möglich geworden zu sein scheint[3]; jedenfalls ist dem Text nicht zu entnehmen, daß man ihnen Paiane ausgerechnet bei ihrem Begräbnis gesungen habe. Ein zweiter Paian auf einen Heros könnte der sein, den in der Zeit des Polemon (fr. 76 Pr. ap. Athen. XV 696 f = test. 7 Käppel) die Korinther εἰς 'Αγήμονα ... τὸν Κορίνθιον, 'Αλκυόνης πατέρα sangen; diesen Mann identifiziert von Blumenthal (Sp. 2354) mit einem Diod. VII 9, 5 erwähnten korinthischen König grauer Vorzeit. Darauf wird man sich kaum einen Reim machen können, und jedenfalls ist von einer Begräbniszeremonie nicht die Rede[4]. Die Arat - Paiane sind nicht eindeutig auszuscheiden, aber Skepsis ist angebracht[5].

---

[1] Zur manchmal unklaren Grenze zwischen göttlicher und heroischer Verehrung vgl. Habicht, Gottmenschentum, S. 200 - 205.

[2] Von Oxythemis ist das Gegenteil bekannt: Habicht, Gottmenschentum, S. 56.

[3] Habicht, Gottmenschentum S. 204.

Man könnte sich fragen, wieviel Wert Demochares bei dieser recht summarischen Schimpfkanonade auf terminologische und sachliche Richtigkeit gelegt hat (man würde für einen Heroenkult auch keinen βωμός, sondern eine ἐσχάρα erwarten, vgl. E. Rohde, Psyche, Bd. I, Freiburg - Leipzig - Tübingen [2]1898, S. 35 m. Anm. 2). Andererseits erscheint aber eine Abstufung von göttlichen Ehren für die Könige und heroischen für wichtige Mitarbeiter sehr plausibel, vgl. Habicht, Gottmenschentum, S. 57 f.

[4] Die pindarischen Paiane an Elektryon von Argos und Aiakos von Ägina sind oben S. 16 f. ausgeschieden, sein Paian an den Stadtheros Abderos S. 13 f. wie der der Spartaner an die Gefallenen von Thyraiai S. 18 f. als apollinisch interpretiert.

Die Herodian, hist. ab exc. Divi Marci IV 2, 5 erwähnten Paiane gehören jedenfalls in sehr späte Zeit und in den Kaiserkult, der sicherlich auch in dieser Hinsicht eine Sache für sich ist.

Wenn wir auf diese Übersicht zurückblicken, erscheint der bei Xenophon belegte vermutlich primitive spartanische περὶ τὸν Ποσειδῶ παιάν, mit dessen Existenz wir bereits für eine Zeit rechnen müssen, als es unter den lyrischen Paianen neben solchen an Apollon und Artemis allenfalls solche gab, die sich an Apollon und Asklepios richteten, besonders isoliert. Das Bild von der Entwicklung des Paians, das sich uns bis hierher aus den Zeugnissen ergeben hat, läßt Platz nur für adressatenlose Paianrufe einerseits und den an Apoll oder seine Schwester gerichteten gebetshaften Paian, der sich erst allmählich von der engen Bindung an diese Gottheiten löst. Deubner[1] hat versucht, den poseidonischen Paian von den adressatenlosen Paianrufen herzuleiten: "Das Erdbeben erscheint als ein übles Omen. Es droht ein Unglück. Dem begegnet man durch das Absingen des Heilsanges. Das konnte geschehen, ohne daß ein spezieller Gott in Frage kam. Da aber das Omen als von Poseidon ausgehend gedacht wurde, richtete sich der Paian an eben diesen Gott, und es kam allmählich dazu, daß man für solche Fälle spezielle poseidonische Paiane in Bereitschaft hatte." Abgesehen davon, daß in dem Absingen des Paians dem Duktus der xenophontischen Erzählung nach wohl eher ein Reflex auf das überstandene Erdbeben gesehen

---

Polyb. IV 20, 8 (ᾄδειν ἐθίζονται ... τοὺς ὕμνους καὶ παιᾶνας, οἷς ἕκαστοι κατὰ τὰ πάτρια τοὺς ἐπιχωρίους ἥρωας καὶ θεοὺς ὑμνοῦσιν) beweist nichts.

5 Gar nichts Rechtes vorstellen kann man sich bei dem Paian, den nach Hermipp dem Kallimacheer (fr. 48 W.) Alexinos der Dialektiker für den Jüngeren Krateros, den Sohn des gleichnamigen Teilnehmers am Alexanderzug und der Phila (FGrHist 342 T 3), geschrieben hat und der in Delphi gesungen worden sein soll. Weder ist uns ein plausibler Anlaß bekannt, noch ist Alexinos der Mann, dem man ein Lied zutraut, das ja noch dazu eine Auftragsdichtung gewesen sein müßte. Wehrli nimmt im Kommentar an, daß die Nachricht einem Falsifikat entstammt, einer Verteidigungsrede des Aristoteles gegen die nach Wehrlis Auffassung ebenfalls fiktive Asebieklage, nach der er einen Paian auf Hermeias von Atarneus geschrieben hatte.

Auszuscheiden sind die Plut. Marcell. 8, 4 (test. 132 Käppel) erwähnten Paiane. Es muß sich dabei um eine *interpretatio Graeca* römischer Gepflogenheiten handeln, und daß es dabei nicht ohne Unschärfen abgegangen ist, zeigt die kaum in ihre sachlichen Bestandteile zerlegbare Formulierung ᾄδων ἅμα πεποιημένα μέλη καὶ παιᾶνας ἐπινικίους εἰς τὸν θεὸν καὶ τὸν στρατηγόν, die im übrigen auch dann, wenn man Plutarch beim Wort nähme, keineswegs bewiese, daß Marcellus und nicht ὁ θεός Paiane erhielt.

1 Paian, S. 405 [224].

werden muß[1], scheint die Ableitung vom adressatenlosen Paian in der Tat die einzige Möglichkeit zu sein, diesen Fall sinnvoll in die Geschichte dieser religiösen Erscheinung einzufügen. Der poseidonische Paian muß dann allerdings als eine lokale Sonderentwicklung in einem von Erdbeben besonders stark heimgesuchten Winkel Griechenlands gelten, die anderswo keine Nachfolge gefunden hat, und vor allem hat die Übertragung auf Poseidon nicht im Rahmen eines Festes stattgefunden, also nicht auf dem Wege, auf dem nach Xenophons Zeit der Paian durch religionspolitische Entscheidungen auch Eingang in die Kulte von Göttern fand, die zu Apollon als dem wesentlich mit der Gattung verbundenen Gott keine besondere Verbindung hatten.

Im fünften Jahrhundert und womöglich über die Mitte des vierten Jahrhunderts hinaus stehen, wie wir gesehen haben, der nicht zur Kunstdichtung ausgestaltete adressatenlose Rufpaian bzw. primitive Paiangesang und der künstlerisch anspruchslose wie der anspruchsvolle apollinische Paian in nahezu ausschließlicher Geltung nebeneinander. Das ist schwerlich durch die Hypothese zu erklären, einem Teil der einfachen Paiane sei der Adressat sekundär abhandengekommen. Die einzige mögliche Erklärung ist die, daß der adressatenlose Paian das primäre ist.

Das ist die Theorie Deubners[2], der sich Nilsson im wesentlichen angeschlossen hat[3]. Deubner sucht den Ursprung des Paians in einem nicht an bestimmte Gottheiten gerichteten von Tanz begleiteten magischen Gesang. Der Gott Παιήων, den die homerischen Epen dreimal (E 401; 899 f.; δ 232), Hesiod (fr. 307, 2 M. - W.) und Solon (fr. 13, 57 W.[2]) je einmal erwähnen, sei von Homer auf der Grundlage des Rufes erfunden, und dem Apollon sei seine Verbindung mit dem Gesang dadurch zugewachsen, daß die delphischen Priester, als sie ihre Sühnereligion entwickelten, sich kathartischer Traditionen aus Kreta, der Heimat des Paians, bedient hätten.

Nun scheint der Name des Gottes Paieon in einer Reihe mit anderen Götternamen schon auf einem Linear - B - Täfelchen aus Knossos entziffert zu sein (KN 208 = V 52[4]). Wenn das zutrifft, ist Paieon keine Dichtererfindung, sondern hat echten Kult gehabt, und zwar schon sehr früh. An der Priorität des Rufes gegenüber dem Gott brauchte das nichts zu ändern. Etwas anderes aber ändert

---

1 So auch Käppel S. 46.

2 Deubner scheint allerdings nicht von den bezeugten und überlieferten Paianen auf die Vorgeschichte zurückzuschließen, sondern die Vorgeschichte nach religionspsychologischen Gesichtspunkten zu rekonstruieren und das Ergebnis der Betrachtung der erhaltenen Texte zugrunde zu legen.

3 GGR I[2] S. 159; vgl. auch Burkert, GR S. 127.

4 J. Chadwick - L. Godart - J. T. Killen - J.- P. Olivier - A. Sacconi - I. A. Sakellarakis, Corpus of Mycenean Inscriptions From Knossos, vol. I, Cambridge - Rom 1986, S. 31.

sich: Wenn Paieon tatsächlich Kult hatte und aus dem Ruf hypostasiert war, dann sollte er auch der erste Gott gewesen sein, der mit dem Lied angesungen wurde. Wenn das stimmt, so tritt, soweit es die Frage betrifft, wie Apollon zum Paian gekommen ist, die bisher mit Deubners Theorie konkurrierende, von Fairbanks[1] und durch von Blumenthal[2] vertretene Ansicht, der Paian habe seinen Namen von dem Gott Παιήων erhalten und sich in seinem Kult entwickelt und sei von dort aus in den Kult des Apollon übergetreten, als dieser Paieon in seiner Funktion als göttlicher Arzt verdrängt habe, nicht mehr neben Deubners Erklärung, sondern muß fast notwendig mit ihr kombiniert werden. Der Gebetsruf hat die Priorität vor dem Gott Paieon, Apollon aber ist nicht der erste, der mit der ursprünglich adressatenlosen Formel angerufen wird, sondern der zweite, eben der Nachfolger des Paieon. Dann ist er zum Paian in seiner Funktion als Arzt gekommen[3], und das muß der Ausgangspunkt einer Entwicklung gewesen sein, die dazu führte, daß er mit der Zeit mit dem Ruf und mit dem Lied als ἀλεξίκακος und σωτήρ[4] schlechthin angerufen wurde.

Ursprünglich im eigentlichen Sinne ist die Verbindung zwischen Paian und Apollon also nicht. Nichtsdestoweniger beherrscht sie in der Hochzeit der Chorlyrik das Feld bei den Liedpaianen fast vollständig; bei den primitiven Paianen spielt sie nächst den adressatenlosen Rufen eine wichtige Rolle. Die Vorstellung, die sich die Zeitgenossen vom Paian als Liedgattung machten, beherrscht sie daher mit vollem Recht, und es nimmt nicht wunder, daß sich diese Herrschaft in der allgemeinen Wahrnehmung auch auf den Paian schlechthin zu erstrecken scheint.

Apollon ist in dieser Epoche der einzige Gott, dem Παιάν bzw. Παιών geradezu zum Namen wird: Pind. Pyth. 4, 270; Aesch. Ag. 146; Soph. OT 154 und F 314, 43 Radt; Eur. Alc. 92 und 221; Herc. 820[5]. Ar. Lys. 1281 f. erscheint sogar ohne weiteres Ἰήιος als sein Name.

Er ist mit der gelegentlichen Ausnahme der Artemis (test. 123 und 124 Käppel) der einzige, der als Adressat von Paianen dargestellt wird. Er ist der einzige schon bei Homer. In den homerischen Epen wird zweimal Paian gesungen. Einmal, beim Paian der Achäer nach der Tötung Hektors, wird über den Adressaten

---

1 S. 7 - 13.

2 Sp. 2341.

3 Nilsson GGR I², S. 538 ff. Dafür, daß schon Homer Apollon als Arzt aufgefaßt hätte, gibt es keinen sicheren Beleg; immerhin scheint aber Π 513 - 529 in diese Richtung zu weisen, vielleicht auch E 445 - 448 (vgl. Nilsson, GGR I², S. 540 f.).

4 Nilsson, GGR I², S. 544.

5 Vgl. von Blumenthal, Sp. 2343. Für die Auffassung von Fairbanks (S. 5), an der Pindar- und der Aischylosstelle sei noch der eigenständige Gott Paian gemeint, spricht nichts.

nichts gesagt (X 391 - 4). An der anderen Stelle (A 472 - 4) versuchen die Achäer, nach der Einigung mit dem Priester Chryses Apollon durch Gebet und Paiansingen zu bewegen, für ein Ende der Seuche, die er geschickt hat, zu sorgen. Die entscheidenden Verse:

οἱ δὲ πανημέριοι μολπῇ θεὸν ἱλάσκοντο
καλὸν ἀείδοντες παιήονα κοῦροι 'Αχαιῶν,
μέλποντες ἑκάεργον· ὁ δὲ φρένα τέρπετ' ἀκούων.

Eine solche Darstellung eines Paiansingens mit einem anderen Adressaten gibt es, soviel steht fest, in der ganzen griechischen Literatur nicht. Nicht fest steht leider, ob der letzte Vers, der den Gott selbst als geeignetes Thema eines Paians erscheinen läßt und damit eine besondere Verbindung zwischen dem Paian und Apollon impliziert, ursprünglich ist. Ausgerechnet diesen Vers hat Aristarch athetiert, und Deubner schließt sich daran an[1]. Die Begründung der antiken Athetese lautet Σ Hom. A 474 a: ὅτι νομίσας τις τὸν 'Απόλλωνα Παιήονα εἰρῆσθαι προσέθηκεν αὐτόν. καὶ γίνεται δισσολογία· προείρηκε γὰρ "οἱ δὲ πανημέριοι μολπῇ θεὸν ἱλάσκοντο". Aus Σ δ 19 geht hervor, daß Aristarch überdies der Meinung war, μέλπειν sei bei Homer nie im Sinne von "singen" gebraucht[2]. In dem Iliasscholion hat das zweite Argument sicher wenig Gewicht. Das erste gründet den Zweifel offenbar darauf, daß Apollon sonst in den homerischen Epen nicht als Paian angerufen wird. Auch hier kann man Zweifel haben, ob die Streichung des Verses gut begründet ist. Was das Odysseescholion betrifft, so fehlt es nicht ganz an Stellen, die den Wortgebrauch zeigen[3], aber nur im Medium; das Verb erscheint überhaupt in den homerischen Epen im Aktiv nur an dieser Stelle. Das hat Gewicht, auch wenn man V. 474 mit seiner Andeutung der Versöhnung des Gottes nicht gern entbehrt. Indes selbst wenn wir auf V. 474 verzichten, so bleibt doch, daß von zwei homerischen Paianen einer adressatenlos ist (wenn nicht womöglich auch er an Apollon gerichtet zu denken ist, wie der Gesang beim Tropaion in den "Persern" des Timotheos PMG 791, 196 - 199) und der andere eben an Apollon geht, wie wir das in Kenntnis der einige Jahrhunderte jüngeren Zeugnisse erwarten; so erscheint Deubners Behauptung, die Verbindung von Gott und Lied spiele bei Homer noch keine Rolle[4], doch etwas gewaltsam.

---

[1] Deubner, Paian, S. 402^6 [221^6].

[2] Vgl. K. Lehrs, De Aristarchi studiis Homericis, Leipzig ³1882, S. 138 - 140.

[3] Vgl. Lehrs, op. cit. S. 140.

[4] Deubner, Paian, S. 402 [221]. Von Blumenthal (Sp. 2341, 50 ff.) verwendet das Zeugnis ohne weiteres als frühen Beleg einer von Delphi ausgehenden festen Verbindung.

Ein weiteres immerhin auch recht altes eindrucksvolles Zeugnis ist hymn. Hom. 3, 514 ff. der Zug der in Krisa gelandeten Kreter, der Archegeten der delphischen Priesterschaft:

βάν ῥ' ἴμεν· ἦρχε δ' ἄρα σφιν ἄναξ Διὸς υἱὸς Ἀπόλλων
φόρμιγγ' ἐν χείρεσσιν ἔχων ἐρατὸν κιθαρίζων
καλὰ καὶ ὕψι βιβάς. οἱ δὲ ῥήσσοντες ἕποντο
Κρῆτες πρὸς Πυθὼ καὶ ἰηπαιήον' ἄειδον,
οἷοί τε Κρητῶν παιήονες οἷσί τε Μοῦσα
ἐν στήθεσσιν ἔθηκε θεὰ μελίγηρυν ἀοιδήν.

Die Erzählung vom Import des Paians ist, wie man sieht, Bestandteil der Kultlegende, auch dies etwas, was bei keinem anderen Gott eine Entsprechung findet.

Aussagekräftig ist auch das zweimalige

ὦ Παιὰν ὦ Παιάν,
εὐαίων εὐαίων
εἴης, ὦ Λατοῦς παῖ

im euripideischen Ion (125 - 127 und 141 - 143 = `Pai. 54´ Käppel). In der Arie des Helden, der seine Stellung und Tätigkeit im delphischen Heiligtum besingt, findet sich nichts, was geradezu auf ein Anflehen des Gottes mit einem Paian hinführte. Hauptzweck des Refrains scheint es zu sein, etwas apollinisches Kolorit hinzuzufügen.

Bezugspunkt für alles Paiansingen ist Apollon Eur. Herc. 687 - 700 (test. 97 Käppel), wo der Chor Herakles nach dessen überraschender Rückkehr aus der Unterwelt preist:

παιᾶνα μὲν Δηλιάδες
⟨ναῶν⟩ ὑμνοῦσ' ἀμφὶ πύλας
τὸν Λατοῦς εὔπαιδα γόνον,
εἱλίσσουσαι καλλίχοροι·
παιᾶνας δ' ἐπὶ σοῖς μελάθροις
κύκνος ὣς γέρων ἀοιδὸς
πολιᾶν ἐκ γενύων
κελαδήσω· τὸ γὰρ εὖ
τοῖς ὕμνοισιν ὑπάρχει.
Διὸς ὁ παῖς· τᾶς δ'εὐγενίας
πλέον ὑπερβάλλων ⟨ἀρετᾷ⟩
μοχθήσας τὸν ἄκυμον
θῆκεν βίοτον βροτοῖς
πέρσας δείματα θηρῶν[1].

---

[1] Die Stelle ist keineswegs ein Beleg dafür, daß man doch bereits im fünften Jahrhundert einen Paian an einen beliebigen σωτήρ richten konnte, der mit Apollon keine besondere Verbindung hatte. Die Aussage des Chores läuft vielmehr darauf hin-

Was die allmähliche Erweiterung des Adressatenkreises betrifft, so entzieht sie sich einer einheitlichen Erklärung. Die ersten sicher bezeugten nichtapollinischen Paiane, die sich allein aus der Auffassung des Paians als eines Liedes, das man an einen σωτὴρ richtet, also unter dem von Käppel, wenn auch nicht zur Betrachtung einer Entwicklung, in den Vordergrund gestellten Gesichtspunkt, erklären zu lassen scheinen, sind diejenigen, die um die Wende vom vierten zum dritten Jahrhundert Antigonos Monophthalmos, Demetrios und ihren Helfern gesungen wurden[1]. Dieser Gesichtspunkt ist im folgenden vermutlich der wichtigste. Daneben tritt bloßer Synkretismus im Falle der Orphischen Hymnen. Zuvor aber scheinen der Aspekt der iatrischen Potenz und der Anschluß an den apollinischen Kult das wesentliche zu sein.

Erstaunlich genug ist es, daß die seit dem späten fünften Jahrhundert oder wahrscheinlicher seit der zweiten Hälfte des vierten Jahrhunderts beobachtbare allmähliche Erweiterung des Adressatenkreises an der Auffassung des Paians als einer Sache der Apollonverehrung recht wenig geändert hat. Zwar kann es den

---

aus, daß sich Herakles so sehr um aller σωτηρία verdient gemacht hat, daß er geradezu mit dem Lied des größten aller σωτῆρες angesungen werden könnte, dem des Apollon. Der Chor tut es dann nicht. Κελαδήσω ist kein "performatives" Futur; der Plural παιᾶνας, der das bestätigen würde, ist leider nur *metri gratia* vermutungsweise hergestellt (Wilamowitz zu 692 möchte das ganze Chorlied als Paian auffassen, wozu ich keinen Anlaß erkennen kann).

Ebenfalls kein Indiz gegen die oben angenommene Entwicklung des Paianadressatenkreises sind die drei Tragikerstellen, in denen der Tod oder der Schlaf als Παιάν angerufen werden. Aesch. F *255 Radt, Eur. Hipp. 1370 - 1373 und trag. adesp. F 369 a Sn. - K. (test. 59 - 61 Käppel) schließen deutlich, die erste und die dritte Stelle ausdrücklich, an die iatrische Funktion Apollons an. An den ersten beiden Stellen ist offenkundig physisches Leid so schlimm, daß es nur der Tod "heilen" kann, die dritte Stelle, von der zur eigenständigen Bewertung zu wenig Text erhalten ist, wird man danach beurteilen, zumal sich der unbekannte Dichter nach der Vermutung von Pohlenz und, wie dieser weiter annimmt, des zitierenden Ps.- Plutarch (cons. ad Apoll. 10. 196 D) an Aischylos angeschlossen hat (vgl. den Similienapparat der Teubneriana zur Stelle). Ähnlich ist im sophokleischen Philoktet der Schlaf aufgefaßt (827 - 832 = `Pai. 53´ Käppel); allerdings kann hier der Umstand eine unterstützende Rolle spielen, daß Ὕπνος in der Kultumgebung des Asklepios erscheint, was zwar erst spät bezeugt ist, aber beim Gott der Inkubation schon früh eine Rolle gespielt haben könnte (J. A. Haldane, A Paean in the Philoctetes, CQ 56, 1963, S. 53 - 56, dort S. 54).

[1] Im Falle Lysanders haben wir bezweifelt, daß es sich überhaupt im eigentlichen Sinne um einen Paian an ihn handelt, und rechnen mit einem Preislied mit eingestreuten jubelnden Paianrufen.

Zeitgenossen nicht verborgen geblieben sein, daß ein Liedpaian nicht mehr zwangsläufig an Apollon gerichtet sein muß[1].

Dennoch leiten noch Kallimachos hymn. 2, 97 - 104 und Apollonios Rhodios II 709 - 713 den Paianruf in hergebrachter Weise von dem Kampf Apolls mit der Pythonschlange her, in einer Weise, die zu der Fehleinschätzung führen könnte, sie wüßten nichts von der Ausweitung des Adressatenkreises. Das gleiche bietet etwas früher Duris von Samos FGrHist 76 F 79, derselbe Historiker, der doch die Geschichte von dem Lysanderpaian unter die Leute gebracht hat. Noch Plutarch stellt De E ap. Delph. 9. 388 E (test. 89 Käppel) den Paian als apollinische Gattung dem dionysischen Dithyrambos gegenüber, obwohl er sicherlich weiß, daß auch letzterer schon lange nicht mehr nur im Dionysoskult seinen Platz hatte.

Die gleiche Haltung spiegeln viele der gelehrten Notizen, die Färber im Textteil seiner Dissertation auf S. 31 - 33 gesammelt hat.

Die Gelehrten sind aber auch diejenigen, die überhaupt ein Interesse für die Entwicklung erkennen lassen. So heißt es Σ Hom. X 391: εὕρημα μὲν αὐτοῦ (sc. 'Απόλλωνος) ὁ παιάν, οὐ πάντως δὲ εἰς αὐτὸν ὁ ὕμνος· μετὰ δὲ τὴν νίκην τοῦ δράκοντος αὐτὸν ἐξεῦρεν. Die Chrestomathie des Proklos[2] sagt es genauer (Phot. bibl. cod. 239. 320 a 20 - 24 = § 41 Severyns): ὁ δὲ παιάν ἐστιν εἶδος ᾠδῆς εἰς πάντας νῦν γραφόμενος θεούς[3], τὸ δὲ παλαιὸν ἰδίως ἀπενέμετο τῷ 'Απόλλωνι καὶ τῇ 'Αρτέμιδι ἐπὶ καταπαύσει λοιμῶν καὶ νόσων ᾀδόμενος. Vielleicht spielt es eine Rolle, daß Proklos nach der Einleitung 319 b 32 ff. über eine Strecke hin, bis 320 a 2, die lyrischen Genera nach den Adressaten ordnet, und in der Folge (320 a 33 ff. = §§ 44 ff. Severyns) hat er es in Gestalt des Nomos mit einer weiteren apollinischen Gattung zu tun[4]. Für das Bild, das sich der gewöhnliche Grieche seit dem dritten vorchristlichen Jahrhundert vom Paian machte, sind diese beiden gelehrten Äußerungen von geringer Bedeutung.

---

1 Ob man die von Hermipp dem Kallimacheer (fr. 48 W.) und Favorin (fr. 68 Barigazzi = fr. 36 Mensching) erwähnte Asebieklage gegen Aristoteles wegen des angeblichen Paians an Hermeias von Atarneus, ob sie nun historisch ist oder in etwas späterer Zeit fingiert (so Wehrli im Kommentar), als Indiz dafür werten soll, ist schwer zu entscheiden. Man könnte meinen, daß es die Verwendung des apollinischen Liedes war, die den Anstoß erregen sollte, es ließe sich aber auch argumentieren, erst die Erweiterung des Adressatenkreises habe den Erfinder des Vorwurfs überhaupt auf den Gedanken gebracht, Aristoteles könne einen solchen Paian gedichtet haben.

2 Zu Autor und Zeit s. M. Hillgruber, Zur Zeitbestimmung der Chrestomathie des Proklos, RhM 133 (1990) S. 397 - 404.

3 Auf die an Machthaber gerichteten Paiane nimmt er keine Rücksicht.

4 Vgl. dazu I. Rutherford, Apollo's Other Genre: Proclus On Nomos and His Source, CP 90 (1995) S. 354 - 361.

Wenn das, was in diesem Abschnitt gesagt worden ist, im wesentlichen zutrifft, so erweist sich Käppels Verfahren, aus dem vorliegenden Material durch Ermittlung des kleinsten gemeinsamen Nenners unter äußerster Abstraktion ein `Modell´ der Gattung zu gewinnen und dieses Resultat zum Maßstab bei der Beurteilung des Einzelnen zu machen, als verhängnisvoll. Es zwingt zur Vergewaltigung eines Zeugnisses wie der Priamel Pind. fr. 128 c [Sn. -] M., es verstellt den Blick auf Entwicklungen, die sich nicht in der Finsternis der Vorgeschichte, sondern im mehr oder weniger hellen Licht der historischen Überlieferung vollziehen, und es macht es unmöglich, zu einem realistischen Bild des Begriffes zu kommen, den sich die Griechen der pindarischen Zeit, also der Epoche, in der die Chorlyrik ihre höchste Blüte erlebte, und die der späteren Zeit vom Paian machten.

II. c) ἰή - Ruf und Paianepiklese als formale Paianmerkmale und die Frage der funktionalen oder formalen Prägung der Gattung

Wenden wir uns nun dem ersten Gesichtspunkt zu, unter dem wir o. S. 9 f. Käppels Verwendung von Pind. fr. 128 c [Sn.-] M. kritisiert haben, und damit der Frage, ob die Griechen des fünften Jahrhunderts tatsächlich darauf verzichtet haben, sich auch eine formale Vorstellung vom Paian als lyrischer Gattung zu machen. Eine Belegstelle, an der ein Zeitgenosse einen rein funktional geprägten Begriff von der Gattung Paian durchscheinen ließe, besitzen wir, wenn Pind. fr. 128 c einmal ausgeschieden ist, nicht. Ein ausdrückliches Zeugnis für eine formale Auffassung derselben Gattung fehlt allerdings auch. Immerhin ist ganz sicher, daß jener Zeit ein formaler Begriff von Gattungen der Poesie nicht überhaupt unbekannt gewesen sein kann. Dies zeigen besonders eindrucksvoll die klaren formalen Unterschiede, die etwa in Sprache, Metrik und Aufbau zwischen Tragödie und Komödie herrschen, und ein klares Bewußtsein von diesen Eigenheiten der beiden Genera bezeugt die Praxis, tragische Form in der Komödie parodistisch zu verarbeiten.

Andererseits würde es uns in der Tat schwerfallen und müßte es auch den Zeitgenossen schwergefallen sein, für jede einzelne der lyrischen Gattungen der archaischen und klassischen Zeit formale Unterscheidungsmerkmale anzugeben. Diese Lieddichtung ist in der Tat insofern funktionsgebunden, daß der Dichter im Hinblick auf eine bestimmte, und zwar individuell, nicht nur typisch bestimmte Aufführungsgelegenheit tätig wird, und da muß er sich eben bemühen, einen diesem Anlaß gemäßen Text zu verfassen, und dabei gibt es, das ist offenkundig, viele Möglichkeiten. Jedenfalls ist kein Gedanke daran, daß solche Art von Poesie Formen ausbilden könnte, die die Gestalt der zu diesen Anlässen verfaßten Gedichte umfassend prägten.

Was nun aber den Paian betrifft, so gibt es immerhin einige formale Elemente, die für ihn, wie Käppel selbst einräumt, zumindest typisch, wenn auch nach seiner Auffassung, da von Fall zu Fall auch einmal fehlend, nicht gattungskonstitutiv sind, die Verwendung der Interjektionen ἰή, ἰέ und ἰήιε sowie die Anrufung der Gottheit mit der Epiklese Παιάν bzw. einer ihrer Dialektvarianten.

Hier soll nun, unter dem Vorbehalt, daß diese Elemente den Paian selbstverständlich nicht durch und durch formal prägen können, gefragt werden, was in diesem Zusammenhang eigentlich "gattungskonstitutiv" heißen kann.

Werfen wir einen näheren Blick auf Käppels Materialsammlung[1]. Im fünften Jahrhundert zählt er unter 25 in hinlänglichem Umfang erhaltenen Paianen[2] und Paianzitaten, von denen nach Abzug von Position 6 seiner Aufstellung, des pindarischen Liedes an Hera (pae. 21 [Sn.-] M.), das vermutlich kein Paian war[3], und nach Streichung von Position 8 (Bacch. fr. 4 M. = Pai. 28 Käppel), wo zuviel fehlt und auch von Käppel durch Setzen eines Fragezeichens einfach die Unsicherheit konstatiert wird, noch 23 übrig bleiben, zwei Fälle, in denen der ἰή - Ruf fehle. Wie mir scheint, hätte er die Positionen 31 und 32 noch hinzurechnen können, denn hier heißt es in dem Paianzitat Soph. Phil. 832 (`Pai. 53´ Käppel) nur ἴθι ἴθι μοι, παιών bzw. Eur. Ion 125 und 141 (`Pai. 54´ Käppel) ὦ Παιάν, ὦ Παιάν; den mit Παιάν, ὦ Παιάν beginnenden Berliner Paian (52 Heitsch[2] = Pai. 48 Käppel) aber zählt er als Beleg für einen Paian ohne ἰή - Ruf. Wir könnten also für das fünfte Jahrhundert sogar vier bekannte Fälle rechnen, in denen auf den ἰή - Ruf verzichtet ist.

In der Zeit danach konstatiert Käppel in drei Fällen (unter 15 in ausreichendem Umfang erhaltenen Paianen und Paianzitaten, von denen die von Käppel mit Fragezeichen versehenen Positionen 21 und 25 gestrichen werden könnten, so daß 13 Positionen übrigbleiben) das Fehlen des ἰή - Rufs.

Es lohnt sich vielleicht, in Betracht zu ziehen, wie sich die Gewichte verschieben, wenn wir nicht nur den ἰή - Ruf berücksichtigen, sondern auch die Fälle, in denen der so häufig damit verbundene Ruf Παιάν bzw. eine Dialektvariante allein auftreten[4]. Dann nämlich rücken die erwähnten Paianzitate und der Berliner Paian wie auch Herond. 4, 1 - 20 (`Pai. 61´ Käppel) mit den anderen Paianen mit formalem Merkmal zusammen.

Es bleiben dann noch zwei Paiane ohne formales Merkmal, der Hymnos des Ariphron an Hygieia (PMG 813 = Paian 34)[5] und, wenn es sich denn bei diesem als Dithyrambos überlieferten Text um einen Paian handelt, das Lied des Bakchylides (c. 17 M.) über die Fahrt der ἠίθεοι nach Kreta (Paian 30 Käppel); Bakchylides schafft zumindest für die Paian - Epiklese einen gewissen Ersatz dadurch, daß er unmittelbar vor dem Anruf des Gottes mit der Verbform παιάνι-

---

1 Käppel S. 66 f. Auf gelegentliches Fehlen des παιανικὸν ἐπίρρημα hatten schon Harvey, S. 173, und Privitera, S. 19, mit Nachdruck verwiesen.

2 Käppel schreibt S. 68 oben "24", hat sich dabei aber offenkundig nur verzählt.

3 Vgl. o. S. 16 f.

4 Daß dies bei der Untersuchung der Rufformeln ein legitimes Vorgehen ist, zeigen die oben angeführten "Paianzitate", die ja überhaupt nur an der Verwendung unserer "Formelemente" als solche erkennbar werden und dennoch auf ἰή und ἰέ verzichten.

5 Zu dem Verhältnis dieses Liedes zu Licymnius PMG 769 vgl. K. Keyssner, BphW 53 (1933) Sp. 1289 - 1296.

ξαν von einem Paian berichtet, den die ἠίθεοι nach Errettung aus äußerster Gefahr sangen und an den das abschließende Gebet des keischen Chores in gewisser Hinsicht anknüpft[1]. Daß das in der Kaiserzeit überaus beliebte und bekannte Lied des Ariphron als Paian gilt, beruht allein darauf, daß es bei Athenaios so bezeichnet ist und in seinem Gastmahl eine entsprechende Funktion erfüllt. Von uns aus kämen wir wohl kaum darauf, es als Paian aufzufassen, und das nicht nur, weil ἰή - Ruf und Paianepiklese fehlen, sondern auch weil von dringendem Flehen wenig zu spüren ist. Man kann sich wirklich fragen, ob die Bitte um Gesundheit im Sinne Käppels[2] das ganze Gedicht strukturiert oder ob nicht die Bitte Ὑγίεια βροτοῖσι πρεσβίστα μακάρων, μετὰ σεῦ ναίοιμι τὸ λειπόμενον βιοτᾶς, σὺ δέ μοι πρόφρων ξυνείης auf wenig mehr hinausläuft als auf die Aussage: "Wie wichtig und schön ist es doch, deiner Gesellschaft nicht entbehren zu müssen". Das würde dann durch die in den restlichen Versen in ruhigem und abgeklärtem Ton vorgetragenen allgemeinen Ausführungen über die Stellung der Gesundheit unter den menschlichen Glücksgütern begründet. Wir hätten es dann mit dem zu tun, was Käppel S. 83 f. in Absetzung von der gebetshaften Sprechhaltung des Paians als "hymnische Sprechhaltung" bezeichnet; Hygieia würde in erster Linie gepriesen, nicht angefleht. Ferner fehlt jeder Bezug auf eine bestimmte bittende Person oder Gemeinde; "Paian - Ich" ist gewissermaßen der Mensch schlechthin, was auch den Inhalt einigermaßen charakterisiert. Gegen die Auffassung als Paian spricht auch eine aus Athen stammende Kasseler Inschrift (IG II/III² 4533 = P. Maas, Epidaurische Hymnen, Halle/Saale 1933, S. 151 f.), die ins zweite oder dritte Jhd. n. Chr. Geb. gesetzt wird und auf der das Lied zwischen einem hexametrischen Vorspruch und einer Reihe von Gedichten an Telesphoros (die die `hymnische Sprechhaltung´ noch deutlicher zeigen) steht. In dem Vorspann wird die Aufmerksamkeit des Asklepios auf das folgende Lied gelenkt, und da heißt es: εὐχῶν ἐπάκουε/σῶν μερόπων, οἱ πολλὰ γεγηθότες ἱλάσκονται/σὸν σθένος ἠπιόφρων Ἀσκληπιὲ πρῶτον Ὑγείαν./ ἔγρεο καὶ τεὸν ὕμνον ἰήιε κέκλυθι χαίρων. Das Lied an Hygieia dient also dem höheren Ruhm des Asklepios, der selbst im Vorspruch V. 1 als Παιήων und V. 6 als ἰήιος angerufen ist; kein Wort davon, daß Hygieia einen Paian bekommt und insofern vielleicht sogar als Konkurrentin neben ihn tritt; wäre das möglich gewesen, wenn alle Welt in dem Lied einen berühmten Paian erkannte? Dies kann vielleicht das Zeugnis des Athenaios einigermaßen ausglei-

[1] Vgl., auch zur Gattungszuweisung, Verf., Kretafahrt, in Auseinandersetzung mit Käppel S. 156 - 189.

[2] Im Neuen Pauly s.v. Ariphron, Bd. I (1996) Sp. 1086 formuliert er: "das ... Gedicht bittet die zur Gottheit personifizierte ... `Gesundheit´ um Zuwendung".

chen[1], und mir scheint, daß das Zusammentreffen des allgemeinen Eindrucks, den das Gedicht vermittelt, mit dem Fehlen formaler Merkmale einen dunklen Schatten auf die übliche Gattungszuweisung wirft. Vielleicht darf man doch annehmen, daß Athenaios an der betreffenden Stelle, als der äußere symposiastische Rahmen seines Werkes die Gelegenheit bot, den normalerweile durch einen simplen Alltagspaian ausgefüllten `Tagesordnungspunkt´ seines Gelages durch Zitieren eines bisher noch nicht zu seinem Recht gekommenen berühmten Stückes Lyrik zu füllen, ohne Rücksicht auf die Gattungsfrage zum Lied des Ariphron griff, das sich doch thematisch wie schwerlich ein anderes zum Abschluß einer ungesunden Gasterei anbot; der Ausdruck παιάν würde dann nicht so sehr das Lied des Ariphron als vielmehr die Funktion bezeichnen, die ihm Athenaios in seinem Werk zugedacht hat. Will man das Lied des Ariphron aber doch weiterhin als Paian klassifizieren, bleibt ein einziger wirklich rätselhafter Fall, in dem auf formale Merkmale ganz und gar verzichtet ist.

Nimmt man also ἰή - Ruf und Paianepiklese zusammen, erscheint der Verzicht auf formale Paian - Merkmale noch mehr als rare Ausnahme, als wenn man nur den ἰή - Ruf allein ins Auge faßt.

Käppel gibt zu, daß der ἰή - Ruf in der überwiegenden Mehrzahl der Gedichte vorkomme (und würde sicherlich einräumen, daß die formale Homogenität der überlieferten Paiane noch etwas größer ausfällt, wenn man ἰή - Ruf und Paianepiklese zusammennimmt), wendet sich aber eben wegen des Erscheinens von Ausnahmen dagegen, dieses Merkmal oder ähnliche als gattungskonstitutiv zu betrachten. Was sich durchgehend beobachten lasse und was deshalb das eigentlich Konstitutive an der Gattung Paian ausmache, sei die Strukturierung durch eine bestimmte lebensweltliche Funktion: Der Paian sei die Hinwendung eines Subjekts an eine als Heilsbringerin verstandene Gottheit, die in Heilserwartung oder nach Heilserfahrung angerufen werde. Durch die besonders häufig, aber eben nicht ausnahmslos vorkommenden formalen Merkmale entstehe allenfalls "unterhalb des `Sitzes im Leben´ eine sehr viel variablere formale Gattungskontinuität"[2].

Ich möchte bei den folgenden Überlegungen über den `Erwartungshorizont´ des Publikums, das ja nicht aus Literaturwissenschaftlern bestand, eine etwas simplere Formulierung wählen: Man wird, wenn man einer Paianaufführung beiwohnte, an ein Bittgebet um Heil und Rettung[3] bzw. an ein Dankgebet dafür gedacht haben.

---

[1] Kein anderer der der zitierenden Autoren äußert sich zur Gattung; Max. Tyr. VII 1 a nennt den Text ein ᾆσμα; die Bezeichnung als Paian würde allerdings seine Argumentation auch eher stören.

[2] Käppel S. 84 f.; vgl. S. 286.

[3] Dem kommt in dieser Allgemeinheit viel später Proklos (zu Identität und Zeit des Autors vgl. o. S. 48[2]) bei Phot. bibl. cod. 239 p. 320 b 25 (§ 51 Severyns)

Dieser funktionale Gesichtspunkt muß in der Tat in dem Bild, das man sich von der Gattung machte, eine wichtige Rolle gespielt haben, und diesen Punkt klar herausgearbeitet zu haben ist ein großes Verdienst des Käppel'schen Buches. Dennoch stellt sich die Frage, ob etwas damit gewonnen ist, die Rekonstruktion des Paianbegriffs des fünften Jahrhunderts ganz, oder, wie man im Hinblick auf die oben erwähnte Konzession eines "sekundären Erwartungshorizontes" vielleicht besser sagt, so gut wie ganz auf den kleinsten gemeinsamen Nenner der überlieferten Paiane zu stellen[1].

Die Ermittlung des kleinsten gemeinsamen Nenners kann ein Kriterium zur Klassifikation vorliegender Gedichte *ex post* abgeben, also nützlich sein, wenn wir heute eine Perspektive wählen, wie sie die Alexandriner gegenüber dem poetischen Erbe der klassischen Zeit einnahmen (s.u. Abschnitt V[2]). Machen wir uns aber Gedanken darüber, wie die Zeitgenossen die Sache ansahen, wird Ausnahmslosigkeit der Bezeugung zu einem Argument zweifelhaften Gewichts.

Beobachtungen dieser Art zu machen, waren vielleicht die Dichter imstande, die die Texte der Vorgänger und Konkurrenten nach Möglichkeit gesammelt haben werden; für das Publikum kam dergleichen nicht in Frage. Die schriftliche Verbreitung von Paianen muß im fünften Jahrhundert äußerst gering gewesen sein und kann für die Vertrautheit des Publikums mit der Gattung und den Entwicklungen, die sich in ihr vollzogen, keine nennenswerte Rolle gespielt haben[3]. Die Schauplätze der Aufführungen aber waren über die ganze griechische Welt verteilt, und nur wenige werden Gelegenheit gehabt haben, solchen Darbietungen an mehreren Orten beizuwohnen, etwa als θεωροί in Delphi, und auch diese Begünstigten werden an den Festen nicht regelmäßig teilgenommen haben. Unter allen bezeugten regelmäßigen Paianaufführungen dürften die erst

---

ziemlich nahe, wenn er den Paian knapp als εἰς κακῶν παραίτησιν γεγραμμένος charakterisiert; vgl. auch Σ Ar. vesp. 874 a Koster: ὡς ἐπὶ κακῶν λήξει (λύσει Ald.) τὸν παιᾶνα ὕμνον ᾄδουσιν.

[1] Vgl. Käppel S. 62 f.; 84 f.

[2] Wir werden dort sehen, daß das Funktionsmodell auch in dieser Anwendung seine Schwächen hat. Warum übrigens ist ein von Spenden begleitetes Gebet wie Men. Κόλαξ fr. 1 Koerte (= Sandbach) kein Paian? Doch wohl deshalb, weil es keine Paianepiklese und keinen ἰή - Ruf enthält und an alle Olympischen Götter und Göttinnen gerichtet ist (zu dem dabei parodistisch aufgenommenen Gebetstypus vgl. Kleinknecht, S. 37 f.). Ginge es an Apoll, würde auch der ἰή - Ruf kaum fehlen.

[3] Aus der Zeit vor den alexandrinischen Editionen gibt es kein einziges Paianzitat, ebensowenig hören wir von literarästhetischen Debatten über den Paian, wie sie über den Dithyrambos so eifrig geführt wurden, im Hinblick auf den sich wenigstens in Athen ein breites Publikum auf einen reichen Erfahrungsschatz beziehen konnte.

für die Spätantike bezeugten und im fünften Jahrhundert so gut wie sicher noch nicht anzusetzenden an den Panathenäen[1] die einzigen sein, für die wir mit einem einigermaßen homogenen und sich nur allmählich umschichtenden Massenpublikum rechnen können. Die meisten Zuhörer hatten daher gute Aussicht, mit den raren Paianen ohne formale Merkmale gar nicht konfrontiert zu werden. Wenn es aber doch geschah? Ist es wahrscheinlich, daß Leute, die etwa Zeugen der Aufführung von Bacch. c. 17 M. (die Zugehörigkeit des Liedes zur Gattung `Paian´ sei hier angenommen[2]) wurden, all ihre Erfahrungen mit anderen Paianen im Lichte dieses Erlebnisses über Bord warfen und mit abstraktlogischer Konsequenz zu einer abstrakten Definition wie der von Käppel ihre Zuflucht nahmen? Eine andere Möglichkeit ist, daß sie gestaunt haben, daß der virtuose Dichter einen überzeugenden Paian auch ohne formale Gattungsmerkmale schreiben konnte, ohne daraus gleich theoretische Konsequenzen zu ziehen. Daß Bakchylides anscheinend mit dem Fehlen der Paian - Epiklese spielt[3] und auch sonst sein möglichstes tut, um einen ungewöhnlichen Paian zu schreiben (er bestreitet sein Lied fast zur Gänze mit einer Mythenerzählung, und daß diese Teil eines Gebets an Apollon ist, kann der in den Sinn des Festes eingeweihte Hörer bis wenige Verse vor Schluß nur ahnen; erst dann wird es explizit gemacht), sollte eine solche Reaktion nahegelegt haben. Sollte das Lied des Ariphron den Leuten tatsächlich als Paian dargeboten worden sein (war also durch den Punkt der Festordnung, den es ausfüllte, klar, daß es sich um einen Paian handeln sollte), so wurde ihnen sicherlich mehr zugemutet als von Bakchylides, und das Staunen müßte groß gewesen sein. Die Vorstellung, die sich das breite, über das ganze Land verstreute Publikum von einem Paian machte, kann durch solche Einzelphänomene jedenfalls nicht wesentlich beeinflußt worden sein.

Die Aufführungssituation mußte zudem das Hervortreten des formalen Gesichtspunktes vor dem funktionalen begünstigen. Der poetisch gestaltete lyrische Paian wird im Rahmen von staatlichen religiösen Festen oder allenfalls vielleicht auf einer luxuriös gefeierten Hochzeit aufgeführt, und in der Regel muß er dort fester Programmpunkt gewesen sein, ob er nun mit einem Standardpaian[4] oder mit einem eigens für die Aufführung im betreffenden Jahr gedichteten Lied bestritten wurde. Daß das aufgeführte Lied ein Paian werden würde, stand für den Zuhörer also außer Frage, und so hatte er wenig Anlaß, sich darüber Gedanken zu machen, wodurch das Lied zum Paian wurde. Daß es sich, wie Käppel herausgearbeitet hat, um ein Bittgebet um Heil und Rettung oder um ein Dankgebet dafür handeln mußte, war von vornherein jedem klar, und wer hätte nachrechnen sollen, ob das aufgeführte Lied dem genannten Zweck ge-

---

[1] Vgl. o. S. 20 und 36 f.

[2] Vgl. o. S. 52[1].

[3] Vgl. o. S. 51 f. m. S. 52[1].

[4] Vgl. Käppel S. 189 - 206 und in dieser Abhandlung u. S. 64 ff.

recht wurde oder nicht? Letzteres sollte eigentlich niemals geschehen sein. Aufmerksam auf den funktionalen Aspekt konnte das Publikum nur werden, wenn ein Dichter sehr ungewöhnliche Mittel und Wege beschritt, um dem äußeren Zweck gerecht zu werden, wie das Bakchylides in seinem c. 17 getan hat. Dies aber ist ein Einzelfall oder jedenfalls einer, der wenige Parallelen gehabt haben wird. Den Einbau der von den "Alltagspaianen" ererbten formalen Merkmale jedoch, den der Dichter äußerst variabel handhaben konnte und z. B. Bakchylides in c. 17 nicht ohne eine gewisse Verspieltheit gehandhabt hat[1], vermochte der Zuhörer bei jedem neuen Gedicht wieder ästhetisch zu würdigen.

Die Umstände, unter denen Paiane im fünften Jahrhundert Verbreitung fanden, lassen es also kaum als das Gegebene erscheinen, die Vorstellung der Zeitgenossen vom Paian durch die Ermittlung des kleinsten gemeinsamen Nenners

---

[1] Vgl. o. S. 51 f. m. S. 52[1].
Soweit der Erhaltungszustand der überlieferten Paiane Aussagen zuläßt, können wir folgende Varianten feststellen: ἰήιε Δάλι' Ἄπολλον am Anfang jeder Strophe (Pind. Pae. 5); ἰὴ ἰή am Anfang einer Strophe und Παιάν als Subjekt des das Gedicht abschließenden Wunschsatzes (Pind. Pae. 1); Παιάν als Objekt des Eröffnungssatzes, außerdem in jeder Strophe sowohl in der Mitte ἰή - Ruf und Epiklese als auch am Ende Refrain unter Verwendung beider Elemente (sog. Erythräischer Paian und Bearbeitungen, Pai. 37 Käppel); ἰὴ ἰή, ὢ ἰὲ Παιάν am Ende jedes Systems (Pind. Pae. 4); Refrain mit ἰή - Ruf und Epiklese am Ende jedes Systems (Pind. Pae. 2); ⟨ἰὴ⟩ ἰῆτε νῦν, μέτρα παιηό[ν]ων ἰῆτε, νέοι am Ende des zweiten Systems, Paianepiklese ohne ἰή - Ruf am Ende des dritten und letzten (Pind. Pae. 6); ὦ ἰὲ Παιάν im Refrain in der Mitte jeder Strophe, außerdem ἰὲ Παιάν am Ende derselben (Philodamus, Pai. 39 Käppel); Ἰὲ Παιάν als Objekt im ersten Satz, dann in dem abschließenden vier Verse langen Satz zweimaliger doppelter Anruf mit ἰὲ Παιάν (Isyllus, Pai. 40 Käppel); ἰή - Ruf und Epiklese in Variationen, teils nach jedem zweiten Vers, teils, in auf den Schluß hin zunehmender Dichte, nach jedem Vers (Macedonicus, Pai. 41 Käppel); zweimalige Epiklese ohne ἰή - Ruf am Anfang, einfache ungefähr in der Mitte `Berliner Paian´, Pai. 48 Käppel). Der unvollständig erhaltene erste unter den erythräischen Paianen (Pai. 36 a Käppel) beginnt mit dreifachem ἰὴ Παιών· ὤ, ἰὴ Παιών. Der delphische Paian des Limenius (Pai. 46 Käppel) wendet sich nach der bei Käppel in Z. 33/34 gedruckten Ergänzung in der Einleitung seiner eigentlichen Bitte mit ὦ Φοῖβε an seinen Gott, entschädigt jedoch (wenn die Ergänzung in V. 33/34 richtig ist) mit einem Aition des ἰή - Rufs und der Paianepiklese (beide erschienen mit annähernder Sicherheit [Ergänzung der edd. princ. in Z. 17] bei dieser Gelegenheit im Text) und der sich daran anschließenden Aussage ἀνθ' ὧν ἐκείνας ἀπ' ἀρχᾶς Παιήονα κικλήισκ[ομεν] (Z. 19.). Bacch. schließlich verwendet kurz vor Schluß von c. 17 (V. 129) den Ausdruck παιάνιξαν (sc. οἱ ἠίθεοι) und scheint damit zu suggerieren, daß auch die folgende Bitte des aufführenden Chores und damit das ganze Lied ein solcher ist (vgl. Verf., Kretafahrt).

aller überlieferten und bezeugten Paiane zu rekonstruieren und all das beiseite- oder zurückzusetzen, worin sich Ausnahmen feststellen lassen.

Nun gibt es aber einen Gesichtspunkt, der entschieden für die Vermutung spricht, daß gewisse formale Elemente in einem Paian vom Beginn der künstlerischen Ausbildung der Gattung an erwartet wurden: Der poetisch ausgeformte Paian ist, wie Käppel selbst hervorhebt, von dem in verschiedenen Lebenssituationen gesungenen mehr oder minder anspruchslosen `Alltagspaian´ nicht zu trennen. Dieser aber erschöpfte sich sehr oft in einem Ruf wie ἰὴ Παιάν; παιανίζειν hieß oft nicht mehr als einen solchen Ruf verwenden, und wo es darüber hinausgeht, wird doch dieser Ruf die Hauptsache oder jedenfalls das Auffälligste gewesen sein[1]. Man darf wohl formulieren, daß der anspruchsvolle Paian im Rahmen von Festen zu Gelegenheiten aufgeführt wird, bei denen man es sich mit dem einfachen Paianruf oder einer bescheidenen Erweiterung davon auch hätte genug sein lassen können, wenn man es denn gewollt hätte bzw. wenn nicht der Anspruch des Gottes auf τιμή mehr verlangte. Der zum aufwendigen Lied ausgestaltete Paian ist gewissermaßen die aufwendigere Erweiterung eines von dem Paianruf gebildeten Kerns[2]. Schon genetisch spricht also alles dafür, irgendeine Form des Paianrufes für einen nicht nur annähernd ausnahmslos auftretenden, sondern im eigentlichen Sinne wesentlichen Bestandteil eines Paianliedes zu halten. Daß der Sachverhalt aber die Erwartungen an einen künstlerisch

---

[1] Vgl. von Blumenthal, Sp. 2345; Deubner, Paian, S. 386 und 400 [205 und 219]; Harvey S. 172. Ein anschauliches Beispiel bietet Ar. thesm. 295 - 311 (`Pai. 55´ Käppel); vgl. o. S. 35[1]. Von dem Nacheinander von εὐχή und παιών, das man dort beobachten kann, hören wir auch berichtsweise: Xen. anab. III 2, 9 (test. 18 Käppel); IV 8, 16 (test. 20 Käppel); auch in diesen Fällen werden wir mit einem bloßen Paianruf rechnen. Ebenso ist wohl Eur. IT 1398 - 1405 (test. 124 Käppel) zu verstehen, wo es heißt, daß die ναῦται auf Iphigenies Gebet hin ἐπευφήμησαν ... παιᾶνα. Ar. Ach. 1212 stößt der verwundete Lamachos unter anderem auch ein isoliertes ἰὼ ἰὼ Παιὰν Παιάν hervor. Ein bloßer Ruf ist wahrscheinlich auch Ar. eq. 408 (test. 71 Käppel) gemeint. Einen sehr knappen Paian führt uns der Komiker auch pax 453 (`pai. 57´ Käppel) vor: ἡμῖν δ' ἀγαθὰ γένοιτ'· ἰὴ παιών, ἰή. Ar. Lys. 1291 ff. (`Pai. 58´ Käppel) und av. 1763 ff. (`Pai. 59´ Käppel) erscheint ἰὴ παιών mit anderen Siegesrufen zusammen, aber man wird annehmen dürfen, daß den Begriff Paian Dichter und Publikum nur auf den Paianruf selbst angewandt hätten (vgl. Xen. anab. IV 3, 19 [test. 19 Käppel]: ἐπαιάνιζον πάντες οἱ στρατιῶται καὶ ἀνηλάλαζον, συνωλόλυζον δὲ καὶ αἱ γυναῖκες ἅπασαι). Der unmittelbar vor dem feindlichen Zusammenprall gesungene Paian muß wenigstens oft in irgendeiner Weise Liedcharakter gehabt haben (vgl. Deubner, Paian, S. 387 [206], und Fairbanks, S. 23 f.), kann aber schon aus Zeitgründen keinen umfangreichen und über den Refrain wesentlich hinausgehenden Text gehabt haben.

[2] Vgl. Deubner, Paian, S. 400 [215].

gestalteten Paian nicht entscheidend geprägt haben sollte, ist undenkbar. Der Hörer sollte jedes neugedichtete Lied der Gattung im Lichte der Erfahrungen aufgenommen haben, die er mit dem kunstlosen Paian zu machen Gelegenheit gehabt hatte.

Es ist also damit zu rechnen, daß ein Paianhörer des fünften Jahrhunderts ἰή - Ruf, Paianepiklese oder beides erwartete und sehr erstaunt war, wenn ihm weder das eine noch das andere geboten wurde; die Vorstellung, die er sich von einem Paian machte, umfaßte also neben dem überaus wichtigen funktionalen auch einen formalen Aspekt.

Wie verhält sich dieses Ergebnis zu dem Umstand, daß es lyrische Paiane ohne diese Merkmale trotz allem gab?

Dies hat vermutlich nichts mit einem rein funktional geprägten Gattungsbewußtsein zu tun, also damit, daß sich die Zeitgenossen eine Gattung nicht durch formale Merkmale bestimmt vorstellen konnten, sondern hängt mit der Einbettung der Gesangsdarbietung in das Fest zusammen.

Die von Käppel vorgenommene `Entsubstantialisierung´ der Aufführungssituation, also die Ermittlung eines kleinsten gemeinsamen Nenners aller Gelegenheiten, zu denen überhaupt ein Paian, sei es ein großer Festpaian, sei es ein `Alltagspaian´, gesungen wird, führt, wie Käppel gezeigt hat, auf ein `subjektives Deutungsmuster´. Fassen wir nun aber den Paian als lyrische Gattung ins Auge, fällt beim Paiansingen gleichzeitig mit dem plötzlich eintretenden Ereignis, das `subjektiv zu deuten´ wäre, alles Spontane fort, und dadurch tritt auch dieses subjektive Moment zurück. Das `Deutungsmuster´ wirkt nur noch indirekt, insofern nicht seine Applikation *hic et nunc* das Paiansingen veranlaßt, sondern seine Anwendung nur der letzte Grund dafür sein kann, daß bei einem bestimmten Fest an einer bestimmten Stelle des Programms das Absingen eines Paians vorgesehen wird und bei anderer Gelegenheit nicht.

Das Lied wird also aufgeführt, wenn der Programmpunkt `Paian´ aufgerufen wird. Das Publikum weiß mithin, daß es einen Paian hören wird und kann daher wenig aufgelegt sein, nach der Gattung des Gedichts zu fragen und dabei über Alternativen nachzudenken. Der Dichter hat deshalb wenig Anlaß, durch formale Signale "Gattungsanschluß" herzustellen. Unter diesem Gesichtspunkt ist er frei, etwa im Rahmen eines apollinischen Festes ein lyrisches Gebet an Apollon zu richten, ohne sich der üblichen Formmerkmale zu bedienen. Andererseits rechnet das Publikum natürlich damit, daß sie zum Einsatz gelangen werden. Daß der Dichter darauf schlicht keine Rücksicht nimmt, kann man sich schwer vorstellen. Eher schon kann er damit spielen. Das scheint Bakchylides in seinem c. 17 getan zu haben, indem er das Schlußgebet der Keer in V. 130 - 132 mit dem Dankgebet der jungen Athener in Beziehung setzte, das er in den Versen zuvor unter Verwendung des Verbs παιανίζειν geschildert hatte. Das Publikum soll über die Souveränität staunen, mit der sich der Dichter über das

Erwartete hinwegsetzt, und goutieren, wie subtil er dafür Ersatz geschaffen hat[1]; die Voraussetzung dafür ist das bereits vor dem Erklingen des Liedes hergestellte, keinerlei Skepsis aufkommen lassende Einvernehmen aller an der Zeremonie Beteiligten, daß das Lied ein Paian sei, ein Einvernehmen, das eine nicht in dieser Weise festgelegte, nur ein 'subjektives Deutungsmuster' nahelegende Situation, in der der Dichter bzw. der Chor der zuhörenden Gemeinde erst durch den Text des Liedes deutlich machen müßte, daß es sich um einen Paian handelt, niemals garantieren könnte[2].

In gewissem Sinne ähnlich wie Bakchylides verfährt ungefähr dreieinhalb Jahrhunderte später Limenios (Pai. 46 Käppel). Das eigentliche Gebet an Apollon, Artemis und Leto enthält keine formalen Paianmerkmale, aber die *pars epica* geht auf das Aition der Paianepiklese ein. Man kann sich fragen, ob die Entscheidung für die Fortlassung der Paianepiklese und des ἰή - Rufs im Einzelfall nicht geradezu ein Indiz für ein besonders starkes Bewußtsein von der formalen Gestalt des Paians ist.

Für die Annahme, daß die Vorstellung, die man sich im fünften Jahrhundert vom poetisch ausgeformten Paian machte, insofern auch formal bestimmt war, als man die Paianepiklese oder den ἰή - Ruf für selbstverständliche Ingredienzien hielt, sprechen also die Umstände, unter denen das Publikum mit solchen Liedern in Berührung kam, die Verwurzelung der Gattung im Ritus und der Umstand, daß sie das Fehlen dieser Elemente im Einzelfall überhaupt interpretierbar macht. Hielte man sich hingegen an Käppels im rein Begrifflichen bleibende Unterscheidung zwischen den formalen Elementen als dem bloß Gattungstypi-

---

[1] Vgl. Verf., Kretafahrt.

[2] Daß man die konkrete Aufführungsgelegenheit nicht völlig hinter dem "subjektiven Deutungsmuster" zurücktreten läßt, ist für die Interpretation einzelner Texte entscheidend wichtig. Daß sich Käppel gänzlich auf jenen kleinsten gemeinsamen Nenner aller Gelegenheiten zum Ausbringen eines Paians zurückgezogen hat, führt zu der Auffassung, Bakchylides habe in c. 17 auf die formalen Merkmale verzichten können, da das Gedicht so intensiv durch seine lebensweltliche Funktion strukturiert sei. Die politische Ausdeutung des Gedichts, die dieser Argumentation zugrundeliegt, hoffe ich in meinem Aufsatz (Verf., Kretafahrt) zu widerlegen. Wenn sie tatsächlich unhaltbar sein sollte, ginge dem Lied nach Käppel sein Paiancharakter wohl verloren. Aus den obigen Darlegungen dagegen ergibt sich, daß man nicht wie in einem System kommunizierender Röhren mit einer sorgfältigen Austarierung von funktionalem und formalem "Gattungsanschluß" zu rechnen hat, sondern daß der institutionalisierte Aufführungsrahmen den Zuhörern das zu einer Interpretation des Liedes als eines Paians erforderliche Vorverständnis garantierte.

Mit noch wesentlich einschneidenderen Folgen interpretiert Käppel auch den Philodamospaian unter der Voraussetzung, daß Publikum habe über die Gattung des Liedes vor dem Beginn seiner Aufführung nicht Bescheid gewußt (vgl. u. S. 77 ff.).

schen und der Funktion als dem Gattungskonstitutiven, ergäbe sich, daß der Dichter auf das Formale eben auch ohne weiteres verzichten konnte; mit einer besonderen Wirkungsabsicht wäre dann nicht mehr zu rechnen; damit aber wird eine überzeugende Erklärung des Fehlens in ganz wenigen Einzelfällen, die einer überwältigenden Mehrzahl von auch formal `vollständigen´ Paianen gegenüberstehen, unmöglich. Das Lied des Ariphron als Paian plausibel zu machen, wäre wohl weder die eine noch die andere Theorie in der Lage.

Durch die ins Auge fallenden formalen Eigentümlichkeiten unterscheidet sich der Paian von fast allen anderen lyrischen Gattungen, da diese zwar wie der Paian nach Anlässen aufgefaßt wurden, aber mit Ausnahme des Hymenaios eben nicht an eine charakteristische Rufformel anknüpften[1].

---

[1] Das Bild, das Platon in den `Gesetzen´ (III. 700 a - e = test. 2 Käppel) vom Umgang der Vorfahren mit den lyrischen Gattungen und von ihrem Gattungsverständnis entwirft, ist für das fünfte Jahrhundert von zweifelhaftem Zeugniswert. Darin muß man Käppel (S. 36 - 38) entgegenkommen, auch wenn man die radikale Entschiedenheit, mit der er die Darstellung des Philosophen verwirft, nicht teilt und seine Begründung für falsch hält.

Er behauptet nämlich, Platon habe, indem er ein Bewußtsein von den formalen Normen, deren Existenz um die Mitte des vierten Jahrhunderts die Stelle bezeuge, auch für Dichter und Publikum früherer Zeit voraussetze, mit voller Absicht eine Idealvorstellung in die Vergangenheit zurückprojiziert, ähnlich wie er im `Protagoras´ (322 a ff.) und im Atlantismythos im `Kritias´ (113 b ff.) den vollkommenen Staat in grauer Vorzeit verwirklicht gesehen habe und im VIII. Buch des `Staates´ den Idealstaat als Ausgangspunkt an den Anfang der Reihe der Verfallsformen setze (Käppel S. 37[13a], wo noch conv. 189 c 2 ff. als "scherzhafte Brechung" dieses Verfahrens dazugestellt wird; Schöpsdaus Kommentar übernimmt diese Deutung [S. 508 f.]). Erstens jedoch können die zitierten Partien nicht als Parallelen gelten, da Platon die an der Stelle in den Νόμοι geschilderten Verhältnisse erst in der Zeit nach den Perserkriegen in Unordnung geraten läßt; er läßt also den als gut und richtig betrachteten ursprünglichen Zustand deutlich in geschichtliche Zeit hineinreichen. Zweitens stellt er die Herrschaft des normativ - formalen Gattungsbegriffs nicht nur chronologisch in einen konkreten historischen Rahmen, sondern auch kausal: Die Überschreitung der Gattungsgrenzen, die er so beklagt, soll den Anstoß gegeben haben zur Entwicklung Athens in Richtung einer hemmungslosen Ungebundenheit. Während Platon sicherlich niemand von der historischen Existenz der Insel Atlantis hat überzeugen wollen, müssen wir ihm in den `Gesetzen´ zubilligen, daß er zumindest glaubt, im großen und ganzen von wirklichen geschichtlichen Entwicklungen zu sprechen.

Was gegen Platons Darstellung von den Verhältnissen alter Zeit (was Platon seinen Athener über die eherne Festigkeit der Gattungsgrenzen und die γεγονότες περὶ παίδευσιν als strenge Wächter über ihre Einhaltung sagen läßt, wird von vornherein niemand auf die Goldwaage legen) Skepsis wachruft, dürfte eher sein, daß Platon di-

Die Anwendung der Kategorie des `Gattungskonstitutiven´ auf unsere Frage scheint also den historischen Gegebenheiten nicht angemessen. Sie ist durch den Rückzug auf den `kleinsten gemeinsamen Nenner´ ein Überrest des klassifikatorischen *ex post* applizierten Gattungsbegriffs, dem Käppel so nachdrücklich abschwört, und ist der Grund dafür, daß seine Theorie ihr Ziel, im Verständnis des Paians an die Vorstellungen der Zeitgenossen anzuknüpfen, nicht erreicht.

---

rekte Kenntnis von den Gattungsvorstellungen älterer Zeit schwerlich haben konnte. Die Frage ist allenfalls, ob dem Passus eine Beschäftigung mit Texten zugrunde liegt, an denen formale Unterschiede einigermaßen deutlich zu beobachten waren. Das wird man nicht zuversichtlich behaupten wollen (Harvey, S. 165, und andere von Käppel, S. 37 m. Anm. 14, kritisierte Gelehrte haben das Zeugnis in dieser Hinsicht wohl wirklich überschätzt), und so werden wir bei der Betrachtung des fünften Jahrhunderts sicherheitshalber von diesem Zeugnis absehen. Weiteres zu diesem Text u. S. 97 ff. (Abschnitt III c).

III.) Umorientierung der Gattungsauffassung seit dem vierten Jahrhundert?

Die Bedeutung der Frage, ob ἰή - Ruf und Paianepiklese fest zum Paian gehören oder ob es sich nur um eine "sehr viel variablere Gattungskontinuität" handelt, geht über die Einschätzung des im fünften Jahrhundert gängigen Paianbegriffs hinaus. Wenn nämlich die bisher entwickelten Überlegungen das Richtige treffen, sind die formalen Merkmale des Paians so ursprünglich wie nur möglich.

Käppel hingegen ist der Meinung, ein formaler Begriff von der Gattung Paian sei keineswegs ursprünglich, sondern sei etwas, was sich erst etwa seit der Wende zum vierten Jahrhundert bis in hellenistische Zeit hinein mit entsprechenden Konsequenzen für die Gestalt der Gedichte entwickelt habe. Dieses neue Prinzip sei neben die im fünften Jahrhundert noch so gut wie unumschränkt herrschende funktional bestimmte Gattungsvorstellung getreten, ohne sie geradezu zu verdrängen[1]. Dieses Nebeneinander ist offenbar nicht in jedem einzelnen Gedicht zum Ausdruck kommend zu denken; vielmehr sollen neben von einer funktionalen Gattungsvorstellung geprägten Paianen solche stehen, deren Gestalt der formale Paianbegriff zugrundeliegt. So heißt es bei Käppel S. 288: "Im 4. Jh. v. Chr. kann dieser Rahmen [des durch die lebensweltliche Funktion vorgezeichneten Profils der Gattung] verlassen und die Gattungskontinuität pointiert formal hergestellt werden." S. 289 weist er darauf hin, "daß – gerade im Bereich traditionsreicher Kulte – nach dem 4. Jh. v. Chr. natürlich auch weiterhin Paiane mit dem der Gattung seit jeher angestammten \`Sitz im Leben´ vorkommen" und nennt als Belege die beiden Paiane, die uns aus dem 2. vorchristlichen Jahrhundert durch Inschriften vom Athenerschatzhaus in Delphi erhalten sind (Pai. 45 und 46 Käppel).

Die bloß formale Gattungskontinuität sucht Käppel durch seine Interpretation des Philodamos - Paians (Pai. 39) zu exemplifizieren und deutet an, daß die Herrscherpaiane (Pai. 35; 38, 43; test. 7 und 128 - 133 Käppel) wohl ähnlich zu betrachten seien[2]. Ein Stadium des Übergangs von der einen Auffassung des Paians zur andern sei in dem sog. Erythräischen Paian (Pai. 37 [E] Käppel) in Zusammenschau mit den im Anschluß an ihn entstandenen Gedichten (Pai. 37 [PAD] und 40 f. Käppel) faßbar. Theoretischer Niederschlag eines entsprechenden Gattungsbegriffs seien die Ausführungen Platons leg. III. 700 a - e (test. 2 Käppel).

Schließlich werde auch die alexandrinische Philologie als ganz und gar einem formalen Begriff vom Paian und von Gattungen überhaupt verhaftet erwiesen durch das Referat der Debatte über die Gattungszugehörigkeit eines bestimmten Bakchylidesliedes, das auf einem Papyruskommentar erhalten ist (Pap. Oxy. 23, 2368, col. 1, 9 - 20 = schol. Bacch. c. 22 - 23 p. 124 M. = SH

---

[1] Käppel S. 30; 36; 40 f.; 42 f.; 278; 285; 288; 289 f.

[2] Käppel S. 289.

293 = test. 3 Käppel); hinzu träten noch ein Bericht des Ps. - Plut. De musica (10. 1134 E - F = test. 5 Käppel) über verschiedene Stellungnahmen zur Frage der Gattung der Werke eines Xenokritos, die man sich schwerlich in voralexandrinischer Zeit geführt denken kann[1], und der Bericht des Athenaios (XV 696 a - 697 b = test. 7 Käppel) über den Streit um den Areta - Hymnos für Hermeias von Atarneus.

Wenn man, anders als Käppel, bereits im fünften Jahrhundert mit der Existenz einer auch formalen Vorstellung vom Paian rechnet, kann man gegen den Ansatz eines auch formalen Paianbegriffs für das vierte Jahrhundert im Grundsatz nichts einwenden. Von einer "epochalen Wende"[2] in der Entwicklung des Gattungsverständnisses wird man dann allerdings nicht ohne weiteres sprechen wollen. Es wird sich aber auch in der Einzeluntersuchung zeigen, daß einiges dafür spricht, in der Zeit nach dem fünften Jahrhundert kein wesentlich anderes Verständnis von der Gattung Paian anzunehmen als im fünften Jahrhundert, und auf eine Emanzipation von der religiösen Funktion der Gattung weist bei näherem Hinsehen nichts. Ferner werden wir dabei bleiben, uns eine gleichzeitig formale und funktionale Gattungsauffassung in jedem einzelnen Gedicht gemeinsam wirkend zu denken. Es erscheint ausgesprochen problematisch, einerseits mit einer "epochalen Wende" zu rechnen und anderseits Gedichte, die zweihundert Jahre nach dieser Wende verfaßt sind, im Sinne der älteren Gattungsvorstellung zu erklären[3]. Außerdem wird sich zeigen, daß die formale Komponente der Vorstellung, die man sich vom Paian machte, die Gestalt der Gedichte auch im vierten Jahrhundert und später bei weitem nicht so durchgreifend prägt, wie es Käppel für diese Zeit annimmt.

Beginnen möchte ich mit der Gruppe von Paianen, die Käppel auf S. 189 - 206 unter der Sammelbezeichnung `automatisierte Paiane´ bespricht (Abschnitt III a). Es folgt dann eine Auseinandersetzung mit dem poetischen Hauptzeugen für das Überhandnehmen des formalen Paianverständnisses, dem Paian des Phi-

---

[1] Hierzu Käppel S. 41 f.

[2] Käppel S. 288.

[3] Die Annahme, daß seit dem vierten Jahrhundert Paiane nebeneinander existierten, die auf zwei prinzipiell verschiedene Weisen zur Gattung gehörten, erscheint übrigens auch im Hinblick auf die rezeptionsästhetische Orientierung von Käppels Paiantheorie wenig glücklich. Wenn der sich im Laufe der Zeit ständig weiterentwickelnde Horizont der Erwartungen, die an ein Lied gerichtet werden, das sich der Textreihe der Paiane anschließen will, tatsächlich so wichtig ist, fragt man sich, wie die Zuhörer, die ein formal paianhaftes Lied erwarten, auf den nach Käppel (S. 289 f.) nicht in der "modernen" Weise formbestimmten Paian des Limenios reagieren sollen? Soll man sich vorstellen, daß sie bei Beginn des Liedes merken, daß etwas nicht funktioniert und daraufhin den alten "überholten" Erwartungshorizont ihrer Altvorderen hervorkramen?

lodamos (Abschnitt III b). Die Auseinandersetzung mit diesen Gedichten sollte genügen zu zeigen, daß sich der Paian des vierten Jahrhunderts von dem des fünften nicht grundsätzlich unterscheidet. Schließlich nehmen wir auch noch die Äußerung Platons in den Blick, um zu sehen, ob sie etwas für einen grundsätzlichen Wandel der Sicht des Publikums auf die Gattung beweist (Abschnitt III c).

Die Untersuchung der Frage, wie die Alexandriner sich zu dieser und den anderen lyrischen Gattungen gestellt haben, folgt dann in einem gesonderten Abschnitt (V). Erstens nämlich kann die Auffassung der Alexandriner für das vierte Jahrhundert wenig beweisen, und zweitens geht es hier um mehr als nur um die Gattung Paian, nämlich um die nicht erst von Käppel aufgeworfene Frage, ob die Alexandriner die lyrischen Texte und Gattungen überhaupt sachgerecht aufgefaßt haben. In dieser Hinsicht wird weiter unten eine Ehrenrettung der Archegeten unserer Wissenschaft versucht werden.

III a) Die Stellung des Erythräischen Paians, seiner Bearbeitungen und Nachdichtungen in der Geschichte der Gattung

Wichtige Zeugen für die Entstehung eines formalen Paianbegriffs sieht Käppel in einer Klasse von Liedern, die er als \`automatisierte Paiane´ bezeichnet. Er schreibt ihnen eine maßgebliche Rolle bei der Entwicklung zu einer formalen Gattungserwartung zu, ja er erklärt ihr \`Konstruktionsprinzip´ zum Ausgangspunkt der Entwicklung der Gattung, die er im Paian des Philodamos fassen möchte[1].

Im Mittelpunkt von Käppels Erörterung steht der sog. Erythräische Paian (Pai. 37 [E] Käppel) mit seinen an verschiedenen Orten inschriftlich bezeugten Bearbeitungen (Pai. 37 [PAD] Käppel); dazu kommen die Paiane des Isyllos von Epidauros (Pai. 40 Käppel) und des von Käppel nach Früheren Makedonios genannten Dichters von Amphipolis (Pai. 41 Käppel), der in Wahrheit Makedonikos hieß[2].

Der Verfasser des Erythräischen Paians arbeitet, wie Käppel[3] feststellt, mit den traditionellen Mitteln religiöser Poesie, dem "Anruf des Gottes im Er - Stil der Prädikation", einer "auf das Minimum der Genealogie reduzierten \`Pars epica´ im Relativstil der Prädikation", einem Schlußgebet an den Gott und der Verwendung des Grußes χαῖρε. Außerdem schließen sich einige Formulierungen unmittelbar an "Homerische" Hymnen an. Darüber hinaus jedoch, so Käppel[4], "stellt ... sich (das Lied) auch mit einigen seiner formalen Merkmale ganz spe-

---

[1] Käppel S. 206.

[2] Zum Namen vgl. o. S. 39[2].

[3] S. 196 f.

[4] S. 197.

ziell in die Gattungsreihe der Paiane." Die Hauptsache sei dabei "der das gesamte Gedicht formal beherrschende Ruf ἰὲ Παιάν als Meshymnion bzw. ἰὴ Παιάν, 'Ασκλαπιὸν δαίμονα κλεινότατον ἰὲ Παιάν als Ephymnion." Außerdem werde die "gattungsbedingte Struktur des Gedichtes" auch "formal gestützt", durch die gehäufte Verwendung von Wörtern aus den Wortfeldern "Heil/Gesundheit", "Zuwendung/Hilfe", "Freude/Dank" und "Glanz". Ferner sei "auch der `Dialog´ - Charakter des Paians ... im Gedicht formal präsent", nämlich in der "Bitte um Zuwendung und Heil" in V. 19 ff. und V. 22 ff., in dem "Anruf des Heilsspenders" in Meshymnion und Ephymnion und in der Nennung der Heilsempfänger durch die Worte κοῦροι in V. 2 und τὰν ἐμὰν πόλιν in V. 20. Käppels Urteil über den Paian als ganzen: "Der `Sitz im Leben´ geht nicht nur als Grundgerüst, sondern Punkt für Punkt auch formal in die Gestalt des Gedichtes über. Es stellt eine mechanische, direkte Ausformulierung dessen dar, was den Paian als Gattung im 5. Jhd. v. Chr. ausgemacht hat: Dies geschieht ausschließlich durch traditionelle, teils in der Kultpoesie allgemein, teils in der Gattung der Paiane speziell gebräuchliche, ja man kann sagen: abgegriffene formale Elemente. Nichts in dem Gedicht führt die Gattung in origineller Weise fort: Das Gedicht reproduziert die bereits bekannten und bewährten Mittel des Ausdrucks und setzt diese mechanisch in die von der Gattung (= `Sitz im Leben´) geforderten Funktionsstellen ein. Dadurch erhält das Gedicht etwas Schematisches: Es ist – anders als die ... Oden Pindar, Pae. 4 und Bakchylides, c. 17, die als in ihrer Funktion als `Heilsgedichte´ fest verankerte Paiane ihren formalen Spielraum (dieses mehr, jenes weniger) ausnutzen – das auch formal zum Schema erstarrte Konstruktionsprinzip der Gattung `Paian´"[1]. All dies führt Käppel darauf zurück, daß es sich bei dem Gedicht um einen "Gebrauchstext" ohne allen künstlerischen Anspruch handele, der zu verschiedenen Zeiten an verschiedenen Orten habe aufführbar sein sollen.

Daß die Komposition des Gedichts von äußerstem Schematismus geprägt ist, steht außer Zweifel, auch daß Paianepiklese und ἰή - Ruf in großer Dichte benutzt sind. Das ärgste ist womöglich der aus V. 7 f. in die refrainartige Wiederholung des Paianrufes in den V. 16 - 18 und 25 - 27 "mitgeschleppte" syntaktisch sinnlose Akkusativ 'Ασκλαπιόν, δαίμονα κλεινότατον[2], und in V. 23 f. wird dadurch, daß die in V. 14 f. erstmals verwendete Formulierung σὺν ἀγακλυτῷ εὐαγεῖ 'Υγιείᾳ an der gleichen Stelle der Strophe wiederholt wird, der oh-

---

[1] Käppel S. 197 f.

[2] Käppel S. 194 f.; anders Wilamowitz (Nordionische Steine, S. 45: "der Dichter hatte sich erlaubt, den Akkusativ, der 5 einfach Objekt war, in der Wiederholung von dem Rufe ἰηπαιάν abhängen zu lassen, gleich als wäre das eine Interjektion wie ὦ") und H. Engelmann - R. Merkelbach, Die Inschriften von Erythrai und Klazomenai, Teil II, Bonn 1973, S. 341 zu V. 18 ("sc. ἀείσατε", wie schon Diehl und Powell).

nehin in dichter Folge wiederkehrende Refrain gewissermaßen noch erweitert, wodurch der Paian einen voller tönenden Abschluß erhält, der die dem Adressaten zugeschriebene Funktion besonders nachdrücklich ins Bewußtsein der Gemeinde hebt, ja ihn fast dort hineinhämmert.

Ob man aber wie Käppel[1] geradezu von einer "Konzentration von formalen Elementen" sprechen kann, muß eingehend geprüft werden.

Was den formalen Niederschlag des Dialogcharakters des Paians im Liedtext betrifft, so war auf den "Anruf des Heilsspenders" und eine entsprechende Bitte nicht gut zu verzichten. Hier findet sich nichts, was nicht bei Pindar ebensogut hätte stehen können (man denke an das ἰὴ ἰή, ὦ ἰὲ Παιάν am Ende beider Triaden von Pae. 4), ja selbst in dem nach Käppel auf alles formal Paianhafte verzichtenden Paian des Bakchylides (c. 17)[2] fehlt es nicht an Entsprechendem (130 - 132), nur ist eben die rituelle Formel nicht verwendet. Allenfalls kann man feststellen, daß die Bitte im Erythräischen Paian einige Verse mehr einnimmt. Die Nennung des Heilsempfängers in V. 19 (μοι), V. 20 (τὰν ἐμὰν πόλιν) und V. 22 (ἡμᾶς)[3] ist auf das Minimum prosaischer Aussage reduziert und bei weitem unauffälliger als etwa die breite Selbstbeschreibung der Keer in Pindars viertem Paian, und es ist nicht leicht zu sehen, wie dies zu einer Konkretisierung einer formalen Vorstellung von der Gattung Paian hätte beitragen sollen; man müßte doch eher erwarten, daß das Strukturelement des Heilsempfängers im Text besonders auffällig besetzt wäre. Von einem "abgegriffenen formalen Element" kann gar keine Rede sein.

Außerdem erscheint auch die Deutung der Verwendung bestimmter Wortfelder als "formale Stützen" der Paianstruktur des Gedichts zweifelhaft.

Das Wortfeld `Freude´ ist repräsentiert durch μέγα χάρμα in V. 4 und χαίροντας in V. 22[4]. Eine Wendung wie μέγα χάρ[μα βροτοῖσ]ιν zu benutzen lag in einem Gebet um σωτηρία sicherlich besonders nahe, aber sie geradezu als formales Element zu betrachten, das die Zugehörigkeit des Liedes zur Gattung Paian markieren könnte, geht wohl zu weit[5]. Zu vergleichen sind nicht nur Hymn. Hom. 16 (Aescul.), 4 (χάρμα μέγ' ἀνθρώποισιν) und orac. Delph. 276 P. - W. (ὦ μέγα χάρμα βροτοῖς βλαστὼν 'Ασκληπιὲ πᾶσιν), sondern auch Ar. Plut. 640 (μέγα βροτοῖς φέγγος 'Ασκληπιόν), Hymn. Hom. 3 (Apoll.), 25 (πρῶτον Λητὼ τέκε χάρμα βροτοῖσιν) und Hom. Ξ 325 (ἡ δὲ Διώνυσον Σεμέλη

---

[1] S. 286.

[2] Zur Frage der Gattungszugehörigkeit vgl. S. 52[1].

[3] Von dem Vokativ κοῦροι in der Aufforderung der episch - hymnischen Eingangspartie (V. 2) sehen wir ab.

[4] Das von Käppel in Klammern hinzugefügte χαῖρε in V. 19 lassen wir besser ganz beiseite.

[5] Wie allgegenwärtig das Reden von "Freude" in der religiösen Poesie ist, belegt Keyßner, Gottesvorstellung, S. 152 f.

τέκε, χάρμα βροτοῖσιν) und Hymn. Hom. 2 (Demeter), 268 f. (εἰμὶ δὲ Δημήτηρ τιμάοχος, ἥ τε μέγιστον / ἀθανάτοις θνητοῖσί τ' ὄνεαρ καὶ χάρμα τέτυκται)[1]. Der Beleg aus dem Demeterhymnos und vor allem die Dionysos betreffende Stelle sprechen, obwohl immerhin vier der Stellen Asklepios und eine Apollon gelten, dagegen, in der Formulierung etwas markiert Apollinisches zu sehen, die Stellen in den Hymnen zeigen, daß ihre Verwendung nicht von der Gebetshaltung des Paians abhängt, und an dem Orakelbeleg wie auch an der Stelle, wo Demeter selbst redend eingeführt ist, sieht man, daß sie nicht einmal auf das Gebet überhaupt beschränkt ist; überhaupt steht keine der Parallelen in einem Paian[2]. Daß man sich an solche Prädikationen in Verbindung mit Asklepios doch in irgendeiner Weise gewöhnt hatte, ist möglich, "abgegriffen" ist die Formulierung offensichtlich, aber etwas ausgesprochen Paianhaftes kann sie schwerlich gehabt haben. Χαίροντας kann wohl auch kaum als paianspezifisch gelten.

Was das Wortfeld "Zuwendung/Hilfe", vertreten allein durch ἵλαος ἐπινίσεο, angeht, so fragt man sich, was der Dichter denn wohl sagen sollte, um den Zweck des Paians zu erfüllen, ohne dieses Wortfeld zu berühren.

Das Adjektiv εὐαγής zum Wortfeld "Glanz" zu rechnen, ist zumindest kühn. Es paßt außerdem als positives Attribut zu allem Göttlichen, und so sollte man sich nicht allzuviel dabei denken, wenn es hier neben ἀγακλυτός steht. Der Ausdruck ὁρᾶν φάος ἀελίου ist zunächst und vor allem eine Adaption einer ziemlich abgedroschenen und von der Zuhörerschaft kompakt als Synonym zu ζῆν wahrzunehmenden homerischen Wendung (z. B. Ε 120; Σ 61; δ 833; κ 498), und ins Auge fällt wohl weniger die Zugehörigkeit zum Wortfeld "Glanz" als

---

[1] Belege bei Keyßner, Gottesvorstellung, S. 121 (vgl. auch die dort gesammelten Belege für die Formulierung πῆμα βροτοῖσιν). Während das zitierte Orakel noch ins vierte Jahrhundert gehören könnte, sind die anderen Belege, die Keyßner über das oben Angeführte hinaus gibt, so spät, daß man sie in unserem Zusammenhang am besten außer Betracht läßt. Da ein Beleg in einem Apollonhymnos (51, 1 Heitsch[2]: μέγα χάρμα βροτοῖσιν), ein anderer in einem dem Dionysos gewidmeten Lied in der Sammlung der Orphischen Hymnen (50, 7 Quandt: χάρμα βροτοῖς φιλάλυπον) steht (Keyßner vermutet eine entsprechende Formulierung auch in dem Zauberpapyrus PGM III 249 im Anruf Apollons), würde sich das Gesamtbild nicht wesentlich verschieben.

[2] Isyll. (Pai. 40 Käppel) 57 (μέγα δώρημα βροτοῖς) und Maced. (Pai. 41 Käppel) 16 (βροτοῖς μέγ' ὄνειαρ) scheiden hier wegen des engen Anschlusses an den Erythräischen Paian natürlich aus.

Semonides versieht in seinem Weiberiambos (fr. 7, 38 W.[2]) sogar das vom Wind nicht aufgewühlte Meer mit der Apposition χάρμα ναύτῃσιν μέγα; vgl. auch noch Philoxenos von Leukas PMG 836 e 5 (μέγα χάρμα βροτοῖς) mit seinem parodistischen Einschlag.

der Umstand, daß der Dichter seine Bitte um ein auf der Grundlage einer festen Gesundheit langes und erfreuliches Leben der Gemeindemitglieder durch eine volltönende Wendung hervorhebt, zu der eben auch χαίροντας (s.o.) gehört; außerdem zieht der Ausdruck δόκιμον die Aufmerksamkeit auf sich, mit dem der Wunsch dahingehend spezifiziert wird, daß das erwünschte Leben erst durch die Dreingabe der Gesundheit ein wirkliches Gut werde[1]. Der Name Αἴγλα als Repräsentant desselben Wortfeldes muß in Verbindung mit der Rolle besprochen werden, die das Wortfeld "Heil/Gesundheit" im Erythräischen Paian spielt.

Dessen dichte Präsenz nämlich rührt ganz davon her, daß der Verfasser des Erythräischen Paians soviel Wert auf die Familienverhältnisse des angebeteten Gottes legt. Seine Repräsentanten sind wie Αἴγλα ausschließlich Götternamen, Namen der Kinder des Asklepios und der Frau, mit der er sie gezeugt hat. Sie spielen die gleiche Rolle wie die nicht mit gleichermaßen sprechenden Namen ausgestatteten Söhne Ποδαλείριος und Μαχάων: "Das Oberhaupt einer solchen Familie", sagt Käppel[2] selbst, "kann einfach nur Gesundheit bringen", und Emma und Ludwig Edelstein[3] haben unter Verweis auf Ar. Plut. 639 f. und 701 f. (vgl. noch 736) gezeigt, wie wichtig der familiäre Anhang für die Heilerpotenz des Asklepios war; die Funktion, in der diese Figuren in dem Paian erscheinen, ist also nicht nur ein Einfall des Dichters, sondern Niederschlag religiöser Realität. Außerdem ist die Genealogie seit jeher ein wesentlicher Bestandteil des Götterhymnus im weiteren Sinne. Wollte sich der Dichter dieses Elementes bedienen, ergab sich also die von Käppel festgestellte Massierung von Wörtern aus dem Wortfeld "Heil/Gesundheit" von selbst. Das Publikum dürfte die Liste geläufiger Namen in erster Linie unter inhaltlich - gedanklichem Aspekt gewürdigt haben, nicht so sehr unter formalem Gesichtspunkt.

Es bleibt also nicht viel übrig, was für sich genommen als formal paianhaft bezeichnet werden könnte. Wenn die Zugehörigkeit zur Gattung Paian im Erythräischen Paian dennoch einen gewissermaßen konzentrierteren Niederschlag gefunden zu haben scheint, so hängt das vielleicht nicht so sehr mit einer phantasielosen Übernahme von formalen Mitteln zusammen, die bei den Vorgängern besonders häufig vorkamen, oder mit dem Bestreben, die gattungsbedingte Struktur zu stützen, sondern könnte vielmehr die sekundäre Folge des Bemühens sein, die durch den Festanlaß vorgegebene religiöse Funktion in möglichst direkter und unkomplizierter Weise zu erfüllen. Möglicherweise sind die Faktoren, die die Form des Liedes prägen, nicht in erster Linie unter gattungstheoretischen Kategorien zu fassen, sondern erlaubt eine Betrachtung in unmittelbarem Zusammenhang mit dem Verwendungszweck, der mir bei Käppel noch

[1] Wilamowitz, Nordionische Steine, S. 44 f.

[2] S. 196.

[3] Asclepius. A collection and interpretation of the testimonies, 2 Bde., Baltimore 1945, Bd. I, S. 86 ff.

nicht ganz zureichend bestimmt zu sein scheint, eine einheitlichere Erklärung der Gestalt des Textes.

Vergleichen wir Lieder, wie sie Pindar und Bakchylides zur Erfüllung einer ähnlichen Funktion gedichtet haben. Der Hauptunterschied scheint mir darin zu liegen, daß diese anspruchsvollen Dichter sich nicht damit zufriedengaben, die durch den Festanlaß vorgegebene Gebetsfunktion auf so direkte und schmucklose Weise zu erfüllen, wie es der Verfasser des Erythräischen Paians tut. Sie respektierten vielmehr die Vorgaben, daß sie im Namen einer Gemeinde, u.U. unter Bezugnahme auf eine besondere historische Situation, um σωτηρία zu bitten oder dafür zu danken hatten und dabei eine oder mehrere Varianten des aus der allgemeinen Kultübung geläufigen paianspezifischen Kultrufs, also ἰή - Ruf oder Paianepiklese oder beides, verwenden sollten. Darüber hinaus wollten sie ein lyrisches Glanzstück liefern und boten zu diesem Zwecke unter Verzicht auf Schematisches wie etwa einen dem Umfang nach gegenüber dem Rest des Textes stark ins Gewicht fallenden Refrain alles auf, was auch ihre Kompositionen in anderen Genera charakterisierte, vor allem den in einiger Ausführlichkeit und Ausschmückung zu den verschiedensten Zwecken (Teil der Selbstcharakterisierung der bittenden Gemeinde ist er bei Pind. Pae. 4, 35 ff., Teil der Soterstilisierung des Adressaten in dem wahrscheinlich der Gattung zuzurechnenden c. 17 des Bakchylides[1], Pind. Pae. 4, 28 ff. ist er ohne stoffliche Beziehung zu Bittsteller oder Adressat Teil der Argumentation) erzählten Mythos, daneben Musenanrufe, Aussagen des Dichters über sich selbst und die Poesie, Gnomen und Priameln. Außerdem gingen sie, was man in Gedichten, die für einmalige Aufführung gedacht waren, mit Recht erwartete, aber auch überhaupt erst erwarten konnte, auf die besondere Situation der Aufführung ein (besonders eindrucksvoll Pind. Pae. 2). Der Spielraum, den diese Dichter hatten, war erheblich, und wer ihn ausnutzen wollte, konnte wahrscheinlich (nämlich wenn das Gedicht wirklich ein Paian war[2]) so weit gehen wie Bakchylides in seinem c. 17 und sein Lied wie einen Dithyrambos fast vollständig mit einer Mythenerzählung füllen und dieser erst am Schluß ihre Funktion im Gebetsrahmen zuweisen und dabei sogar den Paianruf nur andeuten. Gewagt werden konnte dergleichen, weil das mit der Kultgemeinde zusammenfallende Publikum das Gedicht nicht erst von sich aus einer Gattung zuordnen mußte; es war von vornherein klar, daß ein Paian und nichts anderes zur Aufführung gelangte, und so konnte der Dichter darauf verzichten, Signale auszusenden, die bei den Hörern gewisse Erwartungen aktivieren sollten. Es ist klar, daß auf diese Weise höchst individuelle Kunstschöpfungen zustande kamen, die sich voneinander sehr stark unterscheiden konnten.

---

[1] Vgl. 52[1].

[2] Vgl. dazu S. 52[1].

Der Erythräische Paian nun bietet nichts von dem, was den Reiz eines pindarischen Gedichtes ausmacht. Er beschränkt sich darauf, die Bitte an den Gott vorzutragen, und nennt außerdem zur Untermauerung dieser Bitte die sämtlich mit heilender Potenz ausgestatteten Mitglieder seiner Familie. Was im Kontrast zu den Schöpfungen der großen Lyriker auffällt, ist die kunst- und schmucklose Beschränkung auf das für die Erfüllung des Kultzweckes Erforderliche und Wirksame. Paianepiklese und ἰή - Ruf sind durch den Refrain hervorgehoben und prägen das Ganze um so mehr, als die Erweiterungen bescheidenen Umfangs sind und als Standardbestandteile eines Kultliedes das Interesse des Zuhörers nicht durch Originalität auf sich ziehen. Die konzentrierte Verwendung des einzigen wirklich deutlich paianspezifischen Formmerkmals wird man in diesem Zusammenhang nicht als "Mittel, die gattungsbedingte Struktur des Gedichtes auch formal zu stützen" oder als Resultat des Bemühens, "auch formal eine Gattungskontinuität zu den Paianen des 5. Jhs. v. Chr." herzustellen[1], erklären, sondern, da es sich um das im engsten Sinne rituelle Textelement handelt, als eigentlichsten Ausdruck des Kultaktes, also weniger unter gattungstheoretischen als unter religionsgeschichtlichen Aspekten betrachten. Der Erythräische Paian könnte als minimale liedhafte Erweiterung des Kultrufes bezeichnet werden.

Das Fehlen künstlerischer Qualität ("bloße Reproduktion"[2]) aber ist kaum in erster Linie auf das Unvermögen des Verfassers zurückzuführen oder auf eine Bereitschaft der Auftraggeber, sich zu dem betreffenden Anlaß auch mit einem anspruchslosen Lied zufriedenzugeben. Das Fehlen jedes Bezuges auf die Gegebenheiten von Erythrai mag tatsächlich, wie Käppel annimmt, damit zusammenhängen, daß von vornherein an eine Aufführung nicht nur an einem bestimmten Ort, sondern an beliebiger Stätte gedacht war[3]. Die wirkliche und entscheidende, weil das Gedicht umfassender erklärende Ursache der besonderen Eigenschaften des Liedes scheint mir aber darin zu liegen, daß der Dichter, wie wohl nie jemand bezweifelt hat, für die Kulte, in denen es zur Anwendung kam, an regelmäßige, etwa jährliche Benutzung dachte[4]: In einem solchen Rahmen wäre ein individuelles und geistvolles Kunstwerk wie der Paian des Bakchylides (c. 17)[5] oder Pindars vierter Paian einfach unerträglich gewesen, von seinem zweiten oder seinem sechsten mit ihren aktuellen Bezügen ganz zu schweigen.

---

[1] Käppel S. 197; vgl. S. 287.

[2] Käppel S. 16 f.

[3] Zur Verbreitung des Liedes s. Bülow, S. 35 - 38 und 43 - 46 und Wilamowitz, GdH II, S. 225 f.; Nordionische Steine, S. 43 spricht Wilamowitz sogar von "hundert und aber hundert Orten", an denen das Lied gesungen worden sei.

[4] Daß das Lied in Erythrai in dieser Weise verwendet wurde, ergibt sich mit hoher Wahrscheinlichkeit aus der Umgebung, in die es auf der Inschrift gestellt ist (vgl. Käppel S. 189 - 193).

[5] Zur Frage der Gattungszugehörigkeit vgl. S. 52[1].

Solche Lieder waren am Platze, wo es darum ging, der Gemeinde den religiösen Anlaß durch einen besonderen Kunstgenuß zu versüßen und die Begehung repräsentativ auszugestalten; diesen Bedürfnissen entsprach jedesmal ein anderes, neues Lied. Der jeweils benutzte Text wurde also nicht zum festen Bestandteil der Festordnung. Das war bei einem Lied wie dem Erythräischen Paian anders; hier wurde der einmal niedergelegte Text Bestandteil des Kultes. Dann aber mußte er von vornherein eine möglichst enge inhaltliche Verbindung zu dem unveränderlichen Kern dieses Kultes haben; selbst schon eine auf eigenständige Züge nicht verzichtende Darbietung der Gründungssage oder der Geschichte des Gottes hätte Zweifel auf den Plan gerufen, mit welchem Recht der betreffende Text seinen Platz als Standardtext der Feier behaupte; wenn sich aber die künstlerische Individualität des Dichters hinter dem Text bemerkbar machte, mußte das vollends einen unerwünschten Eindruck von Zufälligkeit hervorrufen; ein solches Lied konnte bei Wiederverwendung als Überrest der Feier erscheinen, bei der es uraufgeführt worden war. Der Schöpfer eines zu regelmäßiger Verwendung im Kult bestimmten `Gebrauchsliedes´ war also, ob er von sich aus zu mehr imstande war oder nicht, gezwungen, auf das, was die poetische Qualität und den Kunstcharakter der Kompositionen der großen Chorlyriker ausmacht, zu verzichten[1].

Über die Bearbeitungen des Erythräischen Paians ist nicht anders zu urteilen, und auch die entsprechenden Eigenschaften der Paiane des Isyllos und des Makedonikos lassen sich wohl aus diesen Verhältnissen erklären[2].

---

[1] Ich würde z.B. annehmen, daß Sophokles in seinem Asklepiospaian (Pai. 32 Käppel) nicht anders verfuhr.

[2] Käppels Einschätzung, Paiane wie diese hätten "für die Herausbildung eines Begriffs von der (vermeintlichen) `formalen Gestalt´ der Gattung" und die Entstehung einer "formalen `Gattungserwartung´" eine entscheidende Rolle gespielt (S. 206), beruht zum Teil darauf, daß der "Aufbau [des Erythräischen Paians] und seine formalen Mittel ... auch zum Modell für die Abfassung zahlreicher Asklepios - Paiane ... (wurden): Es bildete sich eine ganze Textreihe mit dem automatisierten Konstruktionsprinzip des Erythräischen Paians. Es ist evident, daß in einem Gedicht wie diesem – über den Vorgang der Automatisierung der Gattung – die Kategorie der Form kontinuitätsbildende Potenz gewinnt" (S. 288). Zwischen dieser Art von "Kontinuitätsbildung" und der Verfestigung einer formalen Gattungsvorstellung sollte man sorgsam unterscheiden. Bei den Paianen des Isyllos und des Makedonikos (von den Überarbeitungen des Erythräischen Paians selbst ist hier gar nicht zu reden), die unmittelbar nach dem Vorbild des Erythräischen Paians gedichtet sind, liegt nicht in erster Linie ein Anschluß an eine Gattung vor, sondern ein solcher an eine direkte Vorlage, und Isyllos verzichtet geradezu auf fast alle Elemente seines Musters, die mit der Kategorie des Formalen zu fassen sind.

Der einzige von dem Erythräischen unabhängige höchstwahrscheinlich zu regelmäßiger Aufführung bestimmte Paian, der uns erhalten ist, der des Aristonoos (Pai. 42 Käppel), ist ähnlich einfach aufgebaut[1]. Er beginnt mit einer langen Prädikation im Du - Stil, in der er auf Apollons Abstammung, seine delphische Stellung und die Geschichte seiner Inbesitznahme des Ortes eingeht. Unter den Göttern, die ihm dabei geholfen haben, wird Athene hervorgehoben, und der Dichter erwähnt ihre auf diese Hilfe zurückgeführte privilegierte Stellung am Ort. Schließlich nennt er noch weitere Gottheiten, als deren Geschenk Delphi unter verschiedenen Aspekten betrachtet werden kann. Darauf folgt die Bitte um ὄλβος und σωτηρία, deren Anschluß an das Voraufgehende man wohl so verstehen soll, daß Apollon aufgrund seiner besonderen Bindung an die Stätte zur Hilfe geradezu verpflichtet ist.

Daß der Erythräische Paian das Vordringen eines formal geprägten Gattungsverständnisses bezeugt, wird überdies dadurch zweifelhaft, daß die von Käppel vorgenommene chronologische Einordnung dieser Erscheinung, nachdem Pind. fr. 128 c [Sn.-] M. nichts für ein rein formales Gattungsbewußtsein im fünften Jahrhundert beweist, nur an der ungefähren Datierung des Erythräischen Paians selbst und an der von außen an das Material herangetragenen Theorie über die Entwicklung literarischer Gattungen hängt.

Der Hauptzeuge ist nicht genau zu datieren (die Inschrift stammt aus den Jahren zwischen 380 und 360 v. Chr., Bülow möchte mit dem Paian bis ins fünfte Jahrhundert hinaufgehen). Käppel sagt aber selbst, daß es Gedichte dieser Art bei dem allerorten anfallenden Bedarf schon früh gegeben haben müsse. Ein Auftrag an eine Koryphäe der lyrischen Dichtung zur Lieferung eines zu einmaliger Aufführung bestimmten Kunstwerkes kam aller Wahrscheinlichkeit nach nur hin und wieder bzw. nur an wichtigeren Kultplätzen in Frage. Daß wir keinen Standardpaian besitzen, den wir in die erste Hälfte des fünften Jahrhunderts oder noch weiter hinauf datieren könnten, ist bei der allgemeinen Verteilung unserer Inschriftenzeugnisse (solche kämen ja wohl in erster Linie in Frage) überhaupt nicht verwunderlich.

Dann aber spricht einiges dafür, daß auch die Paiane, die im früheren fünften Jhd. in Heiligtümern, die die jährlichen Kosten für einen berühmten Dichter wie Pindar nicht aufbringen konnten oder wollten, regelmäßig gesungen wurden, von ähnlicher Beschaffenheit waren. Die einfachen Mittel, mit denen der Erythräische Paian arbeitet, die Nähe zur volkstümlichen Dichtung, in die ihn der

---

Der hohe Bekanntheitsgrad des Erythräischen Paians scheint sich übrigens auch bei Herondas im Eingang des vierten Mimiambos niederzuschlagen (vgl. Headlam zu 4, 1 - 11).

[1] Zu einer möglichen anderen Erklärung aus einer wichtigen Tendenz nachklassischer Kultdichtung vgl. unten S. 74 ff.

dominierende Refrain rückt, und die durch seine dichte Verwendung von Paianepiklese und ἰή - Ruf erzeugte Verwandtschaft mit den gänzlich unpoetischen Spielarten des Paians sind natürlich keine vollgültigen Beweise von "Ursprünglichkeit"; eine einfache und naheliegende Annahme aber ist es immerhin doch, daß es am ehesten Sache der Schöpfer anspruchsvoller Großkompositionen war, sich vom Schematischen, von der Refrainstrophenform und dem engen Anschluß an den reinen Kultruf zu emanzipieren. Wir sollten also im Erythräischen Paian nicht ein Zeugnis einer Konzentration abgegriffener formaler Elemente der poetischen Gattung des Paians sehen, sondern in ihm, wenigstens soweit es auf die hier in Rede stehenden Eigenschaften des Liedes ankommt, einen Repräsentanten des schon seit verhältnismäßig früher Zeit, vor der Hochblüte der spätarchaischen Chorlyrik, verwendeten, zum regelmäßigen Absingen im Gottesdienst bestimmten Paians vermuten, der sich als Erweiterung unmittelbar aus dem einfachen Kultruf oder dem mit knappem Gebet verbundenen Kultruf entwickelt haben dürfte.

Die Vorstellung hingegen, daß der Schematismus sekundär und Resultat eines allmählichen \`Automatisierens´ sei, scheint mir in erster Linie auf der von außen an das Material herangetragenen Jauß´schen Gattungstheorie zu basieren. Bei Jauß[1] ist die Rede vom "bloßen Gebrauchswert oder \`Konsumcharakter´" stereotyper literarischer Schöpfungen, die sich im Laufe der Entwicklung "gerade erfolgreicher Gattungen wie etwa der Chanson de geste im XII. oder des Fabliau im XIII. Jh." als Symptome der Degeneration eingestellt hätten. Der \`Gebrauchswert´, den man dem Erythräischen Paian hinsichtlich der ihm vermutlich zugedachten Verwendung im Kult zuschreiben wird, und der "Konsumcharakter", den Jauß meint und doch offenbar im Sinne leichter ästhetischer Konsumierbarkeit versteht, haben wenig miteinander zu tun, und die Annahme, daß der Erythräische Paian ein solches Erstarrungsstadium der Entwicklung seiner Gattung repräsentiert, findet in den Tatsachen der Überlieferung nicht den geringsten Anhalt.

Wir haben also keinen Grund, Gedichte dieser Art für etwas Sekundäres zu halten; vielmehr besteht, obwohl Zeugnisse fehlen, einiger Anlaß zu der Annahme, daß es dergleichen schon zu den Zeiten der Hochblüte der spätarchaischen Lyrik und davor gab.

Die im materiellsten Sinne teuren Schöpfungen des Pindar und des Bakchylides, die uns aufgrund der Überlieferungslage die Paiane des von Käppel als gattungsgeschichtlich homogen angesetzten fünften Jahrhunderts allein oder fast allein repräsentieren, dürften gegenüber den \`Gebrauchspaianen´ eher einen Spezialfall unter den zu jener Zeit gesungenen Liedern der Gattung darstellen.

Daß das Schematische dort fehlt und deshalb so etwas wie eine \`formale Gestalt´ des Paians weniger deutlich hervortritt, ist dann aber mit hoher Wahr-

---

1 S. 119 [339].

scheinlichkeit nicht unter dem Gesichtspunkt des `noch nicht´ zu betrachten, also unter der Annahme zu deuten, daß die Gattung zur Form erst noch gerinnen mußte, sondern eher unter dem Aspekt des `nicht mehr´ oder am besten des `hier nicht´: Es handelt sich wahrscheinlich um einen Seitenzweig der Geschichte des Paiansingens.

Wenn das, was uns aus der Zeit nach der Mitte des fünften Jahrhunderts an Paianen erhalten ist, soweit der Erhaltungszustand überhaupt ein Urteil gestattet, ausnahmslos dem Erythräischen Paian ähnlicher ist als einem pindarischen Lied, so ist das kein Wunder, wird doch nach allem, was wir wissen, die Blüte der chorlyrischen Auftragsdichtung pindarischen und bakchylideischen Zuschnitts bald nach der Mitte des fünften Jahrhunderts rasch geknickt. Die berühmten Lyriker der Zeit danach konzentrieren sich, soweit wir sehen können, ganz auf den Nomos und den Dithyrambos als auf die wichtigsten in Agonen gepflegten Gattungen. Auch im späteren fünften und im vierten Jahrhundert mag noch das ein oder andere Mal eine Koryphäe einen Paian für eine bestimmte einmalige Gelegenheit gedichtet haben[1], aber es ist doch bezeichnend, daß der einzige uns bekannte Prominente, der nach Pindar und Bakchylides einen oder mehrere Paiane verfaßt hat, Sophokles ist (Pai. 32 Käppel), der eigentlich nicht vom Fach war; selbst was er dichtete, war für regelmäßige Benutzung im Kult gedacht, und was uns inschriftlich erhalten ist (ob es sich dabei um den berühmten Paian oder einen zweiten, weniger bekannten handelt, ist unsicher), sieht dem Lied des Isyllos ähnlicher als einem pindarischen Paian[2].

Statt der durch die oben[3] als charakteristisch für die großen Lyriker angeführten Elemente erzeugten komplexen Komposition finden wir die verhältnismäßig einfache und direkte religiöse Aussage.

Der Erythräische Paian gelangt zur Bitte um langes und gesundes Leben über die Erwähnung der Abstammung des Asklepios von Apollon, die Nennung seiner Frau mit dem sprechenden Namen Ἠπιόνα und die Aufzählung seiner Kinder, die teils aus dem Homer als Ärzte bekannt, zum Teil wie ihre Mutter durch sprechende Namen als einschlägige Potenzen erkennbar sind. Ebenso verfährt der in enger Anlehnung an den Erythräischen Paian arbeitende Makedonikos von Amphipolis (Pai. 41 Käppel). Der demselben Vorbild weit weniger sklavisch folgende Isyllos von Epidauros (Pai. 40 Käppel) verzichtet auf Frau

---

[1] Zur Einweihung des Tempels der Artemis sollen die Ephesier eine Konkurrenz für Hymnendichter veranstaltet haben, an der Timotheos teilnahm (PMG 778).

[2] Zu der früher einmal erwogenen Identifikation des Dichters des Pai. 41 Käppel mit dem Makedonios, der die Epigramme AP IX 275 und XI 27 und 39 verfaßt hat (vgl. A. S. F. Gow - D. L. Page, The Greek Anthology. The Garland of Philipp, vol. II, Cambridge 1968, S. 317 f.), besteht kein Anlaß mehr, seit klar ist, daß der Paiandichter nicht Makedonios, sondern Makedonikos heißt; vgl. o. S. 39[2].

[3] Vgl. S. 69.

und Kinder des Asklepios und gibt dafür die speziell epidaurische Version seiner Herkunft, was die Anrufung des Gottes nicht nur als Spender der Gesundheit, sondern auch als Stadtgott vorbereitet.

Zur Charakterisierung des Paians des Aristonoos (Pai. 42 Käppel) ließe sich nur wiederholen, was o. S. 72 gesagt ist.

Bei Philodamos (Pai. 39 Käppel) finden wir die unten noch zu besprechende[1], zwar für den gegebenen Zweck radikal zurechtgeschnittene, aber ohne Umschweife erzählte Lebensgeschichte des Gottes, im zweiten Teil das fast verlautbarungsartige Eingehen auf die Neuerungen im delphischen Kult.

Der Paian des Limenios (Pai. 46 Käppel) aus dem zweiten Jahrhundert handelt nach einem episch - hymnischen Musenanruf (einen solchen hat er immerhin und ist auch sonst aufwendiger gestaltet als die anderen hier angeführten Lieder; er ist auch möglicherweise zu einmaliger Aufführung, jedenfalls aber zu einer pompösen Erstaufführung und nicht zu regelmäßiger Wiederholung in kurzen Abständen bestimmt[2]) von der Geburt des Gottes auf Delos und erzählt

---

[1] Vgl. u. S. 78 ff.

[2] Jedenfalls wurde zu seiner Aufführung bei der Pythais 128/7 eigens ein großer Technitenchor aus Athen nach Delphi geschickt, und die darüber berichtende Ehreninschrift für den an dieser Feier maßgeblich beteiligten Verband leitet die namentliche Aufzählung der Choreuten mit der Bezeichnung οἱ ᾀσόμενοι τὸν παιᾶνα ein. Die Aufführung des jedenfalls zu dieser Feier gedichteten Paians scheint ein Großereignis gewesen zu sein.

Die Pythais hatte zuvor das letzte und seit Jahrhunderten einzige Mal zehn Jahre früher stattgefunden, danach, so weit wir wissen, erst wieder 106/5. Dann ist sie noch einmal für das Jahr 98/7 bezeugt, und zu dieser Zeit beabsichtigte man offenbar, einen achtjährigen Rhythmus zu etablieren (Syll.^{3} 711, 8; die Inschrift bezieht sich höchstwahrscheinlich nicht, wie in der Sylloge angenommen, auf die Pythais von 106/5, sondern auf die des Jahre 98/7, vgl. St. V. Tracy, The Lettering of an Athenian mason, Hesp. Suppl. XV, Princeton, N. J. 1975, S. 64, womit sich denn auch die in der Syll. in Anm. 33 besprochene Schwierigkeit erledigt). Zuvor aber war die Pythais eine unregelmäßige Veranstaltung und jedenfalls eine, vor deren Wiederholung man mit langen Intervallen rechnete. Ob der in der Technitenehrung anläßlich der vierten Pythais erwähnte πάτριος παιάν (Syll.^{3} 711, 12) der des Limenios ist (so Annie Bélis, S. 142, mit im Detail wenig überzeugender Argumentation, vgl. Verf., Delphische Paiane; Daux, S. 727, denkt an das Lied des Athenaios [Pai. 45 Käppel] oder das des Limenios oder sogar beide zusammen, indem er den Singular in Z. 12 der Inschrift mit dem Plural der Z. 21 für gleichbedeutend hält, wie er S. 725[2] auch den Singular Syll.^{3} 698, 9 sowohl auf das Lied des Limenios als auch auf das des Athenaios bezieht, was mir abwegig erscheint, vgl. Verf., Delphische Paiane), dessen Absingen dann doch obligatorisch geworden wäre, ist schwer zu sagen.

dann eine Episode in Athen, der Heimat der Techniten, anläßlich welcher zu seinen Ehren zum ersten Mal (oder zum ersten Mal in Athen) der Paianruf erklungen sein soll. Es folgen als Heldentaten des Gottes die Tötung der Pythonschlange, des Tityos und die Abwehr der Galater, woran sich, gut vorbereitet, die Bitte um Schutz Athens, der Delpher, der Techniten und der römischen Herrschaft anschließt[1].

Der zusammen mit dem Lied des Limenios auf der Südmauer des delphischen Athenerschatzhauses aufgezeichnete Paian des Athenaios (Pai. 45 Käppel)[2] beginnt ebenfalls mit einem Musenanruf. Der Technitenchor erwähnt dabei die mantische Funktion des Gottes, präsentiert sich als Vertreter Athens und beschreibt die gerade ablaufende Opferzeremonie. Bevor unser Text abbricht, ist, wie bei Limenios, noch von den Taten des Gottes, von der Erlegung der Schlange und von der Vertreibung der Gallier, die Rede. Wie das Lied zu Ende ging, können wir nicht mehr sagen.

In all diesen Gedichten ist der Mythos nicht der Argumentation zur Verfügung stehender Stoffvorrat oder für den Gebetszweck zugeschnittener Teil der Geschichte der betenden Gemeinde (ohne Überschneidung mit der Biographie des Gottes), sondern Geschichte des jeweiligen Kultes und seines Gottes. Der auf die Genealogie oder die Biographie des Gottes reduzierte Mythos bereitet die Bitte insofern wirkungsvoll vor, als ihre Erfüllung als sich unmittelbar aus dem Wesen des Gottes ergebend erscheint.

Das gilt auch für den auf Pap. Berol. 6870 (II./III. Jhd.) schlecht erhaltenen Paian 52 Heitsch[2] (Pai. 48 Käppel), für den zahllose Ergänzungsvorschläge gemacht worden sind, von denen keiner besonderen Anhalt hat (zudem ist unklar, welchen Umfang das Lied ursprünglich hatte). Soviel ist immerhin deutlich, daß in den wenigstens teilweise erhaltenen Zeilen von den Kultorten des Gottes, von der Führung der Musen und von der Tötung des Tityos die Rede war. Der Berliner Paian fügt sich damit gut zu den anderen hier angeführten Paianen.

Sie alle aber entsprechen in ihrer motivischen Armut und ihrer Konzentration auf die einfache und unmittelbare religiöse Aussage dem Bild, das die uns überlieferte lyrische Kultpoesie der Zeit nach dem Tode der Klassiker großenteils bietet[3].

---

[1] Zum Zusammenhang dieses Schlußteils mit dem voraufgehenden Text vgl. Verf., Delphische Paiane.

[2] Zum Namen des Dichters vgl. Bélis, S. 53 f. Zum Verhältnis beider Lieder zueinander vgl. Verf., Delphische Paiane.

[3] Vgl. Aristonoos, Ἑστία - Hymnus (Coll. Alex. p. 164); Kureten - Hymnos Coll. Alex. p. 160 sqq.; Hymnos an Pan (IG IV 1^2 130 = PMG 936); evtl. ließe sich auch der Romhymnus der Melinno (SH 541) hierherstellen, sollte er für den Kult bestimmt gewesen sein. Besonders weit geht der epidaurische Hymnos auf alle

Nimmt man diese Paiane zusammen und stellt ihnen die Paiane des Pindar und (wenn Bacch. c. 17 denn ein Paian ist) des Bakchylides als Sonderentwicklung gegenüber, so bleibt der literarisch anspruchslose Liedpaian weit davon entfernt, eine feste Form zu sein, wie es etwa in der Klassischen Musik die Sonate ist, aber er sollte doch homogener erscheinen als wenn man das Material ohne diese Sonderung mustert. Es hat den Anschein, als habe man unter dem Paian doch zu allen Zeiten in erster Linie ein Gedicht verstanden, das die von Käppel herausgearbeitete Funktion, soweit es an Apollon oder Asklepios gerichtet war, unter Rückgriff auf einen verhältnismäßig umgrenzten Vorrat von Themen und Motiven zu erfüllen suchte; war der Adressat ein anderer, so mag man sich analog im einschlägigen Sagenschatz bedient haben. Der Eindruck einer großen formalen Vielfalt entsteht maßgeblich durch die Freiheiten, die sich die großen Künstler herausnahmen, wenn sie beauftragt waren, einen Paian zu dichten.

Zu einer wirklichen Prägung der Gattung durch die Form reicht dies alles nicht.

III. b) Der Paian des Philodamos und seine Stellung in der Geschichte der Gattung

Wenden wir uns nun dem Paian des Philodamos zu, in dessen Gestalt der formal orientierte Paianbegriff in exemplarischer Weise praktisch wirksam sein soll.

Hauptadressat von an religiösen Festen aufgeführten poetisch gestalteten Paianen ist zu allen Zeiten, erst recht aber bis ins vierte Jahrhundert hinein, Apollon gewesen[1]. Bei dem Lied des Philodamos aber, das auf einer seit dem Ende des letzten Jahrhunderts in Delphi bruchstückweise entdeckten Inschrift zusammen mit einem Ehrendekret für den Dichter und seine Brüder in großen Teilen erhalten ist, handelt es sich um einen Paian an Dionysos; daran läßt der Liedtext keinen Zweifel, und das Dekret liefert die ausdrückliche Bestätigung. Der einzigartige Fund hat manchen zu eingehender Untersuchung gereizt, dennoch ist Käppel der erste, der sich an einer auf genauer Interpretation des ganzen erhaltenen Textes basierenden Gesamtdeutung versucht hat. Seine Vorgänger auf diesem Feld können als widerlegt betrachtet werden[2]. Knüpfen wir also an Käppel an und beginnen wir mit einem möglichst knappen Referat seiner Interpretation, die ganz im Zeichen der Frage nach dem Verhältnis zwischen der Gattung Paian und dem Adressaten des Liedes steht.

Götter IG IV 1^2 129 = PMG 937, der, soweit er erhalten ist, die einzelnen Gestalten jeweils nur mit einem Epitheton charakterisiert.

[1] Vgl. o. Abschnitt II. b.

[2] S. Käppel S. 211 - 218.

In den ersten vier Versen der ersten Strophe, so Käppel, werde beim Zuhörer die Erwartung geweckt, es handele sich bei dem folgenden Lied, ganz wie sonst bei Liedern auf diesen Gott, um einen Dithyrambos. Der Gott werde mit den geläufigen Attributen Βάκχος, Εὔιος, Ταῦρος[1] angerufen, die alle geeignet seien, das ekstatische Element seines Kultus zu evozieren. Besonders wichtig aber sei gleich im ersten Vers der Anruf des Dionysos als Διθύραμβος, mit dem Namen also, der gleichzeitig auch Gattungsbezeichnung des dem Gott normalerweise gewidmeten Liedes ist. Die Verwendung des Wortes an dieser Stelle müsse den Hörer auf die Erwartung führen, im folgenden einen Dithyrambos zu hören, daß also gewissermaßen alles in seinen gewohnten Bahnen laufen werde[2]. Es sei vorweggenommen, daß Käppel in der Enttäuschung dieser Erwartung das hauptsächliche literarische Mittel dieses Paians erblickt. Stutzig werde der Hörer bereits im fünften Vers, wenn das Meshymnion erklinge, der kurze Refrain, der in jeder der folgenden elf Strophen jeweils im fünften Vers wiederholt wird. Nach dem typischen Dionysosruf εὐοῖ folge in ὦ ἰὸ Βάκχ', ὦ ἰὲ Παιάν eine sehr überraschende Verbindung zweier eigentlich unvereinbarer Elemente. In deutlicher Parallelität seien die beiden bisher in strikter Trennung dem Paian bzw. dem Dithyrambos zugeordneten Anrufe ἰὲ Παιάν und ἰὸ (vor Philodamos nach Käppels Vermutung stets ἰὼ[3]) Βάκχε miteinander verbunden und beide an Dionysos gerichtet. Der Hörer, der der Aufführung eines Dithyrambos beizuwohnen glaube, müsse dadurch in Verwirrung gestürzt werden. Dionysos werde mit ἰὲ Παιάν plötzlich nicht nur *wie* Apollon angerufen, sondern gewissermaßen *als* Apollon, da ihm ja dessen Kultname beigelegt sei[4]. Die in der zweiten Hälfte der ersten Strophe (V. 6 - 10) sich anschließende Schilderung der Geburt des Dionysos in Theben weiche in der auffälligsten Weise von der Vulgata des Mythos ab. Die etwas anrüchigen Umstände, der Blitztod der schwangeren Mutter und das Austragen des Fötus im Schenkel des Zeus sowie die Rettung des Neugeborenen vor der eifersüchtigen Hera, seien übergangen, und die Geburtsgeschichte deutlich in Anlehnung an die des Apollon umstilisiert. Die Mutter ist nicht wie sonst Semele, sondern Θυώνη genannt, mit einem Namen, den sie nach Auskunft verschiedener antiker Autoren erhalten haben soll, als sie der Sohn aus dem Hades hinauf auf den Olymp brachte und die ursprünglich Sterbliche zur Göttin erhob. Ferner sei sie mit dem Epitheton καλλίπαις versehen, das sonst in erster Linie Leto, Apollons und seiner Schwester Artemis Mutter,

---

[1] Ε[ὔιε, Ταῦρε κ]ι̣σ̣σ̣οχαῖτα ist in V. 2 f. von Weil und Vollgraff ziemlich sicher ergänzt, vgl. Käppel, S. 222 m. Anm. 65.

[2] Käppel S. 222 - 224.

[3] Vgl. Käppel S. 225 m. Anm. 80; frühere Editoren (Powell, Diehl) hatten ὦ 'Ιόβακχ' geschrieben, und daß ἰό für sich allein sonst nicht belegt ist, bleibt doch beunruhigend.

[4] Käppel S. 225 f.

ziere. Ebenfalls am Vorbild des apollinischen Mythos orientiert sei die Schilderung der Reaktion der Götter und Menschen auf das freudige Ereignis, verpflichtet besonders dem Vorbild des homerischen Apollonhymnus[1]. Das den Abschluß der ersten Strophe bildende Ephymnion enthalte in großer Dichte formale Elemente, die in den Paianen des fünften und vierten Jahrhunderts wichtig waren, so vor allem den Anruf ἰὲ Παιάν, die Bitte um Schutz und Wohlfahrt usw. Der Hörer sehe sich nun in seiner Erwartung, einen Dithyrambos zu hören, endgültig getäuscht. Dieser Entwicklung im Verhältnis zur Gattungserwartung des Hörers entspreche eine solche unter dem Gesichtspunkt des religiösen Inhalts. Dem wild - ekstatischen Dionysos der ersten Strophenhälfte stehe in der zweiten ein apollinischer Dionysos, gewissermaßen ein neuer Apoll, gegenüber. War dem Dionysos der ersten Hälfte ein Dithyrambos angemessen, verdient es der apollinisierte Gott der zweiten, mit einem Paian geehrt zu werden[2]. Mit dieser Strophe sei das eigentliche Thema des Liedes exponiert, und die Spannung zwischen dem Dionysos des Dithyrambos und dem apollinisierten Dionysos, dem man den Paian singt, werde das Gedicht bis zu seinem Ende bestimmen[3]. Eine vergleichbare Teilung sei auch in der folgenden Strophe zu beobachten, in der beschrieben wird, wie man an verschiedenen Orten auf das Erscheinen des Gottes reagiert. Die erste Hälfte, also der Teil vor dem Meshymnion, schildere dies unter Verwendung des Wortes ἀναβακχιάζειν ganz im Sinne dionysischer Ekstase, die zweite aber, in der es nach Delphi geht, verzichte auf dergleichen. Der Tanz in Delphi ist ein χορεύειν, kein βακχεύειν, und bei der Epiphanie des Dionysos auf dem Parnass bei Delphi ist der neutrale Ausdruck στῆναι gewählt. Eine apollinische Epiphanie hätte sich, so Käppel, genauso schildern lassen. Auch in dieser Strophe stünden also zwei Bilder des Gottes nebeneinander. Allerdings seien sie nicht wie in der ersten Strophe in scharfen Kontrast zueinander gesetzt, es finde vielmehr ein gleitender Übergang statt, syntaktisch durch die Zusammenfassung beider Seiten in einer über das Meshymnion hinwegreichenden μὲν - δέ - Antithese, inhaltlich, indem die beiden Bilder sich nur durch Nuancen des Ausdrucks unterschieden. Der Zuhörer solle hier bemerken, daß sich eine Vermittlung zwischen den beiden vom Dichter entfalteten Dionysosvorstellungen anbahne. Die sich aufdrängende Frage, inwiefern denn der Gott ein dionysisches und ein apollinisches Wesen in sich vereinige, so daß man wie einen Dithyrambos, so auch (das erstaunliche Faktum der Gattungszugehörigkeit werde durch Meshymnion und Ephymnion ständig im Bewußtsein des Hörers gehalten) einen Paian an ihn richten könne, sei aller-

---

1 Käppel S. 226 - 230.

2 S. 236 behauptet Käppel geradezu, man gewinne in dieser Strophe "den Eindruck, zwei verschiedene Götter vor sich zu haben."

3 Käppel S. 231 f.

dings noch offen[1]. Diese Frage nun beantworte die dritte Strophe. Indem hier Dionysos mit Iakchos identifiziert sei, der die Mysten auf dem Weg zu den eleusinischen Mysterien zur `Errettung´ geleite, nehme er mit der σωτήρ - Eigenschaft eine wichtige Eigenschaft Apolls auf, und zwar gerade die, um derentwillen dieser Gott als Paian angerufen zu werden pflegt; das ekstatische, auch in Iakchos zutage tretende Element verbleibe ihm als mehr oder weniger äußerlicher Aspekt. Von der vierten Strophe ist so gut wie nichts erhalten, Käppel nimmt an, daß auch sie die Station `Eleusis´ behandelte und daß es von dort direkt nach Thessalien weiterging[2]. Bis hierhin sei klar, inwiefern Dionysos geeignet ist, zum Adressaten eines Bittgesangs wie eines Paians gemacht zu werden. Gesagt werden aber müsse noch, warum dies wirklich geschehe, warum er denn nun tatsächlich mit dem Lied des Apollon besungen werde, als sei er geradezu mit ihm identisch. Darüber werde der Zuhörer in der fünften Strophe aufgeklärt. Dort formieren sich, als Dionysos nach Pierien kommt, die Musen unter Führung Apolls zu einem Chor und besingen den Ankömmling als Paian. Die Leistung der Musen, Dionysos unter Leitung Apollons durch ihren Gesang zum Paian zu machen, entspreche der Leistung des Dichters, des Philodamos, der auf Befehl Apolls Dionysos durch seinen Paian, durch die Gattung des Liedes, das er ihm widmet, zum Paian mache. Die Vermittlung zwischen dithyrambischer Hörererwartung und tatsächlich aufgeführtem Paian sei hiermit vollendet, was zum Schluß auch darin sinnfällig werde, daß der Refrain (V. 63 - 65), der in den voraufgegangenen Strophen, soweit wir sehen können, stets unverbunden neben der erzählten Handlung stand, hier auch als Teil der Erzählung, nämlich als Refrain auch des Liedes der Musen, empfunden werden könne[3]. Die folgenden drei Strophen sind so stark zerstört, daß an eine Rekonstruktion nicht zu denken ist. Wo der Text wieder einsetzt, werden bis in die vorletzte, die elfte, Strophe hinein Weisungen Apolls, also des Orakels, an die Amphiktyonen referiert, die auf eine erhebliche Aufwertung des Dionysos im delphischen Kult und Festkalender hinauslaufen. Zu diesen Befehlen gehört die Aufführung des vorliegenden Liedes bei den im Frühjahr, herkömmlicherweise wohl ohne Beteiligung des Dionysos gefeierten Theoxenien und ein Opfer für diesen Gott bei demselben Fest, weiterhin die Einrichtung eines Dithyrambenagons bei den im vierjährigen Rhythmus gefeierten Pythischen Spielen, wiederum mit einem Opfer verbunden, sowie die Aufstellung eines prachtvollen Dionysosbildes mit Viergespann und die Einrichtung einer angemessenen Grotte für den Gott[4]. Strophe X fällt auf den ersten Blick durch die Seligpreisung der Generation, die dem Apoll einen Tempel baut, etwas aus dem Rahmen, aber Käppel integriert sie durch die

[1] Käppel S. 233 - 237.
[2] Käppel S. 243.
[3] Käppel S. 243 - 249.
[4] Käppel S. 252 - 258.

Annahme, daß es sich auch hier um eine zum μακαρισμός lediglich etwas umstilisierte Anweisung Apolls handele, Dionysos im Westgiebel seines zur Zeit der Aufführung unseres Paians im Bau befindlichen Tempels einen Platz zu geben und ihn dort als Διόνυσος κιθαρῳδός, also in einer Erscheinungsform seiner selbst, des Apollon, darzustellen[1]. Das Verhältnis dieser Anweisungen der Strophen IX - XI zu der ersten Hälfte des Gedichts denkt sich Käppel so: Wie Apoll Dionysos im ersten Teil zum Paian gemacht habe, so tue er desgleichen auch in der zweiten Gedichthälfte, indem er ihn sich im Rahmen seiner beiden Hauptfeste gleichstelle und ihn sich in Delphi sozusagen als Dublette seiner selbst an die Seite treten lasse[2]. Die letzte Strophe schließlich mit dem Aufruf an die Festgemeinde, den Gott aufzunehmen und anzurufen, setze am Ende mit der Anrufung des Gottes als ἄναξ ὑγιείας, also in einer wichtigen Funktion Apolls und einer, die in unmittelbarem Zusammenhang mit seinem Paiancharakter steht, den wirkungsvollen Schlußpunkt. Dionysos sei nun durch das Gedicht im umfassendsten Sinne Paian[3]. Der ganze erste Teil des Gedichts dreht sich nach Käppel um das Verhältnis zwischen dithyrambischer Hörererwartung und dem als Paian realisierten Lied. Die Düpierung jener Erwartung sei Pointe und ästhetisches Prinzip des Gedichts. Um diese Düpierung zu erreichen, bediene sich Philodamos in konzentrierter Form formaler Elemente, die aus früheren Paianen bekannt seien, vor allem des Paian - Anrufs und des ἰέ, daneben auch eines `dionysischen´ und eines `apollinischen´ Wortfeldes[4]. Dies stehe im Dienste einer pragmatischen Leistung, der von den in Delphi Verantwortlichen beabsichtigten Gleichstellung eines dem apollinischen Wesen assimilierten Dionysos an der heiligen Stätte.

Auf diese Weise sei das Gedicht des Philodamos der erste Zeuge eines neuen Gattungsbewußtseins, das die Form nicht mehr im wesentlichen aus der kultischen Funktion hervorgehen lasse, sondern die Gattung durch die Form selbst bestimmt sehe und darin sogar soweit gehe, die formal bestimmte Gattung zur Gestaltung kultischer Wirklichkeit einzusetzen. " ... in diesem Gedicht treibt nicht mehr die lebensweltliche Funktion ihre Form hervor, sondern umgekehrt gestaltet die Form (jetzt: = Gattung) aktiv die lebensweltliche, nicht - literarische Situation: Der Gott Dionysos wird zum Paian durch ein Gedicht der Gattung Paian"[5].

Die Käppel´sche Interpretation leidet, so fürchte ich, an einem πρῶτον ψεῦδος, das sie als ganzes unmöglich macht. Seine Beseitigung führt auf eine Deutung des Gedichtes, die es bei aller Einmaligkeit doch als Repräsentanten eines

---

[1] Käppel S. 258 - 268.

[2] Käppel S. 252 und 272 f.; weniger klar S. 279 unten.

[3] Käppel S. 268 - 270.

[4] Käppel S. 274 ff.

[5] Käppel S. 279.

Paianbegriffs erweisen wird, der dem oben für das fünfte Jahrhundert rekonstruierten durchaus entspricht.

Um diese falsche Voraussetzung zu erkennen, müssen wir einen genaueren Blick auf die IX. Strophe unseres Paians werfen. Dort wird V. 110 ff. im Katalog der Anweisungen Apolls auch der Befehl aufgeführt, dem Bruder, also Dionysos, das gerade gesungene Lied darzubringen:

δε[ῖξαι] δ' ἐγ ξενίοις ἐτεί-
οις θ[ε]ῶν ἱερῷ γένει συναίμῳ
τόνδ' ὕμνον, θυ[σ]ίαν τε φαί-
νει[ν] σὺν Ἑλλάδος ὀλβίας
πα[νδ]ήμοις ἱκετε[ί]αις.

Der Ausdruck ἐγ ξενίοις ἐτείοις θεῶν umschreibt poetisch die Festbezeichnung Θεοξένια[1]. Wie schon der Ausdruck deutlich macht, wurden an diesem Fest Götter bewirtet, die dazu am Orte erschienen[2]. Nach Pindar (Pind. Pae. 6 = fr. 52 f [Sn.-] M., 62 f.) opferte man für das Wohlergehen von ganz Griechenland, und wie aus den zitierten Versen des Philodamos hervorgeht, waren Festgesandtschaften aus ganz Griechenland zugegen. Ein mit dem Absingen eines Paians verbundenes Opfer für Apollon bezeugen Pindars sechster Paian (= fr. 52 f [Sn.-] M.) und Syll.[3] 450 (spätes 3. Jhd. v. Chr.). Dafür, daß die anderen beteiligten Götter eine eigene θυσία erhielten, spricht nichts. Sie bekommen etwas zu essen vorgesetzt und sollen sich am Tisch bedienen; sie nehmen also wie sonst Menschen am Opfermahl teil, das vermutlich mit dem Fleisch der θυσία bestritten wird. Hier nun aber wird, als Neuerung eingeführt, Dionysos als einem zweiten Gott eine θυσία dargebracht, und sie soll auf ausdrücklichen Befehl des Gottes wie diejenige des Apollon durch "dieses Lied", was nur heißen kann: durch einen Paian, begleitet werden. Es handelt sich um eine sensationelle Neuerung in der Festordnung. Das Orakel sollte allgemein bekannt gewesen sein. Hätte man dies aber aus unerfindlichen Gründen (dem Dichter Gelegenheit zu formalen Kunststücken zu geben, konnte ja wohl keiner sein) vermeiden wollen, bestand wenig Aussicht auf Geheimhaltung: Man denke nur an das Einüben des Chores, und eine Art `Tagesordnung´ muß es doch auch gegeben haben. Wir müssen also annehmen, daß jeder Hörer vor Beginn der Aufführung wußte, daß ihn ein Paian erwartete und daß dieser wie das mit ihm verbundene Opfer Dionysos galt. Die Hörer befinden sich also in der Gewißheit, und zwar in der, wie man meinen sollte, durch noch so geistvoll eingesetzte poetische Mittel nicht zu beeinträchtigenden Gewißheit, daß ihnen ein ungewöhnliches Ereignis bevorsteht, und können sich daher nicht, wie von Käppel angenommen, durch ein Stichwort (Διθύραμβε) und die Charakterisierung des Adressaten durch assoziationsträchtige Epiklesen in den ersten Versen in einer aufgrund tra-

---

1 Weil, S. 395; Käppel S. 210.

2 Vgl. Käppel, S. 209 f. mit Literatur.

ditioneller Erfahrung vorgefaßten Gattungserwartung bestätigt, auf einen Dithyrambos einrichten und sich dann wundern, daß das Lied sich zum Paian entwickelt, sondern müssen von vornherein alles unter der Voraussetzung aufnehmen, daß ihnen ein Paian an Dionysos zu Gehör gebracht werden soll. Dann aber bleibt ihnen beim Hören der ersten Verse nichts als das Staunen darüber, wie unbefangen sich Philodamos über die Gattungsproblematik hinwegsetzt und wie stark er das Dionysische im Dionysos hervorhebt.

Damit aber entfällt eine unentbehrliche Voraussetzung der Käppel'schen Deutung vom allmählichen Einanderannähern einer dionysisch - dithyrambisch geprägten Hörererwartung an die apollinische Wirklichkeit des Paians. Die Hörer erwarten von vornherein einen Paian und fragen sich lediglich, wie ein solcher auf Dionysos wohl aussehen könnte; vielleicht bewundern sie den Mut des Dichters, so anzufangen, wie er es tut.

Hinzu kommt, daß Käppel in seiner Bestreitung des dionysischen Charakters jeweils der zweiten Hälfte der Strophen I und II erheblich zu weit gegangen sein dürfte. Die Reaktion der Umwelt auf die Geburt des Gottes in der ersten Strophe erscheint doch recht dionysisch, so dionysisch wenigstens, daß es einem Publikum, dem bis dahin nur von Dionysos gesungen wurde und das den Geburtsort gerade noch εὔιαι Θῆβαι hat nennen hören, schwer werden dürfte, an Apollon zu denken. Es wird getanzt, und es tanzen nicht etwa nur die Menschen, sondern sogar die Götter, was alles andere als gewöhnlich ist[1]. Wie wichtig der Tanz im Dionysoskult ist, braucht nicht eigens gesagt zu werden, und von χορεύειν (Philodam. 8 f.) u. ä. ist auch in den "Bakchen" des Euripides ständig die Rede (V. 21; 114; 132; 184; 195; 205; 207; 220; 323; 379; 482; 511; 567; 680 ff.; 862; 1109; 1153), und immerhin Pindar benutzt das Verb im dionysischen Zusammenhang in seinem zweiten Dithyrambos (fr. 70 b, 22 [Sn.-] M.)[2]. Daß es gerade Apollons Mutter Leto ist, die öfter wegen ihrer prachtvollen Kinder gerühmt wird und die in einem anonymen Tragikerfragment (adesp. F 178 Sn. - K.) tatsächlich einmal καλλίπαις heißt[3], scheint mir nicht hinreichend, die Gedanken des Publikums, wenn es Philodam. 7 von der καλλίπαις Θυώνα hört, auf apollinische Assoziationen zu lenken. Ein Dichter, der einen Gott anfleht, kann nicht hoffen, bei der Gemeinde, in deren Namen er dies tut, komplexe Gedankengänge auszulösen, wenn er die Mutter des präsumptiven Heilsbringers so nennt. Auffällig bleiben in der Tat das Übergehen der Geschichte von der Schen-

---

1 Immerhin läßt Pindar in seiner Skizze olympischer Dionysien am Beginn seines zweiten Dithyrambos (fr. 70 b [Sn.-] M.) die Naiaden tanzen und darüber hinaus die Attribute einiger anderer Götter.

2 Käppel nimmt zum Gebrauch des Verbs in der ersten Strophe nicht Stellung, aber S. 235 (zur Verwendung des Verbs in V. 19 f.) nennt er es "`apollinisch - heiter' besetzt".

3 Käppel S. 228 f.

kelgeburt und der durch die Eifersucht Heras erschwerten Aufzucht des jungen Gottes und die Umstilisierung seiner Anfänge ins Glanzvolle[1], aber die traditionelle Geburtsgeschichte hätte zu dem künftigen σωτήρ[2], gleich ob apollinisch oder dionysisch stilisiert, schlecht gepaßt und ein Eingehen auf diese Details die Ausrichtung der Erzählung auf die fünfte Strophe erschwert[3]; die Hörer geradezu auf apollinische Assoziationen zu führen, reicht die Abweichung von der Vulgata des Mythos jedenfalls nicht aus[4].

Auch die zweite Strophe ist nicht etwa im Sinne Käppels in eine eher dionysisch und eine eher apollinisch gefärbte Hälfte geteilt. Der mit dem Einsetzen der Strophe beginnende Satz reicht, wie Käppel selbst hervorhebt, über das

---

1 Käppel S. 226 - 230.

2 Vgl. u. S. 85 und 87 f.

3 Vgl. u. S. 85 f.

4 Was die Erinnerung an den homerischen Apollonhymnus angeht, die Käppel (S. 229 f.) beim Zuhörer voraussetzt, so stimmt schon skeptisch, daß die vermeintlich einschlägigen Ausdrücke so weit über den Text des Hymnus verstreut sind, und wenn man sich die Stellen einzeln im jeweiligen Zusammenhang ansieht, zeigt sich, daß sie mit dem, was wir bei Philodamos finden, wenig zu tun haben. Die meisten beziehen sich auf die Freude, die die Geburt des Gottes weckt. Was aber hat Hymn. Hom. Ap. 25 (ὥς σε πρῶτον Λητὼ τέκε χάρμα βροτοῖσιν) im Hinblick auf die Nähe zur Schilderung bei Philodamos vor Hom. Ξ 325 (ἡ δὲ Διώνυσον Σεμέλη τέκε, χάρμα βροτοῖσιν) voraus, wo Käppel S. 229[103] von einem matten Beiwort spricht? V. 61 (χαῖρε δὲ Δῆλος) freut sich die Insel über das Angebot der Leto, Geburtsstätte und Heiligtum ihres Sohnes zu werden, nicht ohne daß die damit verbundenen wirtschaftlichen Vorteile zur Sprache kommen. V. 90 (Δῆλος μὲν μάλα χαῖρε γόνῳ ἑκάτοιο ἄνακτος) steht noch im gleichen Zusammenhang; nachdem die von der Insel vorgebrachten Bedenken beschwichtigt sind, wird man handelseinig; Apollon ist noch nicht geboren! Als es dann wirklich zur Entbindung kommt, fühlt sich die Erde unter der gebärenden Göttin freudig berührt (V. 118: μείδησε δὲ γαῖ' ὑπένερθεν), V. 125 (χαῖρε δὲ Λητώ) freut sich die Göttin selbst wie jede andere Mutter über ihr Neugeborenes, und die im Augenblick der Geburt selbst ausgebrachte ὀλολυγή der bei der Geburt anwesenden Göttinnen ließe sich auch auf eine rein menschliche Ebene übertragen (vgl. L. Deubner, Ololyge und Verwandtes, Abh. Ak. Berlin, phil. - hist. Kl., 1941, Nr. 1, S. 14 f. = ders., Kleine Schriften zur klassischen Altertumskunde, hrsg. von O. Deubner, Königstein/Taunus 1982, S. 620 f.); sie hat jedenfalls ihre Bedeutung in einem intimen Rahmen, nicht in einem kosmischen wie die Freude, von der Philodamos spricht. V. 194 ff. wird auf dem Olymp getanzt, aber das steht schon in keinem Zusammenhang mehr mit Apolls Geburt, und das Lied, zu dem getanzt wird (V. 189 - 193), hat zu ihr keinen Bezug; die Szene ist in der 'Biographie' des Gottes chronologisch gar nicht verankert; sie illustriert die Ausstrahlung des Musengottes, die auf dem Olymp jederzeit ihre Wirkung tut.

Meshymnion hinweg bis V. 20, die Antithese aber legt nahe, daß die Delpher mit ihrem χορεύειν (V. 19 f.) nichts wesentlich anderes taten als in V. 14 - 17 die Thebaner und die Bewohner der Talsenke von Orchomenos und die Euboias mit ihrem βακχιάζειν (über den Ausdruck χορεύειν an sich ist das Nötige bereits oben gesagt; als Kontrastausdruck zu βακχιάζειν taugt das Verb keinesfalls); auf die Delpher kommt der Sache nach alles an (entsprechend scheinen die V. 14 - 17 eine Art Priamel zu sein), und man sollte meinen, daß sie sich in ihrer Begeisterung von niemandem übertreffen ließen; mir scheint, es wäre geradezu peinlich, wenn sie nichts als einen gesetzten apollinischen Reigen zuwege gebracht hätten. Darauf, daß sie es an nichts fehlen ließen, weist das saftige ὑμνοβρυής, in dem übrigens mit βρύειν ein Verb steckt, das zum dionysischen Wesen der Sache nach paßt und sich in dionysischen Zusammenhängen auch tatsächlich findet (Eur. Bacch. 107; Timoth. PMG 780; Eub. fr. 56, 6 K.- A.; Hymn. Orph. 30, 4 und 53, 10; vgl. Ar. ran. 328)[1]. Was verschlägt es da, wenn das Hauptverb, mit dem die Ankunft des Gottes auf dem Parnass beschrieben ist (ἔστας), etwas abstrakt gehalten scheint? Es ist zusammenzunehmen mit ἀστερόεν [δ]έμας φαίνων, und die Majestät der göttlichen Epiphanie verträgt es ganz gut, daß der Ausdruck für einen Augenblick etwas Ruhe einkehren läßt; überdies: Daß die Δελφίδες κόραι auf dem Parnass in jedem zweiten Winter ekstatische Riten feiern, kann die Gemeinde nicht einen Augenblick vergessen.

Eine allmähliche Vermittlung zwischen dithyrambischer Hörererwartung und tatsächlich aufgeführtem Paian und die allmähliche Gewöhnung des Hörers an einen apollinisch umstilisierten Dionysos kann also nicht das Prinzip dieser ersten Strophen des Gedichtes sein.

Dann aber bleibt nichts als eine Erzählung, wie der Gott nach seiner Geburt, nicht ohne den Umweg über Delphi zu nehmen, nach Eleusis zieht und dort als Ἴακχος die 'Rettungstat' vollbringt, die schließlich von den Musen unter Führung des Παιάν schlechthin, Apollons, durch Besingen mit einem Paian belohnt wird. Die Tat von Eleusis belegt den σωτήρ - Charakter des Gottes und erklärt, ganz im Sinne des Käppel'schen Funktionsmodells, warum ihn die Musen in der fünften Strophe des Gedichts und auch der Chor, für den Philodamos dichtet, als Paian anrufen können.

Die für die Erzählung maßgeblichen Zusammenhänge fasse ich also ganz wie Käppel.

Für eine weitere 'Rettungstat' neben der in Eleusis bliebe, da der neue σωτήρ bereits in der fünften Strophe durch die Paianehrung in Pierien belohnt wird, nur die vierte Strophe. Hier müßte dann aber von einer weiteren Reiseetappe die Rede gewesen sein (Vorschläge in dieser Richtung macht Vollgraff 1924, S. 187), und damit

---

[1] Vgl. schon Vollgraff 1924, S. 114.

scheint sich das, was vom Strophenbeginn in V. 40 erhalten ist (... δὲ καὶ χοροῖς), schlecht zu vertragen; das dürfte sich eher auf eleusinische Festesfreude beziehen.

Das wirft nun wieder gewisse Schwierigkeiten auf, denn wie soll man die Begründung der neuen Stellung des delphischen Dionysos gerade und allein durch seine Identität mit dem eleusinischen Iakchos verstehen? Im dortigen Mysterienkult spielt Dionysos nach heute wohl allgemein geteilter Auffassung keine Rolle (vgl. Graf S. 53 f. und 65 f. und Mylonas, S.238; 276 - 278; 308 f.; 309[60] führt Mylonas die Worte des Philodamos auf eine "confused equation" zurück), und so ist an einen wirklichen religionspolitischen Anschluß nicht zu denken. Die Verwendung des eleusinischen Iakchos war also schwerlich bereits Teil des offiziellen Auftrags, den Philodamos erhielt, und die eleusinische Episode wird nicht mehr sein als ein Präzedenzfall, in dem Dionysos ein für allemal bewiesen hat, daß er σωτήρ - Eigenschaften haben kann. Uneingeschränkt überzeugend kann das kaum gewirkt haben, das mindeste aber, was wir annehmen müssen, ist, daß die Identität von Iakchos und Dionysos in der religiösen Vorstellungswelt des Publikums fest verwurzelt war; es kann sich nicht, wie Käppel, S. 238 f. unter Verweis auf die Darlegungen über das Verhältnis zwischen Iakchos und Dionysos bei Graf, S. 51 - 66 (der immerhin S. 51 einräumt, die Stelle mache "beinahe den Eindruck theologischer Normierung"), annimmt, bloß um eine Anknüpfung an eine "literarisch - künstlerische Tradition" handeln.

Auch mit dem frühesten literarischen Zeugnis für die Identifikation kommen wir unter dieser Voraussetzung besser zurecht, Soph. Ant. 1115 ff. In diesem Chorlied wird Dionysos als Beschützer Thebens nicht nur mit dem Namen Ἴακχος angerufen (V. 1152), sondern es wird geradezu gesagt, daß er μέδει ... παγκοίνοις Ἐλευσινίας Δηοῦς ἐν κόλποις (V. 1119 - 1121). Die Ἴακχος - Epiklese läßt sich im Sinne der in der Poesie immer üblichen Kombination ähnlicher Götterfiguren verstehen und neben Belege wie Soph. F 959 R. und Eur. Bacch. 725 f. stellen. Mit seinen Worten über Eleusis aber spricht sich der Chor der \`Antigone´ mit selbstverständlicher Bestimmtheit über einen wichtigen attischen Staatskult aus, auf attischer Bühne. Da fällt es schwer, an eine bloße Freiheit zu glauben, die sich dichterische Phantasie genommen hätte. In die gleiche Richtung weisen zahlreiche Darstellungen der bildenden Kunst des fünften und besonders des vierten Jahrhunderts, die Graf S. 59 - 65 bespricht. Graf scheint in der Übertragung dionysischer Ikonographie auf Iakchos ein individuelles künstlerisches Verfahren zu sehen, "zu dem [die Künstler] die religiöse Erfahrung der Iakchosprozession berechtigen konnte" (S. 63). Ist es nicht einfacher und plausibler, ein Eingehen auf Vorstellungen zu vermuten, die bereits allgemein durchgedrungen waren?

Möglicherweise wurde die Identifikation sogar von offizieller eleusinischer Seite gebilligt und war Teil der Selbstdarstellung des dortigen Kultes. Σ Ar. ran. 479 behauptet: ἐν τοῖς Ληναικοῖς ἀγῶσι τοῦ Διονύσου ὁ δᾳδοῦχος κατέχων λαμπάδα λέγει "καλεῖτε θεόν", καὶ οἱ ὑπακούοντες βοῶσι "Σεμελήι' Ἴακχε πλουτοδότα" (PMG 879, 1). Zur Erklärung des aristophanischen Verses, um den es dem Scholiasten geht, ist das unbrauchbar (vgl. die richtige Erklärung bei Dover zur Stelle), aber dies und der Umstand, daß die Quellen der Scholiastennotiz im Dunkeln liegen (P. Foucart, Les Mystères d'Eleusis, Paris 1914, S. 198), sind noch keine entscheidenden Gründe, der Nachricht den Glauben zu versagen, und spricht wirklich etwas dafür, in dieser Zeremonie eine "Auswirkung dichterischer Identifikation" zu sehen (Graf, S. 53[14])? Unklar bleibt natürlich, auf welche Zeit sie sich bezieht. Nicht ohne Interesse ist immerhin, daß die Lenäenfeier in aristotelischer Zeit in die Verantwortung der Epimeleten der eleusinischen Mysterien (und des Archon Basileus) fiel, unter denen immer ein Mitglied der Familien der Eumolpidai war und eines der Kerykes, die auch immer den eleusinischen δᾳδοῦχος stellten (Arist. resp. Athen. 57, 1; die Epimeleten erscheinen zuerst in dem von K. Clinton, A Law in the City Eleusinion Concerning the Mysteries, Hesperia 49, 1980, S. 258 - 288, dort S. 263, Z. 30 ff., publizierten Mysteriengesetz, das in die Mitte des vierten Jahrhunderts gehört [Clinton, op. cit., S. 272 f.]; daß ihr Amt mit diesem Gesetz geschaffen wurde und vorher nicht existierte, hält Clinton für unbeweisbar [S. 272], aber wahrscheinlich [S. 275 und 281]; im Zusammenhang mit den Lenäen erscheinen die Epimeleten auch IG II/III^2 1496, 74 sq.). Daß der in dem "Frösche" - Scholion beschriebene Ritus in dieselbe Zeit fällt wie die Verwaltung des Lenäenfestes durch die eleusinischen Epimeleten, ist weder zu beweisen noch mit besonderen Gründen zu bestreiten. Es ist also nicht mehr und nicht weniger als eine Möglichkeit, daß die Gleichsetzung des Iakchos mit Dionysos im vierten Jahrhundert von offizieller eleusinischer Seite praktiziert wurde. Mit dem Fehlen einschlägiger inschriftlicher Zeugnisse (unklare Ausnahmen aus der Römerzeit bei Graf S. 65 f.) schiene mir das nicht unvereinbar, auch nicht mit Strabo X 3, 10 p. 468 C. und Arr. anab. II 16, 3 (Graf S. 53 m. Anm. 16); beide Autoren, die ja nicht den gleichen Standpunkt vertreten, versuchen vielleicht nur, auf eigene Faust Ordnung in das synkretistische Durcheinander zu bringen. Die Rolle des Iakchos war recht eng beschränkt, und in dieser war er, weil aus dem Ruf hypostasiert, auch nicht durch Dionysos zu ersetzen. Warum sollte Iakchos, wenn er als Erscheinungsform des Dionysos galt, in den Inschriften (Inschriften, in denen Iakchos im Zusammenhang mit der Prozession erscheint, sind angeführt bei Graf, S. 54[17]) nicht mehr unter eigenem Namen firmieren?

In der Erzählung vom Weg des Dionysos über Delphi und Eleusis nach Pierien kommt, so sehr sich der Dichter auch des Neuerungscharakters seines Unterfangens bewußt ist, mit aller wünschenswerten Deutlichkeit zum Ausdruck, daß die Gattung der Funktion folgt. Daß letztere in unserem Falle durch Beschluß von Offiziellen neu geschaffen ist, ändert daran nichts.

Die eigentliche religiöse Funktion eines Paians, einen σωτήρ zu wohltätigem Handeln zu veranlassen, wird überdies im refrainartigen Ephymnion mit einer solchen Eindringlichkeit immer wieder ausgesprochen, daß man geradezu von einem Ostinato - Motiv sprechen könnte. Der Dichter läßt also auch im

Kompositionellen ein klares Bewußtsein von der religiösen Funktionsgebundenheit der Gattung erkennen.

Die starke Hervorhebung des Retteramtes sollte mit den Absichten der Amphiktyonen und der Priester übereingestimmt haben, und so muß die Umstilisierung des Dionysos zum σωτήρ der eigentliche Kern des Auftrags gewesen sein, den Philodamos mit diesem Gedicht erfüllte.

Daß es nicht in erster Linie darum ging, Dionysos den Paiancharakter als ausgesprochen apollinische Eigenschaft zu übertragen und ihn damit dem Hauptgott des Ortes zu assimilieren (so vor Käppel u. a. schon Weil, S. 397, und Vollgraff 1924, S. 198), zeigt auch die zweite Hälfte des Gedichts.

Strophe XI zufolge soll zu seinen Ehren im Rahmen der Pythischen Spiele ein Dithyrambenagon eingerichtet werden, also ein Wettbewerb gerade in dem Genos, das so traditionell dionysisch ist wie nur denkbar. Außerdem soll dem Gott eine Statue mit Löwen, also doch wohl einem Löwengespann, aufgestellt werden. Zunächst denkt man da an die Göttermutter, mit der verbunden Dionysos mehrmals in der Dichtung des fünften Jhds. erscheint (Pind. fr. 70 b [Sn.-] M., Aesch. F 57 R., Eur. Bacch. 72 - 82 mit der Anmerkung von Dodds, Hel. 1358 ff. mit Kannicht zu 1301 - 68, Bd. II, S. 331 f., und fr. 586 N.^{2}; Diog. Athen. 45 F 1 Sn. - K.), aber auch für Dionysos selbst ist ein Löwengespann bezeugt: Es findet sich bei Seneca, Oed. 424 f. und auf einem Sarkophag sowie auf einer Silberschale nachchristlicher Zeit (vgl. Töchterle zur Stelle, der auch andere Zugtiere von dionysischen Gespannen bespricht), dann bei Nonnos Dion. IX 160 f. und 182 (diese beiden Stellen bei Vollgraff 1927, S. 453[6]); die Verbindung eines Löwen mit einem Stier und einem Greifen in einem sonderbaren dionysischen Dreigespann auf einer attischen Pelike des vierten vorchristlichen Jhds. (LIMC s.v. Dionysos, Nr. 461) dürfte die Vorstellung eines reinen Löwengespanns voraussetzen und darf daher mit einem gewissen Vorbehalt als früher Beleg gelten. Apollinisch ist hieran jedenfalls nichts. Dionysos soll also in Delphi wesentliche Eigenschaften auch weiterhin behaupten und keineswegs ein zweiter Apollon werden; entsprechend trägt auch der Empfang, der dem Gott nach der Aufforderung der letzten Strophe bereitet werden soll, ein deutlich dionysisches Gepräge. Selbst wenn, was unten angezweifelt werden wird, tatsächlich in den V. 123 - 127 von der Darstellung des Dionysos im Typus des Apollon Kitharodos die Rede gewesen sein sollte, kann diese dort nur als *eine* der dem Gott zugedachten Ehrungen erschienen sein; der Aspekt der Assimilierung kam dann allein bei diesem Punkt des Programms zur Hebung der Stellung des Dionysos in Delphi hinzu.

Wie schon bei der Untersuchung der poetischen Mittel zeigt sich also auch unter inhaltlichem Gesichtspunkt, daß eine Umstilisierung des Dionysos zu einem zweiten Apollon nicht der Grundgedanke des Philodamos - Paians sein kann. Die σωτήρ - Funktion soll ihm zuwachsen, ohne daß viel von seinem ursprünglichen Charakter verloren geht.

Was die delphischen Verantwortlichen zu der Neuerung bewogen hat, ist eine Frage, die wir, so wichtig das für ein wirkliches Verständnis des Liedes und der damaligen Ereignisse wäre (es ginge dabei nicht so sehr um die `kommunikative Situation´, auf die Käppel, S. 209 - 211, so großen Wert legt, sondern eher um äußerliche, religionspolitische und institutionelle Aspekte), nicht beantworten können.

Besonders der innere Zusammenhang zwischen den im zweiten Teil des Paians erwähnten Ehrungen für Dionysos und seiner Stilisierung als σωτήρ in der delphischen Wirklichkeit und im ersten Teil des Gedichts ist äußerst problematisch, nachdem mit Käppels These von dem Versuch, Dionysos dem Hauptgott des Ortes zu assimilieren, auch die Verbindung hinfällig ist, die er zwischen beiden Teilen herzustellen suchte (vgl. o. S. 83 - 85 und 88).

Eine abgerundete Analyse des gedanklichen Aufbaus des Paians würde wahrscheinlich erst dann möglich, wenn die Überlieferungslücken in den Strophen VI - VIII wenigstens teilweise geschlossen würden. Bis dahin lassen sich nur mehr oder weniger kühne Vermutungen anstellen. Die Hauptschwierigkeiten liegen in der Begründung des σωτήρ - Charakters des Dionysos durch die `Rettungstat´ von Eleusis (das ist o. S. 86 f. besprochen), in dem Verhältnis der Strophen IX - XI zu I - V sowie in der damit verbundenen Deutung der Strophe X und in der Frage, welchen Sinn wir einer Anrufung des Gottes als ἄναξ ὑγιείας in V. 153 abgewinnen können.

Beginnen wir mit dem letzten Problem. Ein für die Gesundheit zuständiger Dionysos ist an sich nicht singulär: Pausanias sah etwa ein halbes Jahrtausend nach Philodamos in der Nachbarschaft Delphis, in Amphikleia, ein Orakelheiligtum des Dionysos, in dem nach Auskunft seiner lokalen Gewährsmänner Kranken δι' ὀνειράτων geholfen wurde (X 33, 11). Außerdem soll (darauf verweist schon Vollgraff 1927, S. 459 f.) der Arzt Mnesitheos (fr. 42 Bertier), wahrscheinlich ein ungefährer Zeitgenosse des Philodamos (Deichgräber, RE s.v. Mnesitheos Nr. 3, Bd. XV 2, 1932, Sp. 2281 - 2284), gesagt haben, die Pythia habe einmal den Athenern geraten, den Dionysos als ἰατρός zu ehren (Athen. I 22 e; vgl. II 36 b und K.- A. zu fr. com. adesp. 101), worin allerdings nicht mehr als ein Bezug auf orac. 414 P.- W. zu liegen braucht. Bei Philodamos aber kommt ein Anruf als ἄναξ ὑγιείας kurz vor Schluß des Gedichtes ziemlich überraschend, jedenfalls dann, wenn man nicht annehmen will, daß in den Strophen VI - VIII näher auf dieses neue Ressort eingegangen war. Wir sollten zumindest mit der Möglichkeit rechnen, daß der Genitiv ὑγιείας nicht von ἄναξ, sondern von irgendeinem anderen Ausdruck abhängig war. Überdies darf man nicht vergessen, daß der letzte Buchstabe von ἄ]ναξ unsicher gelesen ist; Diehl erwog τερπ]νᾶ[ς oder κοι]νᾶ[ς. Um Gesundheit anflehen kann man einen Παιάν immer, auch wenn man ihn nicht geradezu zum ἄναξ ὑγιείας macht.

Das Verhältnis der Strophen IX - XI zu den Strophen I - V ist, solange den Resten der Strophen VI - VIII so gut wie nichts zu entnehmen ist und auch in der zweiten Hälfte der zehnten Strophe wichtige Worte fehlen, nicht sicher zu bestimmen. Wenn wir dennoch einen Versuch machen wollen, gehen wir am besten von Strophe X aus.

Käppel behauptet, der Makarismos der Verse 118 ff. stehe für eine weitere Anweisung des Orakels, wie sie V. 110 ff. und 131 ff. mit Verben des Befehlens und abhängiger Infinitivkonstruktion ausdrücklich formuliert sind, hier aber "aus dem Munde des Paian - Ichs in der Form der Seligpreisung ... gleichsam empfohlen" werde (S. 267), bezieht in partiellem Anschluß an R. Vallois, Les strophes mutilées du péan de Philodamos, BCH 55 (1931) S. 241 - 364, dort S. 339 ff., die Verse 123 - 127 auf die Darstellung des Dionysos im Westgiebel des im Bau befindlichen Apollontempels, die er als Teil der Ehrungen auffaßt, die dem neuen σωτῆρ in V. 110 - 114 und 131 - 140 in Aussicht gestellt werden, und macht zwei dazu passende Ergänzungsvorschläge für die Lücken in V. 124. Zugunsten seiner Deutung führt Käppel eine ganze Reihe guter und geistvoller Argumente an; dennoch wirft sie auch einige erhebliche Schwierigkeiten auf. Das Ansinnen, den Makarismos in die Reihe der von Apoll befohlenen Ehrungen zu integrieren, hätte den Hörern einiges zugemutet. Die von Käppel (S. 267) angeführte Parallele Hes. op. et dies 826 f. ändert daran nichts, denn dort geht die Seligpreisung von demselben Sprecher aus, der auch zuvor Anweisungen gegeben hat. Das versteht man sofort; bei Philodamos kann man sich nur fragen, warum er zwischen zwei verständlich referierten Anweisungen Apolls einen Makarismos hätte einschieben sollen, dessen eigentlicher Sinn etwa "laßt uns gemäß dem (noch nicht erwähnten; vgl. u.) Befehl Apollons einen Tempel bauen ..." gelautet und vom Hörer aufwendige Gedankenarbeit verlangt hätte. Was Käppels Ergänzungen (S. 265) betrifft (Πα[ιᾶν' ἔνθα θεὸ]ν θεαὶ 'γκυκλοῦ[νται] oder Πα[ιᾶν' ᾇ σε θεὸ]ν θεαὶ 'γκυκλοῦ[νται]), so muß man sich bei dem ersten Vorschlag fragen, wer das, ohne nach dem Meshymnion in Grübeln zu versinken, sogleich auf Dionysos und nicht auf Apollon beziehen soll; der zweite Versuch mit persönlicher Anrede macht Παιᾶν' zum Prädikativum, und als solches verbindet sich das Wort nicht eben leicht mit ἐγκυκλεῖσθαι. "Jemanden als Paian umringen" könnte man, wenn die Stelle für sich stünde, überhaupt nicht sagen; der Vorgang von Strophe V läßt es immerhin nicht ganz unmöglich erscheinen, aber die erforderliche Assoziation wird durch das unspezifische θεαί nicht gestützt. Hinzu kommt, daß in der Fortführung der Reihe der Kultanweisungen in V. 131 ff. dem regierenden Verb ein ausdrücklich benanntes Subjekt fehlt; das stört denn doch, wenn in der zweiten Hälfte der zehnten Strophe von Dionysos die Rede war, und wenn Käppel mit der Annahme eines abrupten Wechsels in der Sprechhaltung doch recht haben sollte, stört es nur um so mehr. Geradezu unmöglich scheint auch das nicht, aber viel glatter wäre es doch wohl, wenn der Hörer in den Versen 123 ff. die Verbindung zu Apollon nicht ganz verloren hätte. Ein weiterer Einwand ergibt sich unter der unbeweisbaren, von Käppel (S. 256 f.) aber zu Recht als wahrscheinlich akzeptierten Voraussetzung, daß sich der Ausdruck πρᾶξις in V. 105 nicht allein, aber doch vor allem auf die Fertigstellung des Tempels beziehe. Davon wäre dann in der voraufgehenden Strophe oder schon länger die Rede gewesen, und unter diesen Umständen wundert man sich, warum der Tempel in der ersten Hälfte von Strophe X noch einmal so einläßlich charakterisiert ist, bevor der Dichter zum Eigentlichen kommt.

So kommt gegen Ergänzungen und Deutung eine ganze Reihe von Einwänden zusammen, die die Einreihung des μακαρισμός unter die Anweisungen Apollons zweifelhaft machen und die ja nur vermutungsweise vorgenommene Beziehung der Strophe auf Dionysos keineswegs als glatte Lösung der Probleme erscheinen lassen, so gut sie auch zu der Angabe des Pausanias über die Präsenz des Dionysos im Westgiebel und zu der archäologischen Entdeckung paßt, daß Dionysos dort im Typus des Apollon Κιθαρῳδός dargestellt war.

Daher ist es vielleicht erlaubt, mit allem Vorbehalt folgende Hypothese vorzutragen: Möglicherweise wurde in den Strophen VI - VIII dargestellt, wie der Orakelspruch in einer breit angelegten Generalanweisung an die delphischen Verantwortlichen die Neustilisierung des Dionysos und die Hebung seiner Stellung am Ort mit dem Wunsch, man möge mit dem Tempelbau zum Abschluß kommen, verband. Dabei könnte die Aufnahme des Dionysos in den Giebel oder gar die seines Grabes in die Cella eine Rolle gespielt haben. Strophe X könnte dann den Abschluß dieses dem Neubau gewidmeten Gedankenfadens bilden: Der Chor als Repräsentant Delphis bekundete, daß der Auftrag angenommen wird. In diesem Fall wäre der Wechsel der Sprechhaltung ohne weiteres gerechtfertigt, und auch das nähere Eingehen auf die Eigenschaften des Tempels macht keine Schwierigkeiten mehr. Was erklärt werden muß, ist die Stellung der Strophe zwischen den an Dionysos gerichteten Ehrungen in den Strophen IX und XI. Diese Ehrungen aber müssen im Gedicht nicht notwendigerweise als Reihe zusammengehören. Der Paian, mit dem das Opfer unmittelbar zusammengehört, erfüllt einerseits selbst einen Teil der Forderungen des Orakels, bietet aber andererseits auch die Gelegenheit, sie bekanntzugeben, und kann daher plausibel am Ende der Wiedergabe des Hauptinhalts des Spruches erwähnt werden, wie (der Vergleich sei erlaubt) oft die Anweisung zur Aufstellung einer Inschrift am Ende eines Dekretes steht. Der Chor spricht nun in Strophe X den Herzenswunsch aus, dem hauptsächlichen Befehl des Gottes nachzukommen, und trägt dann nach, was dieser im einzelnen noch zugunsten des Dionysos verfügt hatte. Ein Vorteil des Arrangements läge darin, daß der Chor in Strophe IX, wo der Gott ja sieht, daß ein Teil der Anordnungen schon ausgeführt wird, und in Strophe X eine Erfüllungsbereitschaft bekundete, die der Hörer, unterstützt durch das Meshymnion, das ihn den Adressaten des Liedes nicht aus den Augen verlieren läßt, leicht auf die in der Folge nachgeschobenen (doch wohl noch nicht in die Tat umgesetzten) Verfügungen übertragen könnte. Diese sind ja wohl zu dem Zwecke wiedergegeben, als zusätzliche Argumente zu dienen, die den σωτήρ dazu bestimmen sollen, sich Delphis anzunehmen, Argumente, wie sie außerdem in der Autorität Apollons, der das Paiansingen veranlaßt hat, und in der delphischen Reiseetappe des Dionysos in Strophe II vorliegen, die ihm die alte Beziehung zum Ort vor Augen rückt. Strophe X ließe sich auf diese Weise an ihrem Platz sowohl bei ausschließlichem Bezug auf Apollon rechtfertigen als auch unter der Annahme, in der zweiten Hälfte sei (allerdings unter Rückgriff auf etwas in den Strophen VI - VIII Gesagtes) von Dionysos die Rede gewesen; zu bedenken bleibt allerdings die oben hervorgehobene Schwierigkeit, daß ἔταξε nicht leicht mit einem Subjekt zu verbinden ist, und eine Ergänzung, die in V. 124 den Bezug auf Dionysos sogleich deutlich macht, müßte erst noch gefunden werden.

Danach spricht nichts für die Annahme, daß dem Publikum, als ihm Opfer und Paian an Dionysos angekündigt wurden, nicht klar war, daß ihm Dionysos in einer neuen Eigenschaft präsentiert werden würde, daß es über diese Umstilisierung nicht mindestens ebenso staunte wie darüber, daß man sich an Dionysos mit einem Paian wende, und daß es den Zusammenhang zwischen beidem nicht mit der größten Selbstverständlichkeit durchschaute.

Davon, daß Dionysos mit formalen poetischen Mitteln zum Paian gemacht werde, kann also nicht die Rede sein. Der Paian wird an Dionysos gerichtet, weil die zuständigen Stellen beschlossen haben, den Gott in einer neuen Rolle, nämlich der als σωτῆρ, zu etablieren, und wenn das Gedicht, wie zu vermuten ist, einen wesentlichen Beitrag dazu leisten sollte, so tut es das zunächst dadurch, daß es über die neue Rolle des Gottes explizit räsoniert, also durch den Inhalt und die Gedankenführung des Textes. Das Gedicht ist damit vor allem ein Zeugnis für die Vorstellung, daß die Gattung der Funktion folgt, und daß man einen Paian nur an einen σωτῆρ oder einen präsumptiven σωτῆρ richtet. Was die formalen Elemente betrifft, die Verwendung des Paianrufs im Meshymnion und der Paianepiklese und des ἰή - Rufs im Ephymnion jeder Strophe, so hindert uns nichts anzunehmen, daß der Dichter dem Publikum lieferte, was es, als es erfuhr, daß ein neuer σωτῆρ mit einem Paian angesungen werden sollte, nicht anders als im fünften Jahrhundert bei einem apollinischen Paian erwartete, und Käppel ist nur insofern entgegenzukommen, daß tatsächlich die recht dichte Verwendung dieser Elemente sich aus dem Bestreben ergeben haben wird, den dem Gott neu zugewiesenen Charakter dadurch zu unterstreichen, daß die Zugehörigkeit des Liedes zur Gattung Paian ständig im Bewußtsein der an die Neuerung noch nicht recht gewöhnten Hörer gehalten wurde. Insofern ist in der Tat die Form auch Mittel zur Gestaltung der religiösen Realität, aber doch nur ein zusätzliches Hilfsmittel.

Was die literaturgeschichtliche Bedeutung des Philodamos angeht, so scheint mir Käppel zu weit zu gehen, wenn er über den Dionysospaian schreibt: "Er steht ... gattungsgeschichtlich wie allgemein literaturgeschichtlich an der Schwelle zu einer neuen Epoche, jener Epoche, die im Bereich der Literatur die literarische Form als Mittel ästhetischer Gestaltung endgültig begriffen hat und vor die Bedürfnisse lebensweltlicher Funktionen setzt: Der Paian des Philodamos stellt wohl eine der lehrreichsten Gelenkstellen zwischen der Literatur des Klassischen Griechenland und der des Hellenismus dar." Philodamos hat sich einer neuartigen und vielleicht einmaligen Aufgabe mit Erfindungsreichtum entledigt, gewiß, aber er ist kein Vorkämpfer einer sich über die Bedürfnisse ihres Lebensrahmens erhebenden autonomen Poesie, sondern ein Dichter, der seine Aufgabe darin gesehen hat, auf eine eng umgrenzte, gewissermaßen durch politische Entscheidung herbeigeführte Änderung der religiösen Verhältnisse durch Adaption seiner künstlerischen Mittel zu reagieren.

Als Zeugnis für einen rein formal geprägten Begriff von der Gattung Paian scheint mir sein Lied ungeeignet.

Mit der Ausbildung eines formal geprägten Gattungsbewußtseins und seinem Niederschlag in den Texten rechnet Käppel (Rez. Zimmermann, Dithyrambos, Gn 68, 1996, S. 584) auch für den Dithyrambos des späten fünften und des vierten Jahrhunderts. Indiz ist ihm das mehrfache Erscheinen dionysischer Motive (Weingenuß und Eingehen auf die Aulosmusik) in lyrischen Fragmenten von Dichtern dieser Zeit, aus denen Zimmermann "auf ein durchgängig dionysisches Gepräge" des Neuen Dithyrambos geschlossen habe. Käppels Deutung dieser Eigenschaft der Gattung lautet: "Die dionysischen Themen repräsentieren nichts anderes als den ehemals funktionalen Kontext als formales `Zitat´ zur formalen Herstellung der Gattungskontinuität. Deshalb sind sie so `stereotyp´. Hatte zuvor der `Sitz im Leben´ die Gattung konstituiert, wird nun offenbar durch ein formales Signal der Gattungsanschluß hergestellt."

Hier sind einige Einwände angebracht: Zimmermann (Dithyrambos, S. 129 m. Anm. 1) stellt zwar fest, "daß Dionysisches in größerem Umfang vorgekommen sein muß", schränkt aber sogleich ein, daß über "die Gewichtung dionysischer Themen im Gesamtzusammenhang eines Dithyrambos" keine Aussage möglich sei und stellt S. 130 Timoth. fr. 4 (PMG 780) in den Zusammenhang der im Anschluß an Homer gestalteten Handlung. Vor allem aber verweist er zu Recht darauf, daß wir in der Auswahl der einschlägigen Zeugnisse ganz von Athenaeus und seinen Interessen abhängen: die acht oder neun Fragmente, auf denen alles beruht (drei bzw. vier, nämlich PMG 760; 761; 780; 744 [Ion, erscheint bei Zimmermann nur als Parallele], betreffen den Wein, fünf die Flötenmusik: PMG 708; 758; 805; 806; 810), stammen alle aus seinem Werk.

Die Unsicherheit wird noch größer dadurch, daß buchstäblich keines dieser Fragmente in der Überlieferung als Teil eines Dithyrambos bezeichnet wird und wir wohl nur PMG 708 (dieses Pratinasfragment [= TrGF 4 F 3] haben Lloyd - Jones, S. 227 - 230 [urspr. 1966] und Zimmermann, Pratinasfragment, *passim*, in den Zusammenhang des Neuen Dithyrambos gerückt; sollte es sich, wie von Zimmermann auf S. 153 seines Aufsatzes erwogen, um eine Fälschung handeln, fällt dieses Zeugnis auch noch fort) und 805 mit einiger Zuversicht diesem Genos zuweisen können. Bei den anderen Fragmenten könnte es an sich naheliegen, aus den Themen auf die Gattung zu schließen, aber da besteht die Gefahr, daß die jeweils auf uns gekommenen Worte eng in einen gar nicht besonders dionysischen Zusammenhang eingebettet waren, den wir nicht mehr kennen; zur Vorsicht mahnen muß auch das Telestesfragment 4 (PMG 808), Verse , die nun tatsächlich aus einem Dithyrambos zitiert sind und ausgerechnet von der Magadis handeln, einem Saiteninstrument ganz ohne dionysische Assoziationen. (Pickard - Cambridge ist hinsichtlich der Gattungszugehörigkeit der Fragmente des Melanippides [DTC[1] S. 56 ff. = DTC[2] S. 41 f.] und des Timotheos [S. 49] sehr viel zurückhaltender als Zimmermann; nur bei Telestes legt er sich auf Dithyramben fest [DTC[1] S. 70 f. = DTC[2] S. 52 f.]; vorsichtig auch M. J. H. van der Weiden, The Dithyrambs of Pindar. Introduction, text and commentary, Amsterdam 1991, S. 17 f.) Die Materialbasis ist also von vornherein außerordentlich schmal.

Außerdem ist fraglich, ob man wirklich von Stereotypen sprechen darf. PMG 780 hat Zimmermann in den Zusammenhang der Trinkszene der homerischen Kyklopie gestellt. Über den ursprünglichen Platz von PMG 761 läßt sich nicht einmal spekulieren, besondere Ähnlichkeit aber besteht weder zu PMG 780 noch zu 760, wo man sich vorstellen kann, daß es im größeren Zusammenhang um den Wein und seine Einführung ging. Der Preis des Getränks bei Ion PMG 744 klingt wieder ganz anders. Erklärt sich die Häufung solcher Stellen unter unseren Dithyrambenzeugnissen nicht wirklich am einfachsten aus der Überlieferung durch Athenaeus? Was die Flötenmusik betrifft, hat PMG 758 im Μαρσύας des Melanippides seinen natürlichen Platz in der Erzählung; daß der Komponist in diesem Stück implizit über seine musikalischen Bestrebungen theoretisierte, ist möglich, aber unbeweisbar. Direkt programmatisch äußern sich Telestes in PMG 805 und Pratinas, beide in Partien von wesentlichem Umfang, die man sich in der Anfangs- oder Schlußpartie eines Dithyrambus denken könnte; daß es sich hier um Versatzstücke handeln sollte, ist kaum denkbar. Ähnlich hat man wohl auch PMG 810 einzuordnen, ein Fragment aus einem unbekannten Lied des Telestes. Über den ursprünglichen Zusammenhang von PMG 806 aus dem 'Ασκληπιός des Telestes macht man wohl besser keine Hypothesen. Der stereotype Charakter ist weder für die eine noch für die andere Gruppe von Fragmenten zu erweisen.

Nicht für die Annahme, das Dionysische habe im Neuen Dithyrambos im großen Maßstab seine Wiedergeburt erlebt, spricht im übrigen die Haltung der Alexandriner. Selbst wenn man nämlich den in ihrer Ausgabe des Bakchylides zusammengestellten Texten bis auf c. 19 den Dithyrambencharakter abspricht (vgl. u. S. 149 - 152), bezeugt sie doch nicht nur, daß man für die Zeit vor dem Entstehen des Neuen Dithyrambos vollkommen undionysische Dithyramben für möglich hielt, sondern auch, daß die Gelehrten, deren Bild von der Gattung von den Texten des späteren fünften und des vierten Jahrhunderts kaum unberührt geblieben sein kann, das Dionysische nicht vermißten; in die gleiche Richtung weist auch der unten (S. 110 ff. und 121 ff.) noch zu besprechende Kommentarpapyrus (Pap. Oxy. 23, 2368, col. 1, 9 - 20 = schol. Bacch. c. 22 - 23 p. 124 M. = SH 293 = test. 3 Käppel).

Soviel zur Zeugnisgrundlage. Was die gattungsgeschichtliche Deutung betrifft, so ist zu berücksichtigen, daß das Dionysische damals schon länger stark hinter der Mythenerzählung zurückgetreten sein muß. Das zeigt, wenn man von den als Dithyramben überlieferten Liedern des Bakchylides absieht, die Einrichtung von Dithyrambenwettbewerben im Rahmen von Festen wie den apollinischen Thargelien (Pickard - Cambridge, DTC[1] S. 10 = DTC[2] S. 4, sieht allerdings eine Ursache auch in der engen Verbindung zwischen Apollon und Dionysos in Delphi), den Panathenäen, den Prometheia und den Hephaisteia; sie ist schon bei dem sicher vor 423 schreibenden Alten Oligarchen belegt (3, 4; an dieser Stelle erwogene Eingriffe verbieten sich aufgrund der Inschrift Syll.^{3} 1091, wo man aufgrund von IG I^3 82, 14 in den χορηγοί soviel wie γυμνασίαρχοι zu sehen nicht berechtigt ist, vgl. Kirchners Anm. zu IG II/III^2 1138, 10). Sie kann zumindest zunächst nicht Ursache (so Zimmermann, Dithyrambos, S. 116), sondern muß Konsequenz des vermutlich vor allem durch den agonalen Rahmen bedingten (vgl. Zimmermann, Dithyrambos, S. 142, der S. 37 f., 116 und 139 f. als weitere Gründe die der Gattung zugewachsene politische Funktion und den Einfluß der Tragödie anführt) Schwindens des dionysischen Kerns der Gattung sein. Dann aber muß der am Wettbewerb teilnehmende Dichter den Gattungserwartungen zu entsprechen auch ohne die Verwendung von dionysischen \`Gattungssignalen´ (mit deren Benutzung auf S. 143 seines Dithyrambosbuchs auch Zimmermann rechnet, ohne jedoch den Gedanken weiter zu verfolgen) imstande gewesen sein. Es ist also nicht ohne weiteres einzusehen, warum man plötzlich begonnen haben sollte, sich um einen künstlichen \`Gattungsanschluß´ über das mit formalen Mitteln dargestellte Dionysische zu bemühen (für eine analoge Annahme beim Paian, wie sie oben im Text bekämpft wird, stehen die Voraussetzungen immerhin günstiger); die \`Gattungskontinuität´ war durch die Darbietung einer mythologischen Erzählung in lyrischen Maßen durch einen mit vermutlich charakteristischer Flötenmusik begleiteten Chor im fest institutionalisierten Rahmen eines *Dithyramben*agons ohnehin deutlich (daß Arist. rhet. III 12. p. 1413 b 12 - 14 die Existenz von Lesedithyramben [und -dramen] bezeuge, Zimmermann, Dithyrambos, S. 143, ist ein alter Irrtum, der bei O. Zwierlein, Die Rezitationsdramen Senecas, Meisenheim am Glan 1966, S. 128 - 134 ausgeräumt ist; auch das Deipnon des Philoxenos [PMG 836] illustriert schwerlich den "Dithyrambos als Lesetext", sondern allenfalls den dithyrambisierenden Lesetext).

Die Annahme eines Bemühens um formalen Gattungsanschluß bewährt sich auch nicht, wenn wir uns die Fragmente im einzelnen anschauen. Fern liegt sie besonders bei den Belegstellen programmatischen Inhalts. Man wird ja auch nicht den Schluß der Perser des Timotheos (V. 202 ff.) auf das Bemühen zurückführen, Anschluß an die Gattung des Nomos zu finden; das erweist sich an dem im größeren Umfang erhaltenen Text sogleich als abwegig. Was aber die Fragmente betrifft, die sich nicht als programmatische Äußerung oder Teil einer Erzählung deuten lassen, so wird man sich ungern vorstellen, daß die Dichter in Stücke wie einen Αἴας ἐμμανής oder eine Σκύλλα nach besten Kräften Exkurse über das Flötenspiel oder den Wein einbauten, um sie möglichst dithyrambisch (im Sinne von \`dionysisch´) aussehen zu lassen.

Es liegt daher wohl näher anzunehmen, daß die jüngeren Dithyrambiker, soweit sie tatsächlich Dionysisches aufnahmen (was sie wahrscheinlich nicht übermäßig oft taten), sich nicht von formalen Gattungsvorstellungen leiten ließen, sondern von dem Bestreben, von Fall zu Fall durch Rückgriff auf dionysische Themen und ins Textganze sinnvoll integrierbare Motive dem Charakter und der Stimmung des dionysischen Festes besser gerecht zu werden, daß also gewissermaßen doch wieder funktionale Gesichtspunkte, wenn auch solche einer recht äußerlich und ohne religiöse Tiefe aufgefaßten Funktion, den Ausschlag gaben. Die Neudithyrambiker sind möglicherweise nicht anders verfahren als Pindar in seinem Dith. 2, fr. 70 b [Sn.-] M. tut, der in der uns erhaltenen Einleitung ganz vom Charakter des Gottes geprägt ist, in der verlorenen Fortsetzung (zum Übergang Zimmermann, Dithyrambos, S. 49) aber eine durchaus undionysische Erzählung geboten haben muß, wenn die Alexandriner ihn mit [K]α̣τ̣ά̣[βασις] Ἡρακλέ̣ο̣υ̣[ς] ἢ Κέρβερος überschreiben konnten; allenfalls am Ende kann er auf Dionysisches zurückgekommen sein (Zimmermann sieht Dithyrambos S. 61 unter Verweis auch auf fr. 70 d Maehler im Nebeneinander von "zwei großen Blöcken", der Einleitung und der Erzählung des Mythos, ein Charakteristikum pindarischer Dithyramben überhaupt). Auch hier liegt die Vermutung, der Dichter habe auf die Festsituation Rücksicht nehmen wollen, am nächsten (vgl. Zimmermann, Dithyrambos, S. 46 und 63; die Annahme, Pindar strebe nach formalem Gattungsanschluß, würde, das sei bemerkt, der Theorie von der bloßen Funktionsbestimmtheit der lyrischen Gattungen im fünften Jhd. widersprechen).

Unter dem Gesichtspunkt der Gattungsauffassung (nicht unter dem der Adressatenwahl) müßte ein Paian wie der des Philodamos auch im fünften Jahrhundert möglich sein.

Sehr viel anders kann es sich auch mit den Herrscherpaianen, wo wir wegen des Verlustes der Texte im Dunkeln tappen, schwerlich verhalten. Auch hier sollten neue σωτῆρες stilisiert werden[1]. Natürlich handelte es sich in diesem Falle um eine drastischere Maßnahme als im Falle der Neustilisierung des Dionysos. Auch hier aber ist zunächst die der `Gottheit´ zugeschriebene Eigenschaft da, der man durch Singen eines Paianes gerecht wird und die man sich zunutze macht oder wenigsten zunutze machen zu wollen vorgibt. Andererseits wird gewiß die Eigenschaft des neuen Gottes durch das Singen des Liedes unterstrichen, und es ist gut möglich, daß eine konzentrierte Anwendung der formalen Paiancharakteristika dabei eine Rolle spielte. Nichtsdestoweniger spricht nichts gegen die Annahme, daß dieser Rückgriff auf Formales ähnlich subsidiär war wie der des Philodamos. Ein Paian brauchte wohl selbst dann, wenn er sich an einen Menschen richtete, nicht unbedingt auf formalem Wege "seine Gattung zu sichern", auch wenn es sicher nicht schaden konnte. Wenn die Bitte um σωτηρία oder der Dank dafür in dem Gedankengang des Liedes deutlich genug war, mochte es der göttlich Verehrte auch so zufrieden sein.

---

1 Vgl. o. S. 39 ff.

III c) Was ergibt sich aus Plat. leg. III 700 a - e (test. 2 Käppel) für das Gattungsbewußtsein des vierten Jahrhunderts?

Wie nun verhält sich zu dem, was wir ermittelt zu haben glauben, das, was Platon leg. III 700 a - e über die lyrischen Gattungen sagt? Käppel[1] ist der Meinung, hier liege ein Gattungsbegriff zugrunde, "der (1) ausschließlich an formalen Merkmalen orientiert und (2) dezidiert normativ" sei.

Im Gegensatz zu Käppel haben wir oben schon im fünften Jahrhundert mit einem formalen Element in dem Begriff, den man sich, wenn schon nicht von den lyrischen Gattungen schlechthin, so doch wenigstens vom Paian machte, gerechnet. Dennoch würde das Platonzeugnis, wenn es tatsächlich einen bloß formalen Gattungsbegriff durchscheinen ließe, eine vom fünften zum vierten Jahrhundert eingetretene wesentliche Veränderung signalisieren[2], es sei denn, man wollte annehmen, Platon habe sich seine Vorstellungen von den lyrischen Gattung ganz selbständig zurechtgelegt. Die Frage ist, ob der Text wirklich auf eine Neuerung weist.

Unbestreitbar ist, daß Platon eine Gattungsnorm zugrunde legt; die Frage ist, wie er diese Norm versteht.

700 b, wo er die ordentlichen Verhältnisse der "guten alten Zeit" charakterisiert, bezeichnet er von den fünf genannten Gattungen zwei, den Paian und den Nomos, lediglich mit dem Namen, von den anderen beschreibt er eine, den Hymnos, durch die Funktion (εὐχαὶ πρὸς θεούς), eine andere, den Threnos, durch den nicht näher bestimmten Gegensatz zum Hymnos und schließlich den Dithyrambos durch den Inhalt (Διονύσου γένεσις, οἶμαι). Von diesen μέλους εἴδη sagt er, daß man nicht das eine für das andere habe mißbrauchen (ἄλλο εἰς ἄλλο καταχρῆσθαι) dürfen. Das spätere Gegenbild ist dadurch gekennzeichnet, daß talentierte, aber der ἡδονή zu Lasten der Regeln der μουσική allzu ergebene Dichter begonnen hätten, Threnoi mit Hymnen und Paiane mit Dithyramben zu vermischen. Das habe in Verbindung mit entsprechenden theoretischen Ausführungen (700 e: τοιαῦτα ... ποιοῦντες ποιήματα λόγους τε ἐπιλέγοντες τοιούτους) auch das nicht fachkundige Publikum dazu eingeladen, sein eigenes ästhetisches Urteil zum Maßstab der Beurteilung der μουσική zu machen, was wiederum zur einer θεατροκρατία πονηρά geführt habe (700 e - 701 a), mit verderblichen Folgen auch für das politische Leben (701 a - b; vgl. resp. IV 424 b: οὐδαμοῦ ... κινοῦνται μουσικῆς τρόποι ἄνευ πολιτικῶν νόμων τῶν μεγίστων).

---

[1] Käppel S. 36.

[2] Zum Wert des Textes als Zeugnis für das Gattungsverständnis des fünften Jahrhunderts vgl. o. S. 60[1].

Unter der Vermischung der Gattungen, besonders unter dem θρήνους ὕμνοις κεραννύναι, können wir uns wenig Konkretes vorstellen[1]. Auch das ἄλλο εἰς ἄλλο καταχρῆσθαι ist nicht leicht zu interpretieren. Die literarhistorische Auswertung des Passus ist überdies dadurch erschwert, daß die Rede von der θεατροκρατία, also dem Theater als dem Schauplatz der so nachdrücklich verurteilten Neuerungen, zu den aufgezählten lyrischen Gattungen nur mit Einschränkungen paßt. Ein Dithyrambos, vor allem ein Wettbewerbsdithyrambos, paßt ins Theater, und ein Nomos wohl auch. Einen Threnos aber kann man sich dort schwerlich aufgeführt denken, und Hymnos und Paian gehören dorthin zumindest nicht typischerweise; auch kann man sich Aufführungen solcher Lieder schwerlich von frenetischem Applaus oder heftigen Mißfallenskundgebungen begleitet vorstellen.

Was läßt sich trotz alledem aus dem Passus für unsere Frage schließen?

Zunächst einmal scheint der funktionale Gesichtspunkt insofern wenigstens Bestandteil des von Platon zugrunde gelegten Gattungsbegriffes zu sein, als der Ausdruck ἄλλο εἰς ἄλλο καταχρῆσθαι an die Verwendung einer bestimmten Art von Liedern zu einem nicht dazu passenden Zweck denken läßt. Dazu stimmt, daß Hymnen als εὐχαὶ πρὸς θεούς definiert werden und das Thema des Dithyrambos im Hinblick auf die ursprüngliche kultische Funktion genannt zu sein scheint. Wo ein Hymnos erforderlich ist, darf nicht ein Lied geboten werden, das sich wie ein Threnos ausnimmt.

Eine wie große Rolle die 700 d (αὐλῳδίας ... ταῖς κιθαρῳδίαις μιμούμενοι) jedenfalls hereinspielende uns verlorene Musik in Platons Vorstellung von Gattungsmischung spielt, können wir nicht beurteilen[2]. Sollten in dieser Hinsicht deutliche Unterschiede zwischen den lyrischen Gattungen bestanden haben[3],

---

[1] Daß in der Tragödie Klagegesänge ὕμνοι genannt werden können (E. Moutsopoulos, La musique dans l'oeuvre de Platon, Paris 1959, S. 269), hilft uns nicht weiter; zu dem von Moutsopoulos ebenfalls herangezogenen Fragment des Komikers Phrynichos (fr. 74) vgl. den Kommentar bei K. - A.

[2] Vgl. Käppel S. 36.

[3] Plutarch bildet eine Antithese zwischen dem lebhaften Dithyrambos und dem gesetzten Paian (De E ap. Delph. 9. 389 A - B = test. 89 Käppel), ohne daß klar würde, worauf genau er sich bezieht (vgl. Käppel S. 80); ein ähnlicher Kontrast wird bei Proklos (Phot. bibl. cod. 239. p. 320 b 12 - 18 [§ 48 sq. Severyns]) zwischen Dithyrambos und Nomos konstatiert.

Verschiedentlich werden einzelne ἁρμονίαι mit poetischen Gattungen verbunden, so die phrygische mit dem Dithyrambos (Arist. Pol. VIII 7. 1342 b 7 - 12 und Proclus ap. Phot. bibl. cod. 239. p. 320 b 18 - 20 [§ 50 Severyns], hier kommt noch das Hypophrygische dazu; vgl. M. L. West, Ancient Greek Music, Oxford 1992, S. 180 f.) und die lydische (oder nach Westphals Konjektur äolische, vgl. A. Severyns, Recherches sur la Chrestomathie de Proclos, première partie, tome I, Lüt-

könnte hierin ein formaler Aspekt gelegen haben, unter dem man den Jüngeren ein πάντα εἰς πάντα συνάγειν (700 d) vorwerfen konnte. In diesem Fall aber wäre es denkbar unwahrscheinlich, daß dieses formale Kriterium bis in Pindars Zeit unerkannt geblieben sein sollte. Man müßte also annehmen, daß dergleichen, für uns nicht mehr erkennbar, schon immer zu dem Begriff gehörte, den man sich von den einzelnen lyrischen Gattungen machte.

Wir können Platons Worte überhaupt nur auf unsere ja doch auch dürftige Kenntnis der Texte beziehen, und da muß man sagen, daß der Philosoph in dieser Weise keineswegs nur dann reden konnte, wenn er für jede Gattung eine mehr oder minder feste Form voraussetzte. Möglicherweise denkt er nur an Kontraste wie den zwischen einem schlichten und sich ganz im Rahmen des kultisch Wichtigen haltenden Lied wie dem Erythräischen Paian und einem aufwendigen Kunstwerk wie dem in dieser Abhandlung als Paian aufgefaßten Bacch. c. 17 M.[1], in dem es sich der Dichter erlaubt, eine Mythenerzählung sich in gewöhnlich eher als dithyrambentypisch angesehener Weise fast bis zur Selbständigkeit auswachsen zu lassen und für ἰή - Ruf und Paianepiklese nur unvollkommenen Ersatz zu bieten, oder an den Gegensatz zwischen einem mit dionysischen Themen und Motiven bestrittenen schlichten Kultdithyrambos und einem im Agon der attischen Dionysien aufgeführten Kunstlied, das mit Dionysos wenig oder nichts zu tun hat, statt dessen aber womöglich einen Paianruf in die Erzählung einbaut, wie es möglicherweise bei Bacch. c. 23 M. der Fall war[2]. Erfahrungen, die Platons Gedanken auf solche Bahnen führen konnten, waren das Übergreifen der zuerst im Dithyrambos gereiften Wortkünstelei auf den Nomos, wie wir sie an den `Persern´ des Timotheos erkennen, und die Verwendung eines Paians in einem Nomos, wie sie die Verse 222 ff. desselben Stücks belegen.

Deutet man Platons Worte so, fügen sie sich nahtlos in den größeren Zusammenhang der Stelle. Der Keim des politischen Verderbens im Sinne des

---

tich - Paris 1938, S. 165 - 167) mit dem Nomos (bei Proklos in der Fortsetzung der zitierten Stelle); Ps. - Plut. De musica 17. 1136 F heißt es, schon viel unbestimmter, viele Parthenien, Prosodien und Paiane zeigten die dorische Harmonie (vgl. West, op. cit., S. 169 f.); Plat. resp. III 398 e werden μειξολυδιστὶ... καὶ συντονολυδιστὶ καὶ τοιαῦταί τινες ohne ausdrücklichen Bezug auf die Liedgattung `Threnos´ als θρηνώδεις ἁρμονίαι bezeichnet. In hellenistischer Zeit ordnete Apollonios der Eidograph die Lieder nach diesem Gesichtspunkt (vgl. Pfeiffer S. 228 m. Anm. 89 [S. 184 m. Anm. 6]), und das Resultat dieser Bemühungen scheint sich nicht mit dem der sonst üblichen Aufgliederung nach textlichen Kriterien gedeckt zu haben.

1 Vgl. o. S. 52[1].

2 Vgl. u. S. 117[3].

Philosophen liegt darin, daß die Dichter, anstatt sich streng am Kultzweck und an den damit verbundenen Traditionen zu orientieren[1], das ästhetische Empfinden der Zuhörer reizen und diese damit zu einem eigenen subjektiven Urteil herausfordern.

Platons Worte lassen sich also sehr wohl ohne die Annahme interpretieren, er habe die lyrischen Gattungen als feste Lied- oder Gedichtformen aufgefaßt. Es genügt, daß er hinsichtlich des Paians die Meinung teilt, daß ἰή - Ruf oder Paianepiklese dazugehörten, und sonst nicht die Augen verschloß vor formalen und inhaltlichen Elementen, die für die verschiedenen εἴδη mehr oder weniger charakteristisch, wenn auch nicht gattungskonstitutiv waren.

Daß 700 a von einer Aufteilung der μουσική nach εἴδη und σχήματα die Rede ist, beweist nichts für eine formale Gattungsauffassung[2]. εἶδος und σχῆμα können annähernd synonym gebraucht sein. Vgl. zum Wortgebrauch Plat. leg. III 681 d (τρίτον τοίνυν εἴπωμεν ἔτι πολιτείας σχῆμα γιγνόμενον), Pol. 291 d (τρίτον δὲ σχῆμα πολιτείας οὐχ ἡ τοῦ πλήθους ἀρχή, δημοκρατία τοὔνομα κληθεῖσα;)[3]. Σχῆμα so zu verstehen, wird dem Leser dadurch nahegelegt, daß im folgenden über eine längere Strecke hin ausschließlich vom Aspekt der Funktion die Rede ist.

---

[1] Vgl. J. Stenzel, Platon der Erzieher, Leipzig 1928, S. 133, zitiert bei Schöpsdau, S. 509.

[2] Schöpsdau stellt im Kommentar zur Stelle (S. 509) εἶδος als Gattung der "besondere[n] Form" gegenüber.

[3] Zum Zwecke des Kontrasts sei auf resp. VI 501 a (ὑπογράψασθαι ... τὸ σχῆμα τῆς πολιτείας) und 548 c (λόγῳ σχῆμα πολιτείας ὑπογράψαντα) verwiesen.

IV.) Zusammenfassung unserer Ergebnisse und Verhältnis zu der bei Kä. zugrunde gelegten Jauß'schen Gattungstheorie

Unsere Überlegungen haben uns in mehrfacher Hinsicht auf Ergebnisse geführt, die von denen Käppels verschieden oder ihnen geradezu entgegengesetzt sind.

Wir haben in der Frage, an welche Adressaten man einen Paian richtete, von Käppels abstrakter Definition abgesehen und haben stattdessen, ausgehend von Pind. fr. 128 c [Sn.-] M., die Zeugnisse kritisch durchgemustert und sind unter Verwertung der wichtigen Ergebnisse D'Alessios, von denen Käppel noch nichts wissen konnte, darauf geführt worden, daß der Paian als lyrische Gattung in Pindars Zeit eng, wesentlich und nahezu ausschließlich mit der Verehrung Apollons verbunden war; lediglich seine ihm im Kult auf Delos so eng verbundene Schwester hat daran Anteil und vielleicht auch schon Asklepios, der aber nicht allein, sondern nur in Verbindung mit Apollon mit dem Lied bedacht wird. Wir rechnen daneben mit Paianrufen, mit denen man sich nicht an eine bestimmte Gottheit richtet, eine Erscheinung, die in Käppels Theorie keinen Platz hat. Zeugnisse für Paiane, die anderen Adressaten als Apollon und seinen nächsten Kultpartnern gesungen wurden, scheinen sich mit Ausnahme des xenophontischen Berichts über den Erdbebenpaian an Poseidon, der sich aus besonderen Gegebenheiten herleiten läßt, auf spätere Entwicklungen zu beziehen, die nicht vor dem spätesten fünften Jahrhundert, wenn wir von dem Lied auf Lysander absehen, sogar noch erheblich später, eingesetzt haben dürften. Es scheint sich in dieser Hinsicht eine komplexe, hauptsächlich religionsgeschichtliche und nur in zweiter Linie literarhistorische Entwicklung abzuzeichnen. Es sollte mithin zumindest hinsichtlich der Adressatenfrage doch etwas sein an der von Käppel[1] abgelehnten Paian`definition´ "... ursprünglich: Lied an Apollon (oder Paian); dann ...", und daß Apollon durch "den in Heilserwartung oder nach Heilserfahrung angerufenen Gott" ersetzt wird, ist ein nur partieller Fortschritt. Mit dieser Formulierung ist beschrieben, wie Apollon von denjenigen, die ihm einen Paian singen, aufgefaßt wird, und überdies erfaßt sie den wohl wichtigsten, wenn auch nicht den einzigen Gesichtspunkt, der die allmähliche Erweiterung des Adressatenkreises bestimmt hat. Für das Gattungsbewußtsein zur Blütezeit der Chorlyrik spielt sie lediglich eine untergeordnete Rolle, und es scheint, daß sich daran auch in der späteren Zeit zumindest nicht grundlegend etwas geändert hat.

Wir haben ferner durch erneute Betrachtung der Zeugnisse zu beweisen versucht, daß formale Merkmale wesentlich und ursprünglich zu dieser lyrischen Gattung gehören und daß die Zeitgenossen dies auch anerkannten und den Paian schon im fünften Jahrhundert keineswegs allein unter dem Gesichtspunkt der Funktion betrachteten.

---

[1] S. 64.

Die Funktion bleibt natürlich ein wichtiger Bestandteil des frühen Gattungsbewußtseins, zumal bis auf den Hymenaios keine andere der lyrischen Gattungen vergleichbare formale Merkmale aufgewiesen zu haben scheint. Es ist aber offenkundig, daß in der Vorstellung, die man sich von der Funktion des Paians machte, nach Pind. fr. 128 c [Sn.-] M. und einer ganzen Anzahl anderer, für sich genommen minder beweiskräftiger, in der Summe aber bedeutsamer Zeugnisse die Verbindung mit einem bestimmten Adressaten, eben Apollon, eine wichtige Rolle spielt, dessen Feste neben aufwendigen Hochzeitsfeiern ausschließlicher Anlaß für Aufführungen künstlerisch gestalteter lyrischer Paiane sind.

Wir haben weiterhin jedes Indiz dafür vermißt, daß sich an der Auffassung des Paians unter formalem und funktionalem Gesichtspunkt im Laufe der Geschichte der Gattung Entscheidendes geändert hätte. Wo man sich anderen Adressaten zuwendet, geht der poetischen Gestaltung eine religionspolitische Entscheidung voraus, einen anderen Gott oder gar einen Menschen in einer Weise zu verehren, in der zuvor nur Apollon verehrt wurde. Die poetischen Mittel, die dabei zur Anwendung kommen, unterscheiden sich nicht besonders von denen, die zuvor auch in apollinischen Paianen benutzt wurden, und wurden nicht wesentlich anders eingesetzt. Von einer Ablösung der als bloße Form aufgefaßten Gattung von ihrer Funktion kann keine Rede sein.

Die Entwicklung der Gattung stellt sich uns danach wesentlich anders dar als Käppel. Dieser denkt sich den Paian im fünften Jahrhundert als bloß der Funktion nach aufgefaßtes Lied beliebiger Form, in dem um σωτηρία gebetet oder dafür gedankt wird, und stellt sich unter dem entscheidenden Einfluß der hier sehr unglücklich applizierten Jauß´schen Gattungstheorie vor, daß die so bestimmte Gattung erst im Laufe des vierten Jahrhundert zu einer mehr oder weniger festen Liedform gerinne. Uns ist die Hypothese plausibler erschienen, daß der lyrische Kunstpaian als Erweiterung des einfachen Paianrufes schon immer eine gewisse formale Prägung von sicherlich begrenzter Intensität besaß und daß diese in den schlichteren, auf bloße Zweckmäßigkeit angelegten Kompositionen des Genos auch immer verhältnismäßig deutlich hervortrat. Daß in den Kompositionen des Pindar und des Bakchylides, die uns das fünfte Jahrhundert im wesentlichen repräsentieren, das formal Paianhafte in geringerer Dichte erscheint als etwa im Erythräischen Paian, haben wir auf das dort viel stärkere Streben nach eigenständiger poetischer Gestaltung zurückgeführt, und dann erscheint diese Art von Paianen, weil sich nach der großen Zeit die führenden Dichter mit dem Paian offenbar nicht mehr abgegeben haben, als Seitenzweig einer insgesamt recht ruhigen, mehr von Beharrung als von Bewegung gekennzeichneten Entwicklung.

Wie verhält sich all dies zur Jauß´schen Gattungstheorie, die Käppel zum tragenden Gerüst seiner Betrachtung des Paians gemacht hat?

Erstens scheint die Paianproduktion durch einen normativen Gattungsbegriff, von dem Jauß nichts wissen will[1], zumindest mitbestimmt worden zu sein. Wir müssen nach dem, was oben[2] über die beschränkte Öffentlichkeit gesagt wurde, die mit den jeweils neuen Paianen zu tun bekam, und im Hinblick auf das beschriebene Verhältnis zur Einbettung der Aufführung in einen bestimmten Festanlaß annehmen, daß die meisten Zuhörer ihren Höreindruck nicht in erster Linie auf ihre Erfahrungen mit zahlreichen anderen mehr oder weniger neuen Paianen bezogen, sondern vor allem auf eine im Laufe der Zeit allenfalls unbedeutenden Veränderungen unterworfene Vorstellung vom Wesen eines Paians; was die formalen Merkmale angeht, wird diese Einschätzung durch den genetischen Zusammenhang der lyrischen Gattung mit dem `Alltagspaian´ bestätigt. Der Auftrag, einen Paian zu schreiben, scheint also den Dichter vor gewisse Minimalanforderungen gestellt zu haben.

Zweitens erscheint der Nutzen, den die Auffassung der Gattung als einer `historischen Familie´ im Falle des Paians bieten kann, gering. Im Hinblick auf die Elemente, die unter die `Mindestanforderungen´ fallen, ist dieser Begriff unnötig schwer zu handhaben. Es erscheint hier nicht sinnvoll, sich im Jauß´schen Sinne auf einen nur metaphorischen Gebrauch des Gattungsbegriffs zu beschränken und darauf zu verzichten, den Paian zu "definieren"[3]. Die Gattung Paian läßt sich tatsächlich wie eine "Klasse im logischen Sinn" betrachten[4], auch wenn diese Logik auf letzte Schärfe verzichtet[5], und es ist nicht einzusehen, warum dieser Gattung im Hinblick auf das, was an den zugehörigen Texten gattungshaft ist, "keine andere Allgemeinheit zuzuschreiben" sein sollte, "als die, die sich im Wandel ihrer historischen Erscheinung manifestiert"[6].

Daß die Gattung Paian auf diese Weise definierbar ist, spricht natürlich nicht dagegen, daß beim Versuch, ihre Geschichte zu schreiben, manche Entwicklung in den Blick kommt, die sich dadurch vollzieht, daß ein Dichter sich auf ältere Gedichte derselben Gattung zurückbezieht und sich mit der in ihnen vorliegenden "Realisation der Norm"[7] auseinandersetzt und ihr gegenüber Veränderungen vornimmt. Die Verhältnisse zwischen einzelnen Gedichten, die auf diese Weise entstehen, sind tatsächlich mit dem Begriff "Familienähnlichkeit" treffend zu umschreiben.

---

[1] Ein normativer Gattungsbegriff hätte auf die literarischen Erscheinungen, von denen er handelt, auch nicht sinnvoll Anwendung finden können.

[2] S. 54 f.

[3] Gefordert von Jauß (S. 110 [330]) bei Käppel S. 11.

[4] Abgelehnt von Jauß (S. 110 [330]) bei Käppel S. 11.

[5] Vgl. o. S. 55.

[6] Formulierung von Jauß (S. 110 [330]), zitiert bei Käppel S. 11.

[7] Vgl. Käppel S. 15.

Es stellen sich dabei allerdings zwei Fragen. Erstens: Was bedeuten die allgemeinen Bedingungen, unter denen Paiane gedichtet wurden, für die Rolle, die ein solcher gattungsinterner Rückbezug für die Entwicklung des Genus spielen kann? Zweitens: In welchem Umfang sind solche Rückbezüge konkret feststellbar, und in welchen Fällen ist es sinnvoll, die Gattungszugehörigkeit nicht durch die Erfüllung der `Mindestanforderungen´ zu begründen, sondern im Sinne der `Familienähnlichkeiten´ zu beschreiben?

Zur ersten Frage: Gegen die Annahme einer sich ständig verschiebenden gemeinsamen Gattungserwartung beim Publikum spricht, was oben[1] über die Verteilung der Paianaufführungen über die ganze griechische Welt gesagt ist, darüber, daß die Zusammensetzung des Auditoriums sich von Mal zu Mal drastisch änderte und daß die handschriftliche Verbreitung der einschlägigen Texte sehr gering gewesen sein muß[2]. Selbst dem Dichter sind die Paiane der Konkurrenz kaum in Vollständigkeit zugänglich; was er in die Hand bekommen kann, wird er nicht achtlos beiseitelegen, aber auf besondere Wirkung rechnen kann er kaum, wenn er sich auf diese Gedichte bezieht.

Zur zweiten Frage: Käppel scheint mir nur in einem Fall, dort allerdings überaus eindrucksvoll, konkret nachgewiesen zu haben, daß eine Gruppe von Paianen nicht nur durch den Bezug auf eine allen Dichtern vorschwebende Norm, sondern durch einen Bezug aufeinander zusammengehören. Es handelt sich um den sog. Erythräischen Paian (Pai. 37 Käppel) und seine Bearbeitungen und die anderen von diesem Text, wenn auch nicht so unmittelbar, abhängigen Paiane des Isyllos (Pai. 40 Käppel) und des Makedonikos (Pai. 41 Käppel)[3]. Es sei, nicht weil das Gegenteil behauptet worden wäre, sondern im Hinblick auf das, was eben über die Bedingungen gesagt wurde, unter denen das Publikum Paiane hörte, angemerkt, daß der Bezug auf Älteres hier nicht um einer besonderen künstlerischen Wirkung oder einer Auseinandersetzung mit Vorgängern willen stattfindet, sondern weil man die recht praktisch aufgefaßte Aufgabe schon einmal zweckmäßig gelöst findet und sich die Arbeit ein wenig erleichtern möchte. In allen anderen Fällen, in denen Käppel von einem Rückbezug auf ältere Paiane spricht, könnte man, zumindest wenn man ἰή - Ruf oder Paianepiklese als `gattungskonstitutiv´ akzeptiert, mit gleicher Berechtigung im Sinne eines Bezuges auf die im Auftrag vorgegebene Norm der `Mindestanforderun-

---

[1] S. 54 f.

[2] Davon ganz abgesehen: Soll man annehmen, daß sich durch die Aufführung der `Perser´ des Timotheos, die mit einem Paian enden, beim Publikum der Horizont der Erwartungen verschob, die man an einen Nomos oder an einen Paian hegte (vgl. van Minnen, S. 256)?

[3] Käppel S. 189 - 206.

gen´ formulieren[1]. Mit der Konkretisierbarkeit der theoretisch postulierten Bezugnahme der von Käppel behandelten Paiane auf andere Gedichte der Gattung steht es also nicht gut, und auch das restliche Material läßt für eine Gattungsgeschichte, die das Geflecht gegenseitiger Beziehungen zwischen Einzeltexten und womöglich diesbezügliche Kontinuitäten sichtbar machen wollte, keine günstige Erfolgsprognose zu. Die "vollständige Geschichte der Gattung", die Käppel[2]

---

1 Zum vierten pindarischen Paian heißt es auf S. 154: "Neben dieser primär über die Funktion des Gedichtes im lebensweltlichen Kontext gesicherten Gattungskontinuität stellt sich das Gedicht [durch die Verwendung des Refrains ἰὴ ἰή, ὦ ἰὲ Παιάν; Anm. d. Verf.] auch formal in die Reihe von Gedichten, die man im 5. Jhd. v. Chr. als Paiane bezeichnete." Führt das wirklich weiter, als wenn man einfach konstatiert, daß Pindar getan hat, was er im Sinne seiner Auftraggeber mindestens tun mußte, und darüber hinaus unter Meidung alles Konventionellen, um nun wieder mit Käppel (S. 155) zu reden, "einen individuellen und die durch die Situation vorgegebene Struktur ins Sublime hebenden Versuch tief empfundener Religiosität, mit den Göttern einen Dialog zu führen", unternommen hat?

S. 189 wird konstatiert, Bakchylides stoße mit seinem c. 17 "formal an die Grenzen der Gattung" und: "Praktisch kein formales Merkmal knüpft an Gedichte der Gattung `Paian´ an." Wenn die in meinem Aufsatz (Verf., Kretafahrt) gegen die Käppel´sche Deutung des Liedes erhobenen Einwände zutreffen, fällt von den formalen Elementen, die fehlen, "die explizite Bitte um `Heil´ oder Rettung (bzw. der Dank dafür)" fort; es bleiben ἰή - Ruf und Paianepiklese. Auch hier könnte man einfacher davon sprechen, daß Bakchylides auf ein Element, das die Gattungsnorm ihm vorgab, kühn verzichtet hat (und sich damit begnügt hat, auf subtile Weise Ersatz zu schaffen, Verf., Kretafahrt).

S. 197 heißt es zum Erythräischen Paian, "der das gesamte Gedicht formal beherrschende Ruf ἰὴ Παιάν als Meshymnion bzw. ἰὴ Παιάν, 'Ασκλαπιὸν δαίμονα κλεινότατον, ἰὲ Παιάν als Ephymnion" bewirke "auch formal eine Gattungskontinuität zu den Paianen des 5. Jhs. v. Chr.: Wie häufig der Ruf und das Epiphthegma in Paianen des 5. Jhs. v. Chr. (und später) vorkamen, haben wir bereits gesehen." Auch hier reicht jetzt der bloße Bezug auf die formale Norm der Verwendung von ἰή - Ruf oder Paianepiklese, der mit besonderem Nachdruck Genüge getan ist.

Ähnlich scheinen mir die Dinge bei Philodamos zu liegen: Käppel postuliert einen Anschluß an die Paiane mit `automatisiertem Konstruktionsprinzip´. Soweit uns solche erhalten sind, ist die Ähnlichkeit nicht allzu groß, und auch das Bedürfnis, das etwa den Dichter des Erythräischen Paians die Anrufung des Paians so stark in den Mittelpunkt rücken läßt, ist ein anderes als bei Philodamos. Während diesen die Aufgabe, aus dem Bruder Leichtfuß Dionysos einen delphischen σωτήρ zu machen, in die Lage brachte, sich des Paianrufes besonders oft zu bedienen, war es im Falle des Erythräischen Paians der Gebrauchscharakter (vgl. o. S. 70 f.).

2 Käppel S. 288 f.

seinem Leser als Ideal vor Augen stellt, "die jedes einzelne der Gedichte auf die spezifische Weise seiner Gattungszugehörigkeit zu befragen [hätte]", hätte vermutlich mehr Gewinn davon, ihr Augenmerk auf die Frage zu lenken, auf welche Weise sich die Dichter zu der (wenig genug vorgebenden) Gattungsnorm gestellt hätten, als wenn sie in abstrakter Weise über einen Anschluß eines jüngeren Paians an ältere Paiane räsonierte.

Was die Texte der Gattung Paian gegenüber anderen Texten zusammenschließt, ist das Bemühen der Dichter, die oben beschriebene Gattungsnorm zu erfüllen. Daß die Familienähnlichkeiten, die darüber hinaus zwischen den einzelnen Paianen bestehen, wesentlich größer sind als die, die den einzelnen Paian mit einzelnen nicht derselben Gattung angehörenden Gedichten verbinden, wird sich nicht leicht dartun lassen. Käppel weist selbst immer wieder auf Kunstmittel hin, in deren Verwendung die Dichter sich an Texte anderer Gattungen angeschlossen haben. Diese Querverbindungen zu Einzeltexten und Entwicklungen in anderen Gattungen wären natürlich ein Hauptgegenstand einer vollständigen Geschichte des Paian und würden, insofern der Paian Anteil an der allgemeinen Entwicklung der lyrischen Dichtung hat, vermutlich mehr Bewegung und Entwicklung erkennen lassen als die Betrachtung des eigentlich Gattungshaften. Der Vergleich aber zwischen diesen in der Tat nur in der historischen Einzelerscheinung faßbaren und deshalb durch den Begriff der `Familienähnlichkeit´ mit der gerade erlaubten Präzision beschriebenen Beziehungen auf der einen Seite und der Stellung der Einzelgedichte zu dem, was oben als `Gattungsnorm´ bezeichnet worden ist, andererseits zeigt, daß eine Betrachtung der Gattung Paian unter dem Aspekt bloßer Familienähnlichkeiten der zugehörigen Einzeltexte das Geschäft des Literarhistorikers nur unnötig erschwert: Das Gattungshafte am Paian wird weniger scharf gefaßt, als es möglich wäre. Der Begriff aber ist in erster Linie dort zu brauchen, wo es gerade nicht um das Paianhafte geht.

Die logischen Schwierigkeiten nämlich, denen Jauß mit seiner Gattungstheorie zu begegnen suchte, stellen sich beim Paian nicht. Das Problem bestand in den von B. Croce als Argument für die Aufgabe des Gattungsbegriffes überhaupt benutzten Phänomenen der Neubestimmung von Gattungen durch bedeutende Einzelwerke und des Gattungsbruches; im ersten Fall bietet ein neues Werk, das sich an Vorgänger anschließt, die man bisher unter einem bestimmten Gattungsbegriff zusammenfaßte, eine so bedeutende und das ganze Werk prägende Neuerung, daß sich weitere Werke daran anschließen und die Gattung insgesamt in der Folge anders aufgefaßt wird; im zweiten Fall entwickelt sich aus einer solchen bahnbrechenden Neuerung eine mehr oder minder selbständige neue Gattung mit neuem Namen[1]. Diese Phänomene und das Verhältnis der daran beteiligten Texte zueinander sind natürlich mit einem als zeitlos aufgefaßten

---

[1] Beispiele bei Jauß, S. 119 f. [339 f.] und 122 f. [342 f.].

normativen Gattungsbegriff nicht zu fassen und zwingen zur Jauß'schen Entsubstantialisierung.

Allein, anders als etwa beim Dithyrambos, auf den der Jauß'sche Gattungsbegriff, wenn nicht so wenige Texte erhalten wären, angesichts seiner wechselvollen Entwicklung (man denke nur an die Organisation der Aufführungen in Agonen und ihre Folgen und an das Zurücktreten des Dionysischen zugunsten einer zumeist undionysischen Mythenerzählung) vielleicht wirklich sinnvoll Anwendung finden könnte[1], läßt sich beim Paian so gut wie nichts von dieser \`Prozeßhaftigkeit' der Gattung feststellen oder auch nur für ihn annehmen. Der Paian als Liedgattung behält, soweit wir das beobachten können, von den frühesten bis zu den spätesten Zeugnissen seine von dem nichtpoetischen Pendant ererbten gattungskonstitutiven Eigenschaften[2], und es sind höchstens zwei Lieder erhalten, die allenfalls geeignet gewesen wären, zu einer Verschiebung des von einem Paian Erwarteten zu führen; auch sie aber haben dies nach allem, was wir sehen können, nicht getan. Es handelt sich zum einen um das Lied des Ariphron (Paian 34 Käppel). Seine Gattungszugehörigkeit unterliegt, wie oben dargelegt[3], erheblichen Zweifeln. Rechnet man es dennoch zu den Paianen, so ist hier, wie wir sahen[4], auf formale Gattungsmerkmale verzichtet, und die Funktion wird in zurückhaltender Form wahrgenommen. Was den Dichter zu diesem Vorgehen bewogen haben könnte, insbesondere zum Verzicht auf die formalen Elemente, die das Publikum nach seiner sonstigen Erfahrung mit Alltagspaianen und poetisch gestalteten Painen selbstverständlich erwarten mußte, wissen wir nicht, und der Jauß'sche Gattungsbegriff löst das Problem nur auf einer abstrakt begrifflichen Ebene; wirklich erklären kann er die Anomalie nicht, die bei Annahme der Zugehörigkeit zur Gattung Paian zu konstatieren wäre; sie könnte allenfalls durch den uns unbekannten Anlaß begründet sein, für den Ariphron das Lied zu dichten beauftragt war. Jedenfalls gibt es nicht das geringste Anzeichen dafür, daß das Beispiel Schule machte. Der Gewinn einer Betrachtung nach

---

[1] Seit längerem werden die von Jauß vorgetragenen Überlegungen auf die Gattungsgeschichte der Bukolik angewandt, vgl. R. R. Nauta, Gattungsgeschichte als Rezeptionsgeschichte am Beispiel der Entstehung der Bukolik, A&A 36 (1990) S. 116 - 137 m. Lit. Außerhalb des Kreises der "kleinen Gattungen" wäre ein anderes Genos, auf dessen freilich nie verkannten Wandel dieser Gattungsbegriff Anwendung finden könnte, die Komödie. Zwischen einem Menanderstück und einer frühen Komödie des Aristophanes bestehen in der Tat Familienähnlichkeiten.

[2] Käppel akzeptiert allein die spezifische Gebetsfunktion als gattungskonstitutiv, aus keinem anderen Grund als dem, daß sie den kleinsten gemeinsamen Nenner der überlieferten Paiane darstellt (vgl. o. S. 53). Damit setzt er sich in Widerspruch zu Jauß, dessen ganze Theorie ihren Sinn erst durch das Fehlen eines solchen erhält.

[3] Vgl. S. 52 f.

[4] Vgl. o. S. 51 - 53.

Jauß'schen Kategorien ist zweifelhaft, denn Neubestimmung der Gattung oder Bruch finden offenbar nicht statt oder sind jedenfalls nicht zu beobachten; einer wirklichen Erklärung, warum Ariphron sich so auffallend von allen anderen erhaltenen Paianen absetzt, kommen wir dadurch keinen Schritt näher[1]. Das andere Lied, daß zu einer Neubestimmung oder geradezu zu einem Bruch der Gattung den Weg hätte bahnen können, ist, wenn es denn zur Gattung gehört, der Paian des Bakchylides mit der Erzählung von der Kretafahrt des Theseus (c. 17 M.). Man mag annehmen, daß er der erste war, der einer Mythenerzählung einen so großen Platz einräumte, daß sich die Zuhörer beinahe (aber eben nur beinahe) in eine Dithyrambenaufführung versetzt fühlen konnten, und man mag auch annehmen, daß er darin den einen oder anderen Nachfolger gefunden habe, obwohl sich davon allenfalls Spuren erhalten haben[2]. Jedenfalls ist es nie dahin gekommen, daß eine Mythenerzählung als Hauptbestandteil eines Paians erwartet wurde. Die unmittelbare Integration in den Kultrahmen, die schon die Aufnahme des bakchylideischen Kabinettstückchens selbst durch das Publikum bestimmt haben muß und ihm während des Vortrags ständig gegenwärtig gehalten haben wird, daß man es mit einem Paian zu tun hatte und daß dessen Funktion früher oder später im Text zum Tragen kommen würde[3], wird verhindert haben, daß das erzählerische Element neue \`systemprägende Dominante' werden konnte; es kam für den Paiandichter nur als eine Möglichkeit unter vielen in Frage, seine Aufgabe zu erfüllen. Für einen Bruch der Gattung, also für die Entstehung einer sich unter diesem Gesichtspunkt entwickelnden Textreihe, die man nun gar nicht mehr Paian genannt hätte, standen die Chancen vollends schlecht. Der Übergang hätte sich wohl so vollziehen müssen, daß ein Dichter einen Paian

---

1 Vgl. o. S. 59 f.

2 Immerhin zeigt der unten S. 110 ff. bei der Erörterung des Gattungsbewußtseins der alexandrinischen Philologen ins Spiel kommende Kommentar zur \`Kassandra' des Bakchylides, daß in dem dort zur Debatte stehenden Lied der Mythos eine dominierende oder fast dominierende Rolle gespielt haben muß. Sonst hätte Aristarch kaum gesagt, daß der ἰή - Ruf dort nicht gattungsspezifisch sei, und statt dessen die Mythenerzählung zur Grundlage seiner Entscheidung gemacht. Kallimachos aber muß sich berechtigt gefühlt haben, ein solches Stück als Paian zu klassifizieren, was er kaum getan hätte, wenn es Paiane mit (fast) dominierender Mythenerzählung außer Bacch. 17 nicht gegeben hätte. In dieselbe Richtung weist auch ein Satz in der Romrede des Aelius Aristides (or. 26, 108 Keil): κράτιστον οὖν ὥσπερ οἱ τῶν διθυράμβων τε καὶ παιάνων ποιηταὶ εὐχήν τινα προσθέντα οὕτω κατακλῆσαι τὸν λόγον, ob nun die hier in Rede stehenden Paiane klassische oder spätere sind. Im ersten Falle hätten sie sogar die alexandrinische Klassifikation überstanden, die manchen Paian irrtümlich in ein Dithyrambenbuch befördert haben könnte, wo Aristides ihn dann schwerlich aufgrund selbständiger Überlegung als Paian erkannte.

3 Vgl. Verf., Kretafahrt.

geschrieben hätte, der als ganzer unter Zurückdrängung der religiösen Funktion vom Mythos geprägt gewesen wäre. Wer aber schreibt ein Kultlied, daß man im vorgegebenen Kultrahmen nicht aufführen kann[1]? Dies ist natürlich nur ein Beispiel, aber es kann vielleicht den Mechanismus erhellen, der der Gattung Paian eine Entwicklung verwehrt haben dürfte, die die Anwendung des Jauß'schen Gattungsbegriffs notwendig und fruchtbar werden ließe, und das Genus für alle Zeit in der Botmäßigkeit einer wesentlich unveränderten Gattungsnorm hielt[2].

---

[1] Käppel weist S. 18 darauf hin, daß es an Zeugnissen für einen von der Aufführung im Kultrahmen unabhängigen bloß literarischen Paian fehlt.

[2] Die Entwicklungsarmut des Genos hebt schon Privitera, S. 20, hervor und weist in diesem Zusammenhang darauf hin, daß ein Neuerungen geradezu hervortreibender agonaler Rahmen, wie es ihn beim Dithyrambos gab, fehlt.

V.) Die Auffassung und Behandlung des Paians und der lyrischen Gattungen überhaupt bei den alexandrinischen Philologen

Das Kardinalzeugnis, das bei der Behandlung des durch die Überschrift bezeichneten Fragenkomplexes immer herangezogen wird, ist das Scholion P. Oxy. 23. 2368, col. 1, 9 - 20 (schol. Bacch. c. 22 - 23 p. 124 M. = SH 293 = test. 3 Käppel)[1]. Wenn die fast allgemein akzeptierte und auch in die Teubneriana von Sn. - M. eingegangene, in der neuen kommentierten Ausgabe von Maehler jedoch modifizierte[2] Ergänzung des Textes durch den *editor princeps* Edgar Lobel das Richtige trifft, referiert der Verfasser, Aristarch habe den besprochenen Text als Dithyrambus klassifiziert, weil er den Mythos von Kassandra enthalte, und dem Lied den Titel \`Kassandra´ gegeben. Ferner habe er gegen Kallimachos polemisiert, der den Text unter die Paiane gestellt habe, allein wegen des Vorkommens des ἰή - Rufes, in Verkennung des Umstandes, daß dieser auch in Dithyramben vorkomme. Dieser Text kommt allerdings unter Inkaufnahme einiger beunruhigender Unstimmigkeiten zustande. In Z. 18 ergibt sich [ἐπίφθ]ε̣γμα aus der Ergänzung einer unmöglichen Buchstabenfolge (τγμα oder γγμα im Papyrus). In Z. 15 würde das ergänzte [θέντα δ'α] um reichlich einen Buchstaben über den in Z. 16 durch die sichere Ergänzung ἐν τοῖς π]αιᾶσι repräsentierten linken Rand der Kolumne hinausreichen[3]. Schließlich läßt Lobel Aristarch behaupten, das Epiphthegma sei auch in Dithyramben vorgekommen (wir haben keinen Beleg), und Kallimachos seine Entscheidung in Unkenntnis dieses Umstandes oder ohne Rücksicht auf ihn fällen. Da in letzter Zeit unternommene Versuche, diese Anstöße zu beseitigen, nicht zu überzeugenden Ergebnissen ge-

---

[1] Daß sich das Scholion auf ein Lied des Bakchylides bezieht, wird allgemein angenommen, ist aber keineswegs sicher, vgl. Maehler, Lieder, Teil II, S. 268, und Rutherford, Lyric Structure, S. 11.

[2] Dazu u. S. 112[0].

[3] Diesem papyrologischen Argument bestreitet Rutherford, Lyric Structure, S. 10[22] die Stichhaltigkeit.

führt haben[1], wird man sich bis auf weiteres an die von Lobel nicht ganz ohne Bedenken vorgeschlagene Textkonstitution halten.

---

[1] W. Luppes ersten Versuch in dieser Richtung (Dithyrambos oder Paian? - Zu Bakchylides carm. 23 Sn./M., ZPE 69, 1987, S. 9 - 12) haben Käppel und R. Kannicht in einem gemeinsamen Aufsatz (Noch einmal zur Frage "Dithyrambos oder Paian?" im Bakchylideskommentar P. Oxy. 23. 2368, ZPE 73, 1988, S. 23 - 24) überzeugend widerlegt. Daraufhin hat Luppe (Nochmals zu Kallimachos' Gattungszuordnung Bakchylideischer Lieder, Analecta Papyrologica 1, 1989, S. 23 - 29) sich noch einmal um eine Alternative zu Lobels Textkonstitution bemüht, die Käppel in seinem Paian - Buch (S. 39[19]) zwar erwähnt, aber nicht näher erörtert; ich bespreche daher in aller Kürze die Punkte, die in Luppes zweitem Beitrag neu sind und die mir nicht durch Argumente aus dem Aufsatz von Käppel und Kannicht überholt zu sein scheinen. Luppe schlägt nunmehr in Z. 18 [... διή]γ̣ημα, evtl. [μυθικὸν διή]γ̣ημα vor. Der Text soll lauten: [ταύτην τ]ὴν ὠιδὴν 'Αρίσταρχ(ος) [μὲν διθ]υραμβικὴν εἶ[ναί φησι]ν̣ διὰ τὸ παρειλῆ[φθαι ἐν α]ὐτῆι τὰ περὶ Κασ[σάνδρας,] ἐπιγράφει δ'αὐτὴν [... Κάσσ]ανδραν, πλανη[θέντα δ' α]ὐτὴν κατατάξαι [ἐν τοῖς Π]αιᾶσι Καλλίμαχόν [φησιν ὡς] οὐ συνέντα ὅτι [?μυθικὸν? διή]γ̣ημα κοινόν ἐ[στι τοῖς δ]ιθυράμβοις bzw. [τοῦ δ]ιθυράμβου (die Endung sei auf dem Papyrus nicht eindeutig zu entziffern). Einen Vorteil dieser Fassung sieht Luppe darin, daß nun Kallimachos nicht mehr in Unkenntnis der nach Lobels Ergänzung zur Zeit Aristarchs in hinlänglicher Anzahl zu Gebote stehenden Belege für das Erscheinen das Epiphthegma in Dithyramben (wir besitzen keinen) sein Vorkommen in dem umstrittenen Text zum entscheidenden Kriterium seiner Einordnung gemacht haben müßte. Ferner erscheint ihm bei Lobel der lapidare Ausdruck διὰ τὸ ἰή merkwürdig. Nicht nur passe er schlecht zu dem ausführlichen παρειλῆφθαι τὰ περὶ Κασσάνδρας, der Leser werde vielmehr auch im Dunkeln gelassen, wo das ἰή im Text des Gedichts stehe, bis er es am Ende des Kommentars oder gar im Gedicht selbst erfahre. Weiter erwartet Luppe in Z. 19 den Artikel vor διθυράμβου oder διθυράμβοις, für den aber neben dem für Lobel unentbehrlichen καί kein Platz sei. Daß der Grund für die Einordnung des Kallimachos nicht genannt sei, störe nur auf den ersten Blick und liege daran, daß die Angabe sich lediglich auf die Katalogisierung in den Πίνακες beziehe (κατατάξαι). Dort sei eben keine Begründung gegeben worden. In Z. 14 schlägt Luppe vor, den Raum vor Κάσσανδραν unter Annahme eines Doppeltitels zu füllen: "Ιλιον ἢ Κάσανδραν.

Was mir stark gegen Luppes Vorschlag zu sprechen scheint, ist, daß die Vermutung über den Grund des tatsächlichen oder vermeintlichen Irrtums des Kallimachos nur noch einmal expliziert, was in der Begründung Aristarchs über die eigene Entscheidung impliziert war; es ist dies nicht nur eine stilistische Ungeschicklichkeit, vielmehr findet die Wiederholung gerade an der Stelle statt, an der man ein Eingehen auf die Gründe erwartet, die Kallimachos zur Entscheidung für diese spezielle andere Gattung bewogen haben. Es ist ja nicht von vornherein so, daß man sich immer dann, wenn ein Lied kein Dithyrambos ist, an die Gattung Paian zu halten hätte.

Käppel verwendet unser Fragment als Beleg dafür, daß in alexandrinischer Zeit ein formal orientiertes, deskriptiv - klassifikatorisches Gattungsbewußtsein geherrscht habe, das entstanden sei, als sich die Dichtung aus ihrer alten Bindung an kultische und gesellschaftliche Funktionen gelöst habe und sich so ein "reflektiertes Verhältnis zur Form als Charakteristikum einer Gattung"[1] entwickelt habe. Sowohl Aristarch als auch Kallimachos argumentierten bei der Klassifikation des in Rede stehenden Gedichts mit dem Vorhandensein bzw. Fehlen bestimmter formaler Elemente. Das zeige, daß in hellenistischer Zeit "die Gattungen der Paiane, Dithyramben etc. jeweils als Formtypus von ihrer lebensweltlichen Funktion losgelöst betrachtet werden konnten", und weiter: "Darin offenbart sich ein gegenüber dem 5. Jh. v. Chr. grundlegend veränderter Gattungsbegriff: An die Stelle der Funktion des Gedichtes tritt die Form als gattungsunterscheidende Kategorie"[2]. Am weitesten geht vielleicht die Formulierung, nach der die alexandrinischen Philologen die Gattungen als "nachträgliches Ordnungsprinzip zur rein praktischen Gliederung von Gedichtcorpora" betrachtet hätten[3].

Den Schluß von der Klassifikationspraxis der Alexandriner auf ein bestimmtes `Gattungsbewußtsein´ scheint vor Käppel zumindest ausdrücklich niemand gezogen zu haben. Mit der Auffassung aber, daß die alexandrinischen Philolo-

---

Vor allem aber ist der angenommene Gebrauch von κοινόν in Z. 18 schief. Es müßte ἴδιον heißen. Die Begründung muß lauten, daß die Mythenerzählung dem Dithyrambus eigen ist, nicht, daß sie allen Dithyramben gemein ist; das μυθικὸν διήγημα soll schließlich Kriterium der Abgrenzung sein; wenn es auch Dithyramben ohne Mythenerzählung gäbe, wäre das weniger schlimm, als wenn es auch in Gedichten solche gibt, die nicht der Gattung angehören (analog läßt sich auch gegen den jetzt von Maehler in seiner kommentierten Ausgabe in den Text gesetzten Vorschlag [μύθου σύσ]τ̣η̣μα argumentieren). Luppes Einwand gegen Lobels Textgestaltung, vor διθυράμβου oder διθυράμβοις müsse der Artikel stehen, ist unbegründet; man vergleiche nur prol. de com. XI c (Anon. Crameri II) Z. 44 p. 44 Koster: ἴδιον δὲ κωμῳδίας μὲν τὸ μεμιγμένον ἔχειν τοῖς σκώμμασι γέλωτα, τραγῳδίας δέ πένθη καὶ συμφοράς. Daß Aristarch eine größere Anzahl von Dithyramben gekannt haben sollte, in denen ἰή o.ä. vorkam, bleibt merkwürdig, auch daß ausgerechnet Kallimachos davon nichts gewußt haben sollte. Mit letzterer Schwierigkeit wird man sich vielleicht in dem Gedanken an die große Masse von Texten abfinden können, mit denen es Kallimachos zu tun hatte; die andere, zu der u. S. 118[0] a.E. eine Erklärung versucht ist, kann solange nicht den Ausschlag gegen Lobels Textherstellung geben, bis jemand eine einwandfreie Alternative bietet.

[1] Käppel S. 38.

[2] Käppel S. 41.

[3] Käppel S. 39.

gen die Texte der Lyriker von ihrem ursprünglichen, nicht mehr verständlichen Funktionszusammenhang gelöst betrachtet und rein formal als Werke der hohen Literatur behandelt hätten und an den Gattungen lediglich insofern interessiert gewesen seien, als es um die Bewältigung der praktischen editorischen Aufgabe der Gliederung ihrer Textausgaben ging, steht er nicht allein.

Nachdem bereits die Entdeckung der im ganzen so undionysischen bakchylideischen Dithyramben bei Wilamowitz[1] und anderen[2] Zweifel an einer Übereinstimmung zwischen ursprünglichem Aufführungszusammenhang und alexandrinischer Klassifikation hervorgerufen hatte, sprach um die Mitte des Jahrhunderts Harvey, der sich, noch ohne das Papyruszeugnis zu dem Dissens zwischen Aristarch und Kallimachos über das Kassandragedicht zu kennen, Gedanken darüber machte, wie die hellenistischen Editoren, "confronted with a mass of heterogeneous material which had to be divided up and arranged in books of a convenient length to be accommodated on a roll of papyrus"[3], sich aus der Affäre zogen, von "artificial distinctions" im Gegensatz zu "real differences of technique in the compositions themselves" und schloß seine Überlegungen mit dem Fazit: "The interest of the Alexandrians was the practical one of classification"[4]. Etwa dreißig Jahre später, lange nach der Veröffentlichung jenes Papyruszeugnisses, heißt es bei Thomas Gelzer, Hauptzweck der alexandrinischen Bucheinteilungen sei gewesen, "Rubriken zu schaffen, unter denen man allem, was man von diesen alten Dichtern noch hatte, einen Ort anweisen konnte"[5]. "Kriterien für die Definition der Gattungen zu finden, mit deren Namen sie ihre Gruppen bezeichneten, und dementsprechend für die Zuteilung der einzelnen Gedichte zu ihnen", sei ihnen, wie der Fall des Kassandraliedes zeige, manchmal schwergefallen[6]. Es sei dies eine Folge des Umstandes, daß ihnen aufgrund ihrer eigenen Situation in dem von den lebendigen Traditionen Griechenlands abgeschnittenen Alexandria und dazu durch ihr klösterliches Dasein Μουσέων ἐν ταλάρῳ "jeder reale Bezug zum `Sitz im Leben´ jener alten Lieder" verloren ge-

[1] Rez. Kenyon, S. 144 f.; hier scheint auch zum erstenmal die Stelle aus Ps. - Plut. De mus. 10. 1134 E - F (test. 5 Käppel; vgl. u. S. 119 f.) herangezogen, die damals, weil P. Oxy. 2368 noch nicht bekannt war, das wichtigste Zeugnis in dieser Frage war. Vgl. auch Textgeschichte S. 42 ff.

[2] Z. B. Jebb, S. 38 - 40.

[3] Harvey S. 159

[4] S. 164.

[5] Alexandriner S. 134.

[6] Gelzer, Μοῦσα αὐθιγενής S. 95.

gangen sei[1]. Hören wir auch B. Gentili und G. Cerri[2]: "The contexts and the situations to which the poetry of the past was destined were disappearing; poetry was from then on read as literature *tout court* and, consequently, classified not on the basis of the original pragmatic criteria but according to internal criteria of a rhetorical type, based on the structure of the work and its contents. Hence the abstract individuation of genres and subgenres, which often gave rise to uncertainties and disputes in the classification of single texts of archaic and late - archaic poetry, as documented, for example, by the controversy between Callimachus and Aristarchus over the classification of the *Cassandra* of Bacchylides. ... The classification of the genres in the Alexandrian age was substantially bookish not only in its analytical formulation but also in its genesis and its operative ends in as much as it was narrowly linked to the practical necessities of critical editing and the libraries." Therese Fuhrer drückt sich in ihrer gleichzeitig mit Käppels Buch erschienenen Dissertation im Hinblick auf die Bestimmung der Gattungen selbst (im Gegensatz zur Verteilung einzelner Gedichte auf sie) vielleicht am deutlichsten aus: "Unterscheidungen zwischen verschiedenen εἴδη" schienen, wie an der Debatte über das Kassandralied deutlich werde, "oft willkürlich festgelegt worden zu sein", da "die einzelnen Gattungen bezüglich ihrer Funktion nicht immer klar voneinander abgrenzbar" seien[3]. Gemeinsam ist Käppel[4] und Fuhrer[5] die Berufung auf Rudolf Pfeiffer, der ohne nähere Begründung und, wie man annehmen wird, in Anschluß an Harveys Ausführungen[6], konstatiert hatte, die Einteilung der lyrischen Gedichte in der Ausgabe des Aristophanes sei ganz von editorisch - praktischen Gesichtspunkten bestimmt gewesen, nicht von einer Tradition poetologischer Theorie oder von älterer künstlerischer Praxis[7].

Die folgenden Ausführungen sollen zeigen, daß sich die Alexandriner bei der Bucheinteilung ihrer Lyrikerausgaben zwar tatsächlich von praktisch - editorischen Gesichtspunkten leiten ließen, dabei aber Gattungsnamen nicht als einziges Kriterium benutzten, und daß sie, wo tatsächlich Gattungsnamen zum Einsatz kamen, zwar durchaus auch Lieder, die zur Zeit der Dichter verschieden bezeichnet wurden, unter Sammelnamen stellten, die ursprünglich ungebräuchlich oder wenigstens unspezifisch waren, aber sich gleichzeitig doch bemühten, un-

---

1 Alexandriner S. 134.

2 B. Gentili - G. Cerri, History and Biography in Ancient Thought, Amsterdam 1988 (Übersetzung eines 1983 in Rom und Bari unter dem Titel "Storia e biografia nel pensiero antico" erschienenen Buches), S. 102.

3 Fuhrer, S. 28.

4 S. 39 m. Anm. 22.

5 S. 29 m. Anm. 79.

6 Vgl. Harvey S. 175[4].

7 S. 227 [S. 183].

abhängig von solchen Klassifikationen den ursprünglichen `Sitz im Leben´, dem sie keineswegs völlig entfremdet waren, nach Möglichkeit zu bestimmen. Schließlich wird, so hoffe ich, deutlich werden, daß wir allen Grund zu der Annahme haben, daß, wo zur Zeit der Dichter gängige und wichtige Gattungsnamen wie παιάν oder διθύραμβος zur Anwendung kamen, diese εἴδη keineswegs, wie wenigstens bei Gelzer, Gentili - Cerri und Fuhrer und Käppel behauptet, nach unhistorischen, einer an später Buchpoesie geschulten formalistischen Betrachtungsweise verpflichteten Gesichtspunkten neu gefaßt wurden, sondern die Absicht der Editoren dahin ging, die Texte nach ihrem in diesen beiden Fällen doch ziemlich klar umrissenen ursprünglichen Aufführungszusammenhang zu ordnen; formale Argumente waren lediglich Mittel zu diesem Zweck, und der Erfolg konnte im Einzelfall nicht gewiß sein[1]. Unser Beweisziel ist also, daß das Gattungsbewußtsein der Alexandriner nicht rein formal geprägt war und daß man das Verständnis für die Art und Weise, wie die Gattungen im fünften Jahrhundert aufgefaßt wurden, keineswegs verloren hatte[2]; außerdem kann von einer Neudefinition der Gattungen nur in einem sehr eingeschränkten Sinne die Rede sein.

V. a) Wie beweiskräftig ist das Bakchylidesscholion?

Wenn wir uns nun wieder dem Kassandrazeugnis selbst zuwenden, so wird schnell klar, daß man sich gut überlegen muß, welche Schlüsse man aus ihm ziehen darf.

Die Alexandriner haben offenbar keine Nachricht über den Rahmen besessen, in dem das Kassandragedicht aufgeführt worden war. Bis zum Beweis des Gegenteils durch ein eindeutiges Beispiel muß gelten, daß weder Kallimachos noch Aristarch ein Gedicht gegen das ausdrückliche Zeugnis, es sei an einem bestimmten Fest als Paian bzw. als Dithyrambos aufgeführt worden, aus formalen Gründen eigenmächtig einer anderen Gattung zuweisen konnten.

Dann aber blieb ihnen, war die Musik auch verloren, gar nichts anderes übrig, als ihre Klassifikation ganz auf die Analyse des Textes selbst zu stützen.

---

1 L. E. Rossi (I generi letterari e le loro leggi scritte e non scritte nelle letterature classiche, BICS 18, 1971, S. 69 - 94, dort S. 80) bezeichnet Pfeiffers oben wiedergegebenes Urteil über die praktisch - editorischen Leitgesichtspunkte der alexandrinischen Klassifikation als übertrieben. Ob allerdings eine "tradizione storico - critica solida ed estesa", wie er sie in seinem wertvollen Beitrag verfolgt, für die Praxis der Alexandriner eine entscheidende Rolle spielt, erscheint mir zweifelhaft. Die Begründung ergibt sich aus den folgenden Ausführungen.

2 Gegen eine solche Auffassung hat sich kürzlich mit knapper Begründung und ganz im Hinblick auf die προσόδια auch D´Alessio, Classification, S. 39 ausgesprochen.

Dabei jedoch war, wie Käppel[1] selbst einräumt, das Vorkommen von ἰή - Ruf oder Paianepiklese ein Kriterium, das sich einfach handhaben ließ und im ganzen doch wohl ziemlich zuverlässig war, und auch die Bedeutung des Mythos im Dithyrambos muß man als ein Unterscheidungsmerkmal gelten lassen, das nicht von der Hand zu weisen war[2]. Der Versuch, aus dem bloßen Text etwa durch Analyse seiner gedanklichen Struktur seine ursprüngliche Funktion zu ermitteln, mußte auf bei weitem größere Schwierigkeiten stoßen und versprach am Ende wohl sogar weniger Erfolg. Die von Käppel mit so wichtigen Resultaten in den Mittelpunkt seiner Überlegungen gestellte Gebetsfunktion des Paians prägt die Gattung und ist eine große Hilfe bei der Interpretation von Gedichten, deren Gattungszugehörigkeit durch eine Nachricht aus dem Altertum feststeht, sie taugt jedoch nur sehr begrenzt als Distinktiv bei der nachträglichen Klassifikation von Einzeltexten. Das hat bereits D'Alessio unter Verweis auf Sappho fr. 1 Voigt hervorgehoben, ein Lied, das als Paian zu bezeichnen niemand auf den Gedanken käme[3]. Weitere Beispiele, an denen wir die Schwierigkeiten, vor

---

[1] S. 40.

[2] Daß die Verbindung des Dithyrambos mit dem Charakteristikum der Mythenerzählung ganz aus der Luft gegriffen war, ist von vornherein ausgeschlossen. Unabhängige Bestätigung liefern die zahlreichen auf mythische Stoffe weisenden Titel von Dithyramben des vierten Jahrhunderts, die, wohl im Gegensatz zu den uns überlieferten Überschriften von Dithyramben des fünften Jahrhunderts (Wilamowitz, Rez. Kenyon, S. 145, und Textgeschichte, S. 43, nachträglich bestätigt durch P. Oxy. 2368, wonach Aristarch das Lied, das er als Dithyrambos klassifizierte, eigens mit einem Titel versah; wie sich Hdt. I 23 hierzu verhält, ist unklar, vgl. Zimmermann, Dithyrambos, S. 24 f., und Käppel, Rez. Zimmermann, Dithyrambos, S. 579), auf die Dichter selbst zurückgehen. Platons Aussage, die ἀπαγγελία αὐτοῦ τοῦ ποιητοῦ ohne Beimischung von direkter dramatischer Mimesis (diese hatte, wie Pickard - Cambridge, DTC[1] S. 41[3] bemerkt, zu Platons Zeiten in der Gattung durchaus ihren Platz) finde man vor allem in Dithyramben (resp. 394 c), ist nur unter der Voraussetzung verständlich, daß in diesen Liedern die Darstellung von Handlungen eine große Rolle spielte. Was das fünfte Jahrhundert angeht, so muß sich der in fr. 70 b [Sn.-] M. sehr dionysisch anhebende zweite pindarische Dithyrambos zumindest dazu geeignet haben, nachträglich mit [Κ]ατά[βασις] Ἡρακλέου[ς] ἢ Κέρβερος überschrieben zu werden; die Geschichte ist wahrscheinlich in fr. *249 a [Sn.-] M. referiert. In Bacch. c. 19 M., dem einzigen Lied im bakchylideischen Dithyrambenbuch, dessen Gattungszugehörigkeit wegen des auf Dionysos weisenden Schlusses unangefochten geblieben ist, dominiert Mythenerzählung ganz.

[3] Rez. Käppel S. 64. Eine ähnliche Struktur läßt sich trotz des eher auf 'hymnische Sprechhaltung' weisenden Eingangs (ἱερὰν ἱερῶν ἄνασσαν Ἑστίαν ὑμνήσομεν) und dem χαῖρε in V. 11 vielleicht auch in dem Hestia - Hymnus des Aristonoos (Coll. Alex. p. 164 sq.) entdecken, dessen Schlußbitte übrigens im Ausdruck eine

denen die Alexandriner standen, leicht selbst erfahren können, sind nicht schwer zu finden. So haben wir oben gesehen, wie schwer auf der Grundlage des bloßen Textes zu entscheiden ist, ob der Hygieia - Hymnos des Ariphron eine Paianstruktur im Sinne Käppels aufweist oder nicht[1]. Die in der alexandrinischen Edition vorgenommene Einordnung von Bacch. 17 unter die Dithyramben ist seit jeher zweifelhaft; der Text allein erlaubt eine Deutung des Gedichtes im Sinne von Käppels Paianmodell, ohne sie jedoch zu erzwingen, und eine Klassifikation des Textes muß deshalb auf einer vor der Interpretation des Textes anhand anderer Zeugnisse gefällten Entscheidung über den Aufführungsrahmen beruhen[2]. Mir scheint daher, daß auch wir heute, wenn wir durch Papyrusfunde einen Haufen neuer lyrischer Texte ohne Gattungszuweisung oder Nachrichten über die Umstände der Aufführung auf den Tisch bekämen, trotz aller Fortschritte, die unsere Auffassung des Paians nicht zuletzt durch Käppel gemacht hat, nicht wesentlich anders verfahren könnten, als Kallimachos und Aristarch in ihrer Not mit dem Kassandragedicht verfahren sind, und dabei wie sie gelegentlich das Pech hätten, an einen Text zu geraten, der einer Untersuchung unter den angewandten Gesichtspunkten Schwierigkeiten in den Weg legt[3].

---

erhebliche Überschneidung (V. 15 f.: ἐξ ὁσίων πολὺν ... ὄλβον ἔχοντας) mit dem apollinischen Paian desselben Dichters (Pai. 42 Käppel = p. 162 - 164 Powell, dort V. 46 ὄλβον ἐξ ὁσίων διδούς) aufweist. Vgl. o. S. 54[2] zum Gebet in Menanders Κόλαξ.

Ob Käppel sein Funktionsmodell wirklich, wie D'Alessio, Rez. Käppel, S. 64, kritisiert, als unterscheidendes Merkmal der Gattung verstanden wissen will, ist mir nicht ganz klar.

1 Vgl. o. S. 52.

2 Das hoffe ich in meinem Aufsatz (Verf. Kretafahrt) zu zeigen.

3 Die `Kassandra' könnte ein solcher besonders schwieriger Text gewesen sein. ἰή - Ruf oder Paianepiklese könnten in Form eines `Zitats' in einem dithyrambischen Kassandragedicht ihren Platz gefunden haben. Ohne daß hierin letzte Sicherheit bestünde, identifiziert man im allgemeinen die `Kassandra' mit dem Gedicht, in dem Bakchylides nach Auskunft des Horazkommentators Porphyrio (zu Hor. c. I 15) Kassandra *futura belli Troiani* prophezeien ließ. Das ergab eine durch die Orakelperspektive besonders reizvolle Erzählung, konnte den Dichter aber auch dazu verlocken, die Dienerin des Apollon in Anbetracht all des Furchtbaren, was er ihr offenbarte, einen Hilferuf an ihren Gott richten zu lassen (vgl. Rutherford, Lyric Structure, S. 12, vgl. auch S. 8); das wäre dann ein Paianruf, der am Dithyrambencharakter nichts ändern mußte, der aber anderseits durchaus Anlaß sein konnte, eine Deutung als Paian wenigstens zu versuchen. Wenn es sich so verhielt, wäre Aristarchs Begründung zwar etwas knapp ausgeführt oder unglücklich referiert, aber voll-

Die Kontrahenten der auf dem Papyrus verewigten Debatte werden also durch die Überlieferungslage gezwungen gewesen sein, zu verfahren, wie sie verfahren sind, wollten sie ihr Problem lösen, das offenbar nicht in der Bestimmung der Gattungen an sich lag, sondern in der Bestimmung eines vorliegenden Textes nach seiner Gattung. Für ihr eigentliches `Gattungsbewußtsein´ aber, d.h. dafür, daß sie, um eine Definition oder Umschreibung des Begriffes `Dithyrambos´ oder `Paian´ gebeten, in einem rein formal - klassifikatorischen Sinne Auskunft gegeben hätten, ergibt sich ebenso wenig wie im Sinne des Schlusses, daß man die εἴδη selbst im nachhinein abweichend von der Realität des fünften Jahrhunderts bestimmt oder ihre Funktion nicht richtig erfaßt hätte. Mit anderen Worten: Es folgt aus dem Zeugnis nicht, daß "die Gattungen der Paiane, Dithyram-

---

kommen sachgerecht. Solche Fälle könnten zu Aristarchs Einschätzung beigetragen haben, das Epiphthegma komme auch in Dithyramben vor.

Es läßt sich aber auch über andere Erscheinungen spekulieren, die möglicherweise den antiken Philologen ein solches Urteil plausibler erscheinen lassen konnten, als es uns heute vorkommt.

Käppel (S. 40[25]) läßt nur einen Fall gelten, in dem "scheinbar" das Epiphthegma außerhalb der Gattung Paian vorkomme, Timoth. Pers. (PMG 791) 205. Diesen Beleg betrachtet er als dadurch entwertet, daß es sich um ein Paianzitat handele (daher auch `Pai. 60´ Käppel). Dieser Einschätzung haben D´Alessio (Rez. Käppel, S. 63) und neuerdings van Minnen (S. 250 ff.) widersprochen. Der Dichter redet im eigenen Namen und richtet an den Gott eine Bitte, die in der Aufführungssituation angemessen erscheint. Nachdem er dies breit ausgeführt hat, schließt er noch ein an denselben Gott, Apollon, gerichtetes Gebet für die gastgebende Stadt Athen an. Es handelt sich um eine Einlage, nicht um ein Zitat. Das Lied als ganzes bleibt natürlich trotz dieser Einlage ein Nomos (zum Verhältnis zum Schluß bei Bacch. c. 17 vgl. Verf., Kretafahrt). Vielleicht kann man sich vorstellen, daß dergleichen eingelegte, nicht `zitierte´ Paiane auch am Schluß von Dithyramben vorkamen, wo gerade eine Fürbitte für das Publikum nicht abwegig erscheinen konnte. Daß am Schluß von Dithyramben oft gebetet wurde, bezeugt ohne Spezifikation Ael. Arist. in seiner Romrede (or. 26, 108 Keil).

Wenn Aristarchs Argument, das Epiphthegma gebe es auch im Dithyrambos, hingegen Folge einer allmählichen Entwicklung in der alexandrinischen Philologie wäre, in deren Zuge mit der Zeit durch stete Anwendung des Mythenkriteriums auch sämtliche Paiane mit längeren Mythenerzählungen unter die Dithyramben verwiesen worden wären, läge darin in der Tat ein Indiz für eine rein formale und dabei mit unverständiger Konsequenz zur Geltung gebrachte Gattungsauffassung. Allerdings hätten sich Aristarch und auch schon seine Vorgänger dann einer monströsen *petitio principii* schuldig gemacht, und man fragt sich, warum das formale Gegenargument des Epiphthegmas so sehr an Kraft eingebüßt haben sollte.

ben etc. jeweils als Formtypus von ihrer lebensweltlichen Funktion losgelöst betrachtet werden konnten", sondern nur, daß man in dieser Zeit angesichts der Überlieferungsverhältnisse einzelne Gedichte, die man Gattungen zuweisen wollte, unter Absehung von der lebensweltlichen Funktion der in Frage kommenden Gattungen, die in vielen Texten keinen eindeutigen Niederschlag gefunden haben mochte und deshalb zur Problemlösung nicht viel beitragen konnte, im Hinblick auf häufige formale Eigenschaften von einzelnen Gedichten dieser Gattungen zu betrachten gezwungen war.

Dies ist zunächst ein rein negatives Resultat. Bevor wir nun prüfen, was aus diesem Zeugnis vielleicht auch positiv zu schließen ist[1] und wie der Umgang der Alexandriner mit den εἴδη der alten lyrischen Dichtung im Rahmen ihrer klassifikatorischen Praxis tatsächlich zu bewerten ist, werfen wir noch einen kurzen Blick auf die zwei weiteren Zeugnisse, die Käppel[2] als Stützen seiner Auffassung vom Gattungsbewußtsein der Alexandriner dienen.

V. b) Weitere Zeugnisse für Klassifikationsschwierigkeiten der Alexandriner

Da ist einmal die Aussage des Ps. - Plut. De Musica (10. 1134 E - F = test. 5 Käppel), es sei umstritten, ob der süditalische Dichter Xenokritos[3] Paiandichter oder Dithyrambendichter gewesen sei, und die Anhänger der letzteren Auffassung hätten sich darauf berufen, daß er Dichter von ἡρωικαὶ ὑποθέσεις πράγματα ἔχουσαι gewesen sei. Diese Leute bedienen sich also desselben Kriteriums, das Aristarch auf das Kassandragedicht des Bakchylides anwandte, und Käppel nimmt vermutlich zu Recht an, daß die Quelle, aus der der Autor De musica schöpft, die alexandrinische Klassifikationspraxis schon voraussetzt.

Zu beachten ist nur, daß Xenokritos ins 7. Jhd gehört. Daß es von ihm zur Alexandrinerzeit Texte gab, ist von vornherein wenig wahrscheinlich. Die Art der Erörterung in der Schrift De musica verstärkt diese Skepsis. Dort ist er unter den Vertretern der sog. zweiten κατάστασις der spartanischen Musikübung erörtert, von denen die meisten Paiandichter gewesen seien (9. 1134 C = test. 134 Käppel). Wenn nun im folgenden (10. 1134 E) gesagt wird, daß ebendies im Falle des Xenokritos umstritten sei und daß er manchen als Dithyrambendichter galt, so deutet das darauf, daß man sich nicht um die Gattungszugehörigkeit bekannter Gedichte stritt; es kann schwerlich bei einem ganzen Corpus vorliegender Texte strittig gewesen sein, ob es als solches der einen oder der anderen Gattung zuzuweisen sei. In dieselbe Richtung weist die Formulierung ἡρωικῶν γὰρ ὑποθέσεων πράγματα ἐχουσῶν ποιητὴν γεγονέναι φασὶν αὐτόν, die zeigt, daß man die Tatsachen, auf die man seinen Schluß baute, nicht mehr selbst feststel-

[1] Zur weiteren Untersuchung dieses Zeugnisses vgl. u. S. 121 f.

[2] S. 41 f.

[3] Zur Namensform vgl. Pfeiffer zu Call. fr. 669.

len konnte, sondern auf nicht nachprüfbare Überlieferungen über den Textinhalt selbst angewiesen war. Die Skepsis stärken in jeweils verschiedener Weise zwei weitere Abschnitte in der Umgebung unserer Stelle, in denen von jeweils einem Dichter der zweiten Katastasis festgestellt wird, daß sein Paiandichtertum angezweifelt worden sei. Im Falle des Thaletas (10. 1134 D/E) sind es offenbar Angaben des Glaukos von Rhegion über sein Verhältnis zur Lyrik des Archilochos und damit doch wohl den Gesamtcharakter seiner Dichtung und über seine metrischen Neuerungen, die zur Skepsis Anlaß gaben (welcher Gattung seine Gedichte, wenn sie keine Paiane waren, tatsächlich angehört haben könnten, wird nicht gesagt), was ausschließt, daß die Zweifler sich auf die Originaltexte stützten; sonst hätten sie, was Glaukos sagte, nicht als eine von zwei Überlieferungen über den Sachverhalt gelten lassen müssen. Die Kenntnis der Texte, auf die sich die referierte Debatte gründet, ist also ähnlich dürftig wie im Falle des Xenokritos[1]. Im Falle des Xenodamos (9. 1134 C) beruht die Vermutung, er habe in Wahrheit Hyporcheme gedichtet, auf einer entsprechenden Angabe bei Pratinas (von dem man also annahm, daß er es besser wissen müsse als man selbst) und auf einem erhaltenen Gedicht. Dem entspricht an der Xenokritos - Stelle nichts, was unwahrscheinlich macht, daß der Eindruck einer mehr als brüchigen Überlieferungsgrundlage der vorgetragenen Überlegungen lediglich auf unsachgerechter Kürzung im Referat des Autors De musica zurückgeht. Auch die Umgebung wirft also ein fahles Licht auf die Voraussetzungen der alexandrinischen Überlegungen zur Gattung der Xenokritos - Gedichte. Es ist unbestreitbar, daß in der Debatte um Xenokritos das formale Argument, ἡρωικαὶ ὑποθέσεις seien für Dithyramben charakteristisch, zum Einsatz kam. Wenn es aber nur zwei wenig aussagekräftige Überlieferungen gab, die von den ἡρωικαὶ ὑποθέσεις und die vom Paiandichtertum des Xenokritos, die möglicherweise auf nichts beruhte als auf der Nachricht von seiner Zugehörigkeit zur zweiten κατάστασις (s.o.), so war es doch wohl auch dann statthaft, sich über diese zumindest nicht ohne weiteres zusammenstimmenden Angaben Gedanken zu machen, wenn man nicht einem rein formalen Gattungsbegriff anhing, und dann mußte man sich eben an das halten, was man hatte.

Kommen wir zu Athenaios XV 696 a - 697 b (Hermipp. fr. 48 W. = test. 7 Käppel). Der Gelageteilnehmer Demokritos erörtert die Frage, ob das Lied des Aristoteles für Hermeias von Atarneus (PMG 842) ein Paian sei oder nicht, und läßt dem Zitat des Textes die Worte folgen: ἐγὼ μὲν οὐκ οἶδα εἴ τίς τι κατιδεῖν ἐν τούτοις δύναται παιανικὸν ἰδίωμα, σαφῶς ὁμολογοῦντος τοῦ γεγραφότος τετελευτηκέναι τὸν Ἑρμείαν ... . οὐκ ἔχει δ' οὐδὲ τὸ παιανικὸν ἐπίρρημα, καθάπερ ὁ εἰς Λύσανδρον τὸν Σπαρτιάτην γραφεὶς ὄντως παιάν usw. Daß hier

---

[1] Priviteras Versuch (S. 20 f.), die Schwierigkeiten der Gelehrten darauf zurückzuführen, daß ihre Gattungsbegriffe nicht zu diesen alten Kompositionen paßten, erscheint daher zumindest unzureichend.

wieder mit dem Indizium des Epiphthegmas operiert wird, ist nicht zu bestreiten. Aber wie der Anschluß mit οὐκ ... οὐδέ zeigt, ist es doch nicht das einzige Kriterium. Zunächst wird festgestellt, daß von der im Paiansingen implizierten Anerkennung als Gott, die erst die ἀσέβεια des Aristoteles ausgemacht hätte, keine Rede sein kann, da der Tod des Hermeias in dem Text ja ausdrücklich zur Sprache kommt, und erst dann wird auf das Fehlen selbst des παιανικὸν ἐπίρρημα hingewiesen; wie berechtigt es ist, sein Vorhandensein als Mindestbedingung zu betrachten, wird eindrucksvoll durch eine lange Liste von Paianen auf lebende Personen aufgewiesen, die dieses bei solchen Adressaten wahrscheinlich besonders wichtige[1] Element alle enthalten. Man wird nicht behaupten können, daß sich der Urheber dieses Räsonnements über den `Sitz im Leben´ tiefe Gedanken gemacht hat, aber ein Bewußtsein davon, daß neben formalen Merkmalen auch der religiöse Sinn eines Liedes zur Bestimmung der Gattung von Bedeutung ist, läßt sich ihm kaum absprechen. Jedenfalls aber hätte die Argumentation durch Verzicht auf das formale Kriterium nur verlieren können, und weitere Überlegungen zur Sprechhaltung oder zur Kommunikationssituation hätten die Frage auch nicht klarer entscheiden lassen. Auch in dieser Stelle also ist schwerlich ein Beleg für ein rein formal und klassifikatorisch geprägtes Gattungsbewußtsein der Alexandriner zu sehen.

V. c) Das Bakchylidesscholion als Zeugnis dafür, daß der ursprüngliche Aufführungsanlaß gedankliches Ziel der alexandrinischen Klassifizierungsbemühungen war

Kommen wir zu dem Kassandrazeugnis zurück. Zu prüfen ist, ob es nicht sogar die Vermutung nahelegt, daß die an der Debatte Beteiligten sich keineswegs der Illusion hingaben, daß eine Betrachtung dieser Art von Dichtung unter rein formalem Aspekt hinreichend und vollständig sei, sondern den `Sitz im Leben´ durchaus als letzten Maßstab ihrer klassifikatorischen Bemühungen im Auge behielten. Mir scheint, daß von einem rein formalen Gattungsbewußtsein und von einer Betrachtung losgelöst von der lebensweltlichen Funktion nur dann gesprochen werden könnte, wenn Kallimachos und Aristarch das Vorhandensein formaler Elemente sowohl als notwendige wie auch als hinreichende Bedingung der Gattungszugehörigkeit betrachtet hätten. Dies aber tut zumindest Aristarch hinsichtlich des ins Feld geführten Arguments nicht. Wenn er bei seiner Aussage, das Lied sei ein Dithyrambos, den Terminus `Dithyrambos´ als technischen Ausdruck mit `Ode mit Mythenerzählung´ zusammenfallen ließe[2] (warum übri-

---

[1] Vgl. o. S. 96.

[2] In diese Richtung könnte der nach Beschreibung klingende Ausdruck τὴν ᾠδὴν ... διθυραμβικὴν (nicht διθύραμβον) εἶναι weisen, aber gegen eine solche Deutung sprechen dieselben Argumente, die oben im Haupttext gegen den Schluß auf ein for-

gens stellte er dann diese Texte nicht einfach unter eine neutrale und treffende Überschrift wie μυθικά[1] o.ä.?), wäre die Sache damit entschieden und der Zusatz, das Epiphthegma komme auch in Dithyramben vor, einerseits unnötig und andererseits unsinnig. Ob das Epiphthegma auch anderweitig in Gedichten mit Mythenerzählung vorkommt oder nicht, wäre bei solcher Betrachtungsweise für die Gattungszuweisung vollkommen gleichgültig, und für Kallimachos gäbe es nichts zu "verkennen"; er hätte sich, als er bei der Klassifikation des Gedichtes das Epiphthegma ins Feld führte, einfach eines *per definitionem* irrelevanten Arguments bedient. Die Art und Weise, wie Aristarch auf die Position des Kallimachos eingeht, zeigt, daß er in dem Vorhandensein der Mythenerzählung ein Indiz sieht, nicht weniger, aber auch nicht mehr. Es muß also in seiner Vorstellung ein gedankliches Ziel geben, das jenseits des verwendeten Kriteriums liegt und nicht in ihm aufgeht, und das kann, da weitere formale Elemente, die dann doch wohl durchschlagender beweiskräftig sein und daher erwähnt werden müßten, nicht in Frage kommen, eigentlich nur die historische Tatsache der erstmaligen und wahrscheinlich einzigen Aufführung als Paian bzw. als Dithyrambos sein, eine Instanz, auf die man ohnehin verwiesen war, wenn auch nur bei einigen wenigen Liedern die für die Gattungszuweisung unanfechtbar maßgebenden (vgl. o. S. 115) Umstände der Aufführung mitüberliefert waren. Damit aber ist die lebensweltliche Funktion des jeweiligen Liedes bzw. der \`Sitz im Leben´ in einem einfachen und gewissermaßen positivistischen Sinne Ziel der aristarchischen Überlegungen. Wäre überliefert gewesen, daß das Lied als Paian aufgeführt worden sei, hätte er es sicher ohne Zögern trotz der Mythenerzählung unter die Paiane gestellt. Da eine solche Überlieferung nicht vorlag, mußte dieses letzte Kriterium der Klassifikation in diesem Fall zum Beweisziel gemacht werden, und dabei kamen *faute de mieux* eben die nicht ganz zureichenden formalen Kriterien zum Einsatz. Daß man die Dinge so zu betrachten hat und der Schluß von den hier vorgetragenen Argumenten auf eine ganze Denkungsart in Gattungsfragen weit über das Ziel hinausschießt, bestätigt auch noch der Umstand, daß sich ausgerechnet Dionysios von Phaselis, aus dem die ganze Nachricht wohl stammt, auf die Seite Aristarchs schlug. Derselbe Phaselit hat sich nach dem Bericht des Didymos (Σ Nem. 11 vol. III p. 185, 6 - 8 Dr.) dafür ausgesprochen, die elfte Nemee, weil sie doch schließlich nicht einem Wettkampfsieg, sondern der Ehrung eines in seiner verflossenen Jugend sportlich leidlich erfolgreichen Amtsträgers der Polis Tenedos gelte, nicht in das Epi-

---

mal bestimmtes Gattungsbewußtsein entwickelt werden. Zum Gebrauch des Adjektivs vgl. Arist. ars poet. 1. 1447 b 26 ἡ ... τῶν διθυραμβικῶν ποίησις.

[1] Zu möglicherweise ähnlich künstlichen Gattungsnamen vgl. u. S. 137 f.

nikienbuch, sondern unter die Parthenien zu setzen[1]. Wie er zu der allem Anschein nach benutzten Voraussetzung kam, daß solche Lieder durch Mädchenchöre aufgeführt wurden, wissen wir nicht[2], aber daß Dionysios gesonnen war, die Gattung eines Liedes allein im Hinblick auf eine formal bestimmte Definition zu betrachten, möchte man nach dieser Probe seiner Praxis kaum glauben.

Daß der Schematismus bei der Anwendung der formalen Kriterien nicht allzu weit getrieben wurde, erführe schließlich eine zusätzliche Bestätigung, wenn das an Hera gerichtete Lied, das bei [Sn.-] M. als Paean *21 erscheint, in der alexandrinischen Edition tatsächlich trotz der mehrfachen Verwendung des ἰή - Rufes unter den Prosodien gestanden haben sollte[3].

V. d) Wie verhalten sich die alexandrinischen Dichter und Philologen zu Fragen wie der nach dem ursprünglichen Sinn und Aufführungsrahmen der Lieder?

Die bis hierhin für die Alexandriner erschlossene Sicht der Dinge paßt auch in gewisser Weise sehr gut in das Gesamtbild, das uns die Philologie der Zeit mit ihrem starken Interesse an den Realien bietet. Man bedenke vor allem, daß, nicht als erster und nicht als letzter, auch Kallimachos persönlich περὶ ἀγώνων schrieb (fr. 403 Pf. m. adn.). In dieser und ähnlichen Schriften mögen auch Dithyrambenagone zur Sprache gekommen sein. Was andererseits die Paiane betrifft, so ist die Schrift Περὶ παιάνων nicht zu vergessen, verfaßt von dem Delier Semos, wenn nicht einem Alexandriner, so doch einem ungefähren Zeitgenossen; er gehört ins dritte Jahrhundert (FGrHist 396 F 23 f.). Daß Schriften wie die, die Dikaiarch unter die Titel Περὶ μουσικῶν ἀγώνων und Περὶ Διονυσιακῶν ἀγώνων stellte, in Alexandrien gelesen wurden, zeigen Zitate in Scholien, Viten und Hypotheseis (vgl. Dikaiarch fr. 75 und 89; vgl. 76; 79 - 82; 84 W.[2]).

---

[1] Zum Text (Παρθένια Bergk : παροίνια codd.) s.u. S. 146[2]. Für die Haltung des Dionysios von Phaselis zur Bedeutung der Aufführungsgelegenheit ergibt sich mit dem überlieferten Text und dem von Bergk verbesserten dasselbe.

[2] Das Scholion bietet weder die Überlegungen des Didymos noch die des Dionysios in plausibler Vollständigkeit dar. Zu dem entscheidenden Satz συντακτέον οὖν, φησὶν ὁ Δίδυμος, εἰς τὰ Παρθένια kann man nach dem, was voraufgeht, aus unserer vielleicht nur ungenügend unterrichteten Sicht nur sagen: *non sequitur* (das gilt auch, wenn wir von Bergks Konjektur [vgl. letzte Anm.] absehen). Dennoch liegt die oben angedeutete Interpretation nahe. Eine alternative Erklärung wäre die, daß unter den Parthenien auch nicht von Mädchenchören gesungene Lieder auf Sterbliche zu stehen kamen, wenn diese nicht gerade Sportsieger waren (vgl. zu solchen praktischen Kompromissen bei der Gedichtanordnung u. S. 139 ff.); dann aber hätte sich doch wohl eher eine Unterbringung im Buch der ἐγκώμια angeboten.

[3] Vgl. o. S. 16.

Zu prüfen ist auch, ob der Aufenthalt in Alexandrien die Gelehrten tatsächlich so stark von der griechischen Tradition und Aufführungspraxis isolieren konnte, daß sie kein unmittelbares Verhältnis zum `Sitz im Leben´ jener lyrischen Gattungen mehr haben konnten. Von regelmäßigen Dithyrambenagonen in Alexandrien ist trotz der dort betriebenen intensiven Pflege des Dionysoskults[1] keine Kunde auf uns gekommen. Allein für die Feierlichkeiten, in deren Rahmen die berühmte, von Kallixeinos von Rhodos (FGrHist 627 F 2 ap. Athen. V 196 a -203 b) beschriebene πομπή des Ptolemaios Philadelphos stattfand, sind durch Athen. V 198 b/c so gut wie sicher dithyrambische Agone bezeugt[2]. Nicht belegt sind Paianaufführungen, auf die man in Alexandrien vielleicht tatsächlich verzichten mußte, da Apollon dort keine große Rolle spielte[3].

Andererseits hat es Dithyrambenagone an vielen Orten der griechischen Welt auch in hellenistischer Zeit gegeben, und ihre Zahl scheint nicht geringer, sondern eher größer geworden zu sein[4]. Und auch das Paiansingen hat nicht aufgehört, wie Käppels Sammlung zeigt[5]; daß auch in Ägypten Paianchöre in den griechischen Gemeinden nicht unbekannt waren, legt die Aufzeichnung einer bearbeiteten Fassung des sog. Erythräischen Paians (Pai. 37 [P] Käppel) in Ptolemais am Ende des ersten nachchristlichen Jahrhunderts nahe.

Unter den großen alexandrinischen Philologen aber war schwerlich einer, der sein ganzes Leben in der `Retortenstadt´ Alexandrien verbracht hatte. Kallimachos insbesondere, der sich bei der Klassifikation des Kassandraliedes an das Epiphthegma hielt, war in Kyrene aufgewachsen, wo Apollon Hauptgott war, und wenn er in seinem zweiten Hymnos die Realität einer Karneenfeier zumin-

---

1 Fraser, Bd. I, S. 201 - 207.

2 Vgl. E. E. Rice, The Grand Procession of Ptolemy Philadelphus, Oxford 1983, S. 56 - 58.

3 Fraser, Bd. I, S. 195 - 197.

4 Belege bei A. Brinck, Inscriptiones graecae ad choregiam pertinentibus, Diss. phil. Hal. vol. VII 2, Halle 1907, Nr. 85 - 98 und 100 - 106 (Orchomenos, Delos, Samos, Teos, Milet); L. Robert, Études épigraphiques et philologiques, Paris 1938, S. 34 f. m. S. 34[1] (Priene, Magnesia, Delphi, Chios, Amorgos, Arkesine, Pergamon, Eretria, Argos, Halikarnass, Iasos, Nisyros). E. Bethe (Hermes 36, 1901, S. 598) verweist auf Pol. IV 20, 9 (τοὺς Φιλοξένου καὶ Τιμοθέου νόμους μανθάνοντες πολλῇ φιλοτιμίᾳ χορεύουσι κατ' ἐνιαυτὸν τοῖς Διονυσιακοῖς αὐληταῖς ἐν τοῖς θεάτροις, οἱ μὲν παῖδες τοὺς παιδικοὺς ἀγῶνας, οἱ δὲ νεανίσκοι τοὺς τῶν ἀνδρῶν λεγομένους), worin trotz der vermutlich terminologisch unklaren Bezugname auf νόμοι ein Zeugnis für dithyrambische Wettbewerbe in Arkadien zu sehen ist. In Athen sind dithyrambische Agone durch Plut. quaest. conv. I 10, 1. 628 A noch um 100 n. Chr. Geb. belegt. Diese Aufstellung erhebt keinen Anspruch auf Vollständigkeit.

5 Vgl. D´Alessio, Classification, S. 39 zu προσόδια.

dest zum Ausgangspunkt der dort aufgebauten Fiktion macht, haben wir keinen Anlaß zu der Annahme, der Dichter spreche wie der Blinde von der Farbe.

Überhaupt deutet die Art und Weise, in der die hellenistische Dichtung Paiane verwendet und von ihnen spricht, darauf hin, daß ihre Vertreter durchaus noch eine Beziehung wenigstens zu dem dieser Gattung seit alters zukommenden `Sitz im Leben´ gehabt haben.

Was den kallimacheischen Apollonhymnos angeht, so läßt wohl der Gebrauch, der dort von dem Paianruf gemacht ist, höchstens in der Verbindung ἱὴ ἱὴ Καρνεῖε *πολύλλιτε* in V. 80 etwas von einem funktionalen Gattungsbewußtsein in Käppels Sinne durchblicken, aber immerhin läßt er den Paian nicht nur im Rahmen einer apollinischen Feier singen, sondern leitet das Paiansingen in V. 97 ff. ausdrücklich aus dem Apollonkult ab, so daß man sich fragen kann, ob Käppels Kardinalzeugnis für das funktionale Gattungsbewußtsein des fünften Jahrhunderts, die Priamel aus dem Anfang des pindarischen Threnos (fr. 128 c [Sn.-] M. = test. 1 Käppel), für diese frühe Zeit mehr oder anderes aussagt als der kallimacheische Hymnos für die späte, zumindest hinsichtlich ihrer Vorstellung vom Paian. Wirklich aufschlußreich aber ist eine Stelle aus der Hecale (fr. 260, 10 Pf. = fr. 69, 10 Hollis). Der Paian der Landleute ist natürlich nur der bloße Kultruf, kein Chorlied, aber die Situation, in der er erklingt, als dankbarer Jubel über den glücklichen Ausgang der Abenteuers mit dem marathonischen Stier, paßt doch ganz in den von Käppel abgesteckten Rahmen.

Ähnliches finden wir bei dem immerhin in Alexandrien geborenen Apollonios Rhodios. Die Argonauten haben soeben die Durchfahrt durch die Plankten hinter sich gebracht, und Iason hat sich durch eine πεῖρα noch einmal der Entschlossenheit seiner Mannen versichert, als sie nach einer durchruderten Nacht im Morgengrauen eine Epiphanie des Apollon erleben (II 669 ff.). Daraufhin weiht man die Insel, an der man gerade gelandet ist, dem Ἑῷος Ἀπόλλων und Orpheus schlägt ein Opfer vor:

τὰ δὲ ῥέξομεν οἷα πάρεστιν,
βωμὸν ἀναστήσαντες ἐπάκτιον. εἰ δ' ἂν ὀπίσσω
γαῖαν ἐς Αἱμονίην ἀσκηθέα νόστον ὀπάσσῃ,
δὴ τότε οἱ κεραῶν ἐπὶ μηρία θήσομεν αἰγῶν·
νῦν δ' αὔτως κνίσῃ λοιβῇσί τε μειλίξασθαι
κέκλομαι· ἀλλ' ἵληθι ἄναξ, ἵληθι φαανθείς (II 688 - 693).

So geschieht es, und das Opfer wird von einem richtigen Paiangesang begleitet:

ἀμφὶ δὲ δαιομένοις εὐρὺν χορὸν ἐστήσαντο,
καλὸν Ἰηπαιήον' Ἰηπαιήονα Φοῖβον
μελπόμενοι, σὺν δέ σφιν ἐὺς πάις Οἰάγροιο
Βιστονίῃ φόρμιγγι λιγείης ἦρχεν ἀοιδῆς (II 701 - 704).

Der im folgenden (II 705 - 713) paraphrasierte Inhalt dieses Liedes beschäftigt sich vor allem mit der Ankunft des Gottes in Delphi und dem aus dem kallimacheischen Apollonhymnos bekannten Aition des Paianrufes.

Hier haben wir nun sogar einen richtigen Paianchor, und die Funktion des Gesanges entspricht wieder genau der, die Paiane auch im fünften Jahrhundert hatten[1]. Bei Antritt der Reise hatte Iason um glücklichen Ausgang zu Apollon gebetet (I 409 ff.), und nach Überwindung des ersten Haupthindernisses hat der Gott den Argonauten durch seine Epiphanie noch einmal Mut gemacht. So bringt man ihm ein Opfer dar und betet mit dem in typischer Weise damit verbundenen Paian um weiteren Schutz[2].

An einem Ort, wo Dichterphilologen so vom Paian reden, sollten auch zwei oder drei Generationen später Gelehrte, die nicht mehr gleichzeitig auch Dichter waren, über den `Sitz im Leben´, den die Paiane der alten Lyriker eingenommen hatten, zumindest soweit es nicht ins Detail ging, nicht besonders angestrengt haben nachdenken müssen.

Daß ein Dichter wie Kallimachos in seinem eigenen Werk Gattungsgrenzen verschiebt oder Gattungen unter Aufgabe des bisherigen `Sitzes im Leben´ neue Funktionen zuweist, wie er es etwa in seinem Apollonhymnos sicherlich tut, ist eine Sache für sich und besagt nichts dagegen, daß sein Verständnis der alten Gattungen über das Formale hinausging und er ihren ursprünglichen `Sitz im Leben´ richtig auffaßte.

V. e) Was ergibt sich aus der alexandrinischen Klassifikationspraxis, also aus dem, was wir über die verschiedenen Lyrikereditionen wissen?

Jetzt stellt sich noch die Frage, wie sich diese Auffassung des alexandrinischen Verständnisses der lyrischen Gattungen und besonders des Paians mit dem vereinbaren läßt, was wir über die alexandrinische Klassifikationspraxis sonst noch wissen. Hierauf nicht zuletzt stützte sich ja das Urteil über den Umgang der Alexandriner mit den lyrischen Gattungen.

V. e 1) Vergleich der Editionen des Pindar und des Bakchylides mit denen der anderen Lyriker des Kanons

Ein Vergleich der Prinzipien, nach denen die Ausgaben der einzelnen Lyriker aufgeteilt waren, zeigt, soweit er bei dem dürftigen Stand unseres Wissens möglich ist, nicht, daß die Gattungen als "nachträgliches Ordnungsprinzip zur rein praktischen Gliederung von Gedichtcorpora" angesehen wurden, sondern bestä-

---

[1] In ein jährlich wiederkehrendes Polisfest ist er natürlich nicht eingebettet.

[2] Vielleicht sollen die V. 689 ff. mit ihrer Entgegensetzung des jetzt allein möglichen bescheidenen Opfers und des für den Fall einer glücklichen Heimkehr in Aussicht gestellten aufwendigen den Leser einladen, sich den Inhalt des 705 - 713 nur in einigen Punkten angedeuteten Paiantextes etwas zu ergänzen.

tigt lediglich Pfeiffers Formulierung, daß "die Einteilung der lyrischen Gedichte von den Bedürfnissen des Herausgebers" bestimmt war.

So spielten in der Sappho - Ausgabe Gattungsgesichtspunkte offenbar eine geringe oder gar keine Rolle. Kriterium der Verteilung der Lieder über die neun Bücher melischer Poesie (Tullius Laurea A. P. VII 17 = The Greek Anthology. The Garland of Philipp and some contemporary epigrams ed. by A. S. F. Gow and D. L. Page, 2 Bde., Cambridge 1968, V. 3909 - 3916 = test. 49 Gall.[2] [nicht bei V.], und Suda σ 107 = test. 235 V.; hinzu kam ein Buch nicht - melischer Dichtung, test. 235 und 252 V.) war das Metrum. Von den ersten drei Büchern ist ausdrücklich bezeugt, daß sie metrisch homogen waren (test. 226; 227; 229 V.); für die Annahme, daß dasselbe für das vierte galt, spricht viel[1]. Das fünfte Buch enthielt Gedichte in verschiedenen Versmaßen; möglicherweise hatten sie eine Strophenlänge von drei Versen gemein[2]. Über das sechste Buch besitzen wir keine Zeugnisse und über das siebente wissen wir zuwenig, als daß man eine Aussage treffen könnte. Was das achte betrifft, so könnte test. 232 V. für eine Gruppierung von Gedichten unter metrischem Gesichtspunkt in einem Teil des Buches sprechen. Das Buch, das 'Επιθαλάμια überschrieben war (test. 234 V.) und von dem man heute meist annimmt, daß es das neunte und letzte war[3], scheint nur die Hochzeitslieder enthalten zu haben, soweit sie metrisch in keines der anderen Bücher paßten[4]; wenn das stimmt, entschied auch hier das metrische Kriterium. Eine andere mögliche Hypothese ist die, daß die Hochzeitslieder unter Sapphos Gedichten die einzigen waren, die sich unter inhaltlichem Gesichtspukt zu einer hinreichend großen Gruppe zusammenfassen ließen[5].

---

[1] Page, Sappho and Alcaeus, S. 114 f.

[2] Page, Sappho and Alcaeus, S. 115.

[3] Page, Sappho and Alcaeus S. 113 ff.; Pardini (S. 261) lehnt die Identifikation des Epithalamienbuches mit einem der durchgezählten melischen Bücher ab (vgl. u. Anm. 132[1]).

[4] Page, Sappho and Alcaeus, S. 125 f. Die These von Wilamowitz (Textgeschichte S. 71 f.), diese Gedichte seien polymetrisch gewesen, ist nicht widerlegt, aber von der zur Begründung neben einem metrischen Vergleich zwischen den unsicher hergestellten frr. 104 und 111 V. benutzten Hypothese, daß Catull sich in seinem c. 62 an ein einziges sapphisches Hochzeitsgedicht gehalten hat, das fr. 104 (≈ Cat. 62, 20 - 24) und 105 c V. (≈ Cat. 62, 39 - 47) enthielt, scheint Wilamowitz später selbst abgerückt zu sein (Hellenistische Dichtung, 2 Bde., Berlin 1924, Bd. II, S. 280; vgl. Sappho und Simonides, S. 88[1]; Doxographie bei H. P. Syndikus, Catull. Eine Interpretation, Zweiter Teil, Darmstadt 1990, S. 52[12]).

[5] P. Maas, RE s.v. Hymenaios, Bd. IX 1 (1914) Sp. 130 -134, dort Sp. 132; Page, Sappho and Alcaeus, S. 119.

Wahrscheinlich ist metrische Gliederung auch im Falle des Anakreon. Hephaest. De signis 3 p. 74, 9 sqq. Consbr. stellt Anakreon (test. de metr. 1 Gentili) hinsichtlich der in der alexandrinischen Ausgabe geübten Praxis, den Beginn eines neuen Gedichts bei gleichzeitigem Metrenwechsel in bestimmter Weise zu markieren, mit Sappho zusammen[1]. Das aus dem ersten Buch zitierte Verspaar PMG 349 (= fr. 2 Gentili) und die Verse, die Hephaistion aus dem "ersten Gedicht des Anakreon" zitiert (PMG 348 = fr. 1 Gentili), zeigen beide Glykoneen. Bei den Zitaten aus Buch II handelt es sich um Ioniker und ihre anaklastische, anakreontische Variante. Ferner führt Gentili[2] den keinem Buch zugewiesenen P. Oxy. 2321 (fr. 60 - 70 Gentili = PMG 346) an. Er spricht von "un ordinamento di carmi non d´identico metro, ma di metri affini (prevalentemente coriambici o coriambico - iambici" (vgl. seine metrischen Analysen in seiner Ausgabe, S. 110). Einen besonders eindrucksvollen Beleg gewönnen wir, wenn zu sichern wäre, daß mit fr. 60, 13 (= PMG 346, fr. 1, 13) ein neues Gedicht anfängt[3]. Daß neben einem metrischen auch ein inhaltlicher Gesichtspunkt die Zusammenstellung der alexandrinischen Ausgabe bestimmt hätte und zur Abtei-

---

Über die Anordnung der Gedichte in den Alkaiosausgaben des Aristophanes und des Aristarch (zu den zwei alexandrinischen Ausgaben s. Hephaest. De signis 3 p. 74, 11 - 14 Consbr. [Sappho test. 236 Voigt]; daß sie verschieden aufgebaut waren, hält Pardini S. 258 f. für unwahrscheinlich und macht plausibel, daß andernfalls unsere Zeugnisse sich auf die Edition Aristarchs beziehen müßten) wissen wir betrüblich wenig. Die Bücher wurden offenbar wie bei Sappho durchgezählt, und es scheinen ihrer zehn gewesen zu sein (vgl. Alc. test. 453 Voigt). Zusammenstellung von Gedichten gleicher metrischer Gestalt scheidet aus (Pardini S. 260), vielmehr scheint in dieser Hinsicht eher das Prinzip der Variatio im Vordergrund gestanden zu haben (Pardini S. 260 f. und 265 f.). Dagegen hat Thematisches wohl eine Rolle gespielt: στασιωτικά scheinen beisammengestanden, vielleicht ein ganzes Buch oder mehrere gefüllt zu haben, ohne daß dies zu einer entsprechenden Betitelung geführt hätte (Pardini S. 267 - 270; vgl. S. 277). Was über diese Ansätze einer Rekonstruktion hinaus an Hypothesen vorgetragen worden ist, hält einer Prüfung im Lichte der Papyrusfunde nicht stand (Pardini *passim*).

[1] Vgl. Gentilis Ausgabe, S. XXVI f.

[2] S. XXVII seiner Ausgabe.

[3] Gentili (S. XXVII der Ausgabe) zieht zur Bestätigung auch P. Oxy. 2322 heran, wo trochäische Gedichte aufeinanderfolgten. Indes beruht dies darauf, daß Gentili in dem Papyrus, dessen Zuweisung an unseren Dichter übrigens nicht ganz unumstritten ist, bei V. 10 mit Latte und Peek (dagegen Lobel, The Oxyrhynchus Papyri, part XXII, 1954, S. 62) ein neues Gedicht beginnen läßt (fr. 72 nach 71); Page (PMG 347) druckt den Text als ein fortlaufendes Gedicht (skeptisch hinsichtlich der Auswertbarkeit dieses Fundes für unsere Frage schon Pardini S. 262[4]).

lung eines Buches Parthenien geführt hätte, ist eine Hypothese, die auf schwacher Grundlage beruht[1]. Die lyrischen Gedichte waren wohl auf drei oder fünf Bücher verteilt, die lediglich mit Ordinalzahlen bezeichnet waren[2].

---

[1] Daß Anakreon Parthenien verfaßt hat (so Gentili auf S. XXVIII seiner Ausgabe), geht aus den unter PMG 500 zusammengestellten Testimonien keineswegs hervor (in Betracht kommt allein Kritias 88 B 1 D. - K., aber in V. 1 kann γυναικεῖα μέλη als zusammenfassende Charakteristik des Gesamtwerkes nicht Parthenien meinen, wozu auch der Ausdruck an sich schon schlecht paßt, sondern muß sich, obwohl der Dichter auch der μοῦσα παιδική nicht abhold war, wie Bach in seinem Kommentar angibt, auf *carmina amatoria* beziehen [vgl. Wilamowitz, Sappho und Simonides S. 109], und in V. 8 sind die θήλεις χοροί schwerlich Mädchenchöre, die Lieder des Anakreon vortragen, sondern werden als Bestandteil der Nachtfeste mit erotischer Konnotation genannt, wie auch Symposion und Kottabos um ihrer erotischen Aspekte willen Erwähnung finden). Alles hängt an PMG 501, dem Zeugnis, das auch allein die Annahme eines eigenen Buches solcher Lieder stützen könnte; in diesem Papyrusfragment mit Homerscholien (vol. V p. 91 Erbse) läßt sich unmittelbar vor einem mit ἐν Παρθενείοις eingeleiteten Zitat mit Platt und Ludwich zu [π]α[ρ'] 'Ανακ[ρέοντι] ergänzen. Das folgende Zitat zeigt aber nicht den sonst bezeugten anakreontischen Dialekt und scheint auch dem heroischen Motiv nach nicht zu dem Dichter zu passen (vgl. Page in der annotatio); Erbse hält einen Irrtum des Scholiasten für möglich; nur nebenbei erwähnt sei, daß Snell (Hermes 73, 1938, S. 438) in παροινίοις ändern wollte. Das Testimonium hat also wenig Gewicht (Vorsicht auch bei Calame, Choeurs, Bd. II S. 174 f.). Pardini könnte auch hier wieder (vgl. o. S. 127[3] und u. S. 132[1]) einwenden, Bezeichnung der Bücher durch Ordinalzahlen und durch Gattungsnamen seien miteinander unverträglich.

[2] In einem Epigramm des Krinagoras (A.P. IX 239 = The Greek Anthology. The Garland of Philipp and some contemporary epigrams ed. by A. S. F. Gow and D. L. Page, 2 Bde., Cambridge 1968, V. 1803 - 1808) ist von einer Edition der Werke des Dichters in fünf Büchern die Rede. Ferner besitzen wir Zitate, solche in lyrischen Maßen und eines, das nicht unbedingt den Wortlaut des Dichters wiedergeben will, die sich mit Ordinalzahlen auf Bücher beziehen: PMG 349 = fr. 2 Gentili aus Buch I, PMG 352; 353; 354; evtl. 351 (mit Variante, die das Versstück ins erste Buch verwiese) = fr. 19; 21; 20; 27 Gentili aus Buch II, PMG 355 und 356 = fr. 33 und 34 Gentili aus Buch III. Diese Zeugnisse lassen sich, da die Suda α 1916 erwähnten Anakreonteen in einer alexandrinischen Edition natürlich keinen Platz hatten, unter der Annahme vereinigen, daß es neben je einem Buch Iamben und Elegien, wie sie die Suda α 1916 zu bezeugen scheint (hierzu West, IEG[2], vol. II p. 30 sq. und Pardini S. 262[3]), drei Bücher mit Gedichten in lyrischen Maßen gab (darauf legen sich Crusius, RE s.v. Anakreon, Bd. I 2, 1894, Sp. 2035 - 2050, dort Sp. 2041, und die Literaturgeschichte von Schmid, Bd. I 1, S. 438 fest); der von Krinagoras gewählte Ausdruck βύβλων ... λυρικῶν ... πεντάς wäre dann, was den Gattungs-

In der Alkman - Ausgabe könnte es neben einem merkwürdigen Einzeltitel und Büchern, die nur mit einer Ordinalzahl gekennzeichnet waren und deren Gliederungsprinzip uns unbekannt ist[1], ein oder zwei Bücher Parthenien gege-

---

begriff angeht, *a parte potiori* zu verstehen; will man ihn wörtlich nehmen (wobei man sich allerdings mit der Annahme abfinden müßte, daß in dem Gedicht nur ein Teil der gesamten Anakreon - Ausgabe verschenkt würde), muß man mit fünf melischen Büchern, insgesamt also sieben Büchern rechnen.

Gentili (S. XXVIII seiner Ausgabe) versucht eine Anakreonausgabe in neun oder zehn Büchern zu rekonstruieren. Er nimmt erstens an, daß metrisch gleiche oder ähnliche Lieder nicht nur, wofür einiges spricht (s.o.), zusammenstanden, sondern auch jeweils ein ganzes Buch für sich beanspruchten. Auf dieser Grundlage postuliert er neben einem Buch Glykoneen und einem durch P. Oxy. 2321 bezeugten in "metri misti" jeweils ganze Bücher mit Ionikern und Trochäen: da mit fr. 33 Gentili (= PMG 356) eine in ionische Dimeter aufteilbare Versreihe aus dem dritten Buch und mit fr. 19 Gentili (= PMG 352) ionische Tetrameter aus Buch II zitiert werden, nimmt er gleich zwei Bücher Ioniker an und überträgt dieses Kalkül auch auf die Trochäen: also auch hier zwei Bücher. Man muß aber sagen, daß die Voraussetzung, daß für jedes häufiger vorkommende Metrum ein ganzes Buch reserviert war, vollkommen unbewiesen ist. Ferner fordert er ein Buch Parthenien (vgl. o. Anm. 129[1]). Das achte und das neunte Buch wären die in der Suda (α 1916) bezeugten Iamben und Elegien, das mögliche zehnte Buch ein zweites iambisches, auf dessen Existenz Gentili auf die bloße Analogie zu Ionikern und Trochäen hin spekuliert.

Es ist deutlich, auf wie schwankenden Grundlagen diese Rekonstruktion beruht, und die Angabe im Text des Krinagorasepigramms ist selbst dann nicht ohne weiteres beiseitezusetzen, wenn der dritte und der vierte Vers, wo erst Anakreon als Verfasser der βύβλων ... λυρικῶν πεντάς der ersten beiden Verse namhaft gemacht wird, interpoliert sein sollten; auch der Fälscher müßte doch über die Zahl der Bücher dieses Dichters Bescheid gewußt haben (vgl. den Kommentar von Gow und Page).

Über Ibykos ist nicht mehr zu sagen, als daß die Suda (PMGF TA 1) ihm sieben Bücher gibt und zwei Fragmente (PMGF 283 und 284) aus dem ersten Buch zitiert werden und eines aus dem fünften (PMGF 285).

[1] Nach der Suda (TB 1 und fr. 158 Davies) ἔγραψε βιβλία ἓξ μέλη καὶ Κολυμβώσας. Sechs Bücher μέλη werden uns durch die Subscriptio PMGF 4 (a) fr. 1 (Ἀλκμᾶνος μ[ε]λῶν ϛ΄) bestätigt; danach sollte das mit dem problematischen Titel Κολυμβῶσαι versehene Werk (vgl. Davies zu Alcman 158) eher neben diesen sechs Büchern gestanden haben als, wie einst Lobel annahm, Bestandteil des letzten gewesen sein; M. W. Haslam erwägt daher, den Sudatext in βιβλία ἓξ μελῶν καὶ Κολυμβώσας zu ändern (The Oxyrhynchus Papyri, vol. XLV, 1977, S. 2). Antike Zitate mit Buchzahl sind mehrfach überliefert (Stellen gesammelt bei Calame, Choeurs, Bd. II, S. 171[62]).

ben haben. So ist PMGF 16 bei Stephanus von Byzanz mit der Stellenangabe ἐν ἀρχῇ τοῦ δευτέρου τῶν παρθενείων ᾀσμάτων eingeführt, und in einem Papyruskommentar (PMGF 5, fr. 49, col. II 11, p. 53) findet sich εν β' πα̣ [, wo Lobel mit der Möglichkeit einer Ergänzung zu ἐν β' παρ[θενείων] rechnete[1], die Davies jetzt als wahrscheinlich bezeichnet. Aus diesen Zeugnissen wird mitunter geschlossen, daß zwei Bücher, und zwar, weil PMGF 1 mit Wahrscheinlichkeit aus Buch I zitiert wird, die ersten beiden, mit Parthenien gefüllt waren[2]. Nun kann τὸ δεύτερον τῶν παρθενείων ᾀσμάτων ebensogut "das zweite Parthenion" wie "das zweite Parthenienbuch" bedeuten[3], und an der anderen Stelle rechnet Lobel selbst mit der Möglichkeit, daß ein "zweites Parthenion" gemeint sei; Pardini hält überdies andere Ergänzungen des πα für denkbar, außerdem müsse nicht unbedingt von einem Buch Alkmans die Rede sein[4]. Aber auch wenn beide Stellen so gemeint sein sollten, ließe sich zugunsten der Annahme, daß die Parthenien zusammenstanden, ins Feld führen, daß ein Zitat wie "im zweiten Parthenion" nur dann oder doch in erster Linie dann sinnvoll war, wenn diese Lieder zusammenstanden, nicht, wenn man wissen mußte, wieviele andere Gedichte zwischen dem ersten und dem zweiten Lied dieser Gattung standen. Überdies findet sich in einem Papyrus zu einem Text, der offenbar Teil eines Parthenions ist (Alcman PMGF 3, fr. 1), die Bemerkung, das betreffende Lied stehe in den Handschriften fälschlich im fünften Buch und sei dort teils mit Tilgungszeichen versehen, teils nicht[5]. Es ist nicht ausdrücklich gesagt, worauf die Überzeugung, das Lied gehöre an die eine Stelle und an die andere nicht, beruht, aber die Gattungszugehörigkeit liegt doch am nächsten. Es bleibt also wahrscheinlich, daß die Parthenien beisammenstanden, ohne daß sie deshalb durchaus ein ganzes Buch oder mehrere Bücher ausschließlich gefüllt haben müßten. Außerdem ist nicht sicher zu entscheiden, ob das Buch oder die Bücher

---

[1] The Oxyrhynchus Papyri, part 24 (1957) S. 67.

[2] Calame, Choeurs, Bd. II, S. 171 und S. XXIII seiner Alkman - Ausgabe. Lobel, The Oxyrhynchus Papyri, part 24 (1957) S. 81 zieht es vor, nur an das erste Buch zu denken.

[3] Harvey S. 158[2]; Pardini S. 264.

[4] S. 265[0]; Pardini vertritt hinsichtlich der Ausdeutung solcher Zitate auf Buchtitel hin überhaupt die Position radikaler Skepsis.

[5] Zur Interpretation der Bemerkung vgl. Lobel, The Oxyrhynchus Papyri, part 24 (1957) S. 11; vgl. D'Alessio, Classification S. 56[192], der eine Parallele zu dem Fall der dritten Triade des sechsten pindarischen Paians zieht, die, wie sich neuerdings herausgestellt hat, nicht nur im Buch der Paiane, sondern separat auch unter den Prosodien stand.

in den Texten der Alexandriner selbst entsprechend überschrieben waren[1] oder man sich nur angewöhnte, sie so zu zitieren.

Vielleicht bot es sich an, eine hinreichend große Gruppe unter diesem Namen zusammenzustellen, während anderes eher disparat erschien.

Dem Stesichoros schreibt die Suda (TA 19 Davies) 26 Bücher zu, zitiert wird aber stets mit Titeln[2], und lediglich, wenn ein Werk mehr als ein Buch füllte, kann die Ordinalzahl dabeistehen (PMGF 213 f. und evtl. 189). Die plausibelste Kombination aus diesen Tatsachen ist die, daß die Länge seiner Gedichte es nahelegten, ein jedes für sich stehen zu lassen und auf die Vereinigung jeweils mehrerer Lieder zu Büchern zu verzichten[3].

In der Simonidesausgabe haben Gattungen als Ordnungsprinzip zweifellos eine Rolle gespielt. Durch Fragmentzitate deutlich bezeugt ist, daß die Epinikien für sich standen und nach Sportarten geordnet waren: PMG 512 wird ἐκ τῶν Σιμωνίδου Τεθρίππων zitiert, 508 soll ἐν πεντάθλοις gestanden haben. Schon Kallimachos (fr. 441 Pf.; vgl. PMG 506) hatte in seinen Πίνακες eine Gruppe von Gedichten unter dem Titel ἐπίνικοι δρομέσιν verzeichnet[4]. Hinweise gibt es ferner darauf, daß die Ausgabe Gedichte unter der Überschrift ἐπίνικοι πύκταις zusammenfaßte (PMG 510). Daß, wie meist angenommen wird, jede dieser Gruppen ein Buch füllte, ist zumindest nicht ausdrücklich bezeugt und geht aus der Art des Zitierens nicht sicher hervor, ist aber wahrscheinlich.

Das gleiche gilt für die Threnoi, die neben den Epinikien zitiert werden, PMG 529 (ἐν Θρήνοις) und 523 (Σιμωνίδου Θρήνων), und auch als Abteilung der Werke des Dichters in der Suda (σ 439) erscheinen.

Bei den κατευχαί, aus denen zweimal zitiert wird (PMG 537 f.), bleibt unsicher, was das Wort bedeutet und ob es sich um den Titel eines Buches oder ei-

---

[1] Die Annahme einer solchen Kombination von Buchtitel und Bezeichnung des Buches durch Ordinalzahl lehnt Pardini im Falle Alkmans (S. 264 f.) wie auch sonst (S. 261; vgl. S. 268) ab (vgl. o. S. 121[3]).

[2] PMGF 178; 179 (i) und (ii); 180; S 85 und S 86; 187 - 188; 192; 194 (iii) - (v); 195; 196; 198; 206; 208; 212; 215; 220; 221; vgl. 229 (merkwürdig dort τὴν 'Ορέστειαν καλουμένην).

[3] Pardini S. 264. Wilamowitz (Textgeschichte S. 34) und Harvey (S. 158) meinen, daß die Suda, obwohl sie von Büchern spreche, nur an eine entsprechende Zahl von Einzelgedichten denken könne, da ganze Bücher in dieser Zahl ein allzu umfangreiches Oeuvre des Stesichoros ergäben. Die Zitate mit ἐν δευτέρῳ 'Ορεστείας bzw. ἐν 'Ορεστείας β' (PMGF 213 f.) und das wahrscheinlich entsprechend zu deutende ἐκ τοῦ πρώτου Στησιχόρου 'Ελένης (PMGF 189) sind damit nicht zu erklären, und wenn die Gedichte tatsächlich viel kürzer als ein durchschnittliches Buch waren, müßte man doch mit einer Buchaufteilung rechnen und dürfte nicht gegen den Wortlaut in der Suda postulieren, diese Bücher seien nicht gemeint.

[4] Vgl. u. S. 135[6].

nes einzelnen Gedichtes handelt. Geradezu rätselhaft ist die Formulierung, mit der Strabon sich auf Dinge beruft, die Simonides ἐν Μέμνονι διθυράμβῳ τῶν Δηλιακῶν gesagt haben soll (PMG 539)[1], und fraglich, warum wir sonst keine ausdrücklich einem Dithyrambenbuch zugewiesenen Zitate von diesem Dichter haben[2]. Unklar ist auch, welchen Platz die in der Liste der Suda (σ 439) er-

---

[1] Die Überlieferung wird bei Page und in früheren Ausgaben nicht klar. Wie mir Herr Prof. Radt brieflich mitteilt, bieten von den vier überlieferungstragenden Handschriften drei (CDF) Δηλιακῶν und nur eine (Athous Vatopedii 655, in der künftigen Groninger Ausgabe B, vgl. Mnem. IV 44, 1991, S. 312) δηλισιακῶν. Bibliographie und neue eigene Überlegungen bei Rutherford, Paeans, S. 203 ff.; vgl. Wilamowitz, Textgeschichte, S. 38 f.

[2] In einem unter seinem Namen überlieferten Epigramm (FGE 792 - 5) werden ihm nicht weniger als sechsundfünfzig Siege mit χοροὶ ἀνδρῶν zugeschrieben. Das Gedicht geht höchstwahrscheinlich nicht auf Simonides zurück (vgl. Page), aber man fragt sich doch, wer die Zahl der Siege (der Dichter wußte schwerlich, was er tat, als der die Knabenchöre ausschloß) gänzlich aus der Luft gegriffen haben sollte. Andererseits ist die Zahl ungeheuer hoch, und bei welchen Gelegenheiten der Dichter so viele Erfolge errungen haben könnte, bleibt unklar (Molyneux S. 102 ff.). Ein dithyrambischer Sieg des Dichters in Athen ist durch das Marmor Parium (FGrHist 239 A 54) für das Jahr 477/6 bezeugt, und das braucht nicht auf das ebenfalls unter dem Namen des Simonides überlieferte, aber hochverdächtige Epigramm FGE 796 - 801 zurückzugehen (wie Jacoby, Das Marmor Parium, Berlin 1904, S. 180 unter Voraussetzung seiner Echtheit vermutet), in dem von diesem Sieg die Rede ist (die Gründe, die für eine wesentlich spätere Datierung der Verse sprechen, bei Page; Molyneux S. 318 ff. bleibt diesen Argumenten gegenüber skeptisch). Die Quelle, auf die diese Notiz wie andere dieser Art über die Zwischenquelle (Jacoby, op. cit. S. XVII) letztlich zurückgehen sollten, waren die aristotelischen Didaskalien, die neben den dramatischen auch die dithyrambischen Wettbewerbe berücksichtigten (G. Jachmann, De Aristotelis didascaliis, Diss. Göttingen 1911, p. 5 sq.) und denen der Parier auch sonst seine einschlägigen Daten verdanken muß. Auf diese Quelle werden die Angaben in dem Epigramm zurückgehen (daß irgendwo in den Didaskalien tatsächlich wie in dem Epigramm ein 'Αριστείδης Ξενοφίλου als siegreicher Chorege geführt war, darf man aus Panaitios fr. 131 van Straaten ap. Plut. Aristid. 1, 6 schließen; auf die Stelle wie auch auf ein Kerameikos - Ostrakon mit diesem Namen hat D. M. Lewis, JHS 104, 1984, S. 180 hingewiesen), und das τις im dritten Verse, das dann, wenn man sich das Gedicht als zeitgenössischen Reflex des dithyrambischen Sieges denkt, so anstößig ist und schwerlich durch kritischen Eingriff beseitigt werden kann (anders Molyneux S. 319), wird dann verständlich, wenn man annimmt, daß der Dichter dieser versifizierten Didaskalie gerade merken lassen wollte, daß er bei Aristoteles oder in einer anderen literarhistorischen Schrift nachgesehen hat (Molyneux hält das τις auch im Falle später Abfassung des Gedichtes für "a

wähnten ἐγκώμια und Paiane (Paianfragmente in Teilen von P. Oxy. 2430 = PMG 519, davon das Sichere Pai. 5 Käppel; diese und weitere möglicherweise derselben Gattung angehörende Bruchstücke bei Rutherford, Paeans, *passim*) einnahmen[1], was aus dem Poseidon - Hymnus PMG 576 wurde[2], und ob es, was man [Plut.] De mus. 17. 1136 F nicht mit Sicherheit entnehmen kann, ein Buch Parthenien gab. Möglicherweise existierte eine Zusammenstellung von Συμμικτά (sc. ποιήματα), PMG 540[3]. Unklar ist schließlich, welchen Platz in der alexandrinischen Ausgabe die Gedichte einnahmen, die nur mit Einzeltiteln angeführt werden: PMG 562 wird aus der Εὐρώπα zitiert, PMG 533 aus der ἐπ' Αρτεμισίῳ ναυμαχία, wobei es, da mittlerweile auf Papyrus ein Gedicht dieses Themas in elegischen Distichen, also dem Versmaß, das dem Gedicht in der Suda (σ 439) zugeschrieben wird (PMG 532), aufgetaucht ist (Simon. fr. 1 - 4 W.²), unklar bleibt, ob es sich bei PMG 533 um ein Fehlzitat handelt oder der Dichter dasselbe Thema sowohl in elegischen wie in lyrischen Versen behandelte[4]. Ein lyrisches Gedicht über die Schlacht bei Salamis bezeugt die Suda (σ

---

clumsy stopgap"). Dann aber wird man in dem im MP verzeichneten Sieg des Simonides seinen ersten in Athen errungenen Erfolg sehen (solche Erstlingserfolge werden einige Male ausdrücklich bezeichnet [FGrHist 239 A 60; B 14] und sind an einigen Stellen auch ohne entsprechende Formulierung offenkundig gemeint [A 56; 70; B 7]; eine Gegeninstanz gibt es nicht). Wenn damit aber die Dionysien (ob das MP überhaupt andere als an Dionysien errungene Siege berücksichtigte, ist ungewiß [ZPE 113, 1996, S. 36⁹], und andere athenische Dithyrambenagone sind erst seit dem späten fünften Jahrhundert belegt [Pickard - Cambridge, DTC¹ S. 52 f. = DTC² S. 37 und DTC¹ S. 76; Zimmermann, Dithyrambos, S. 37¹⁵]) bis 477/6 fortfallen, werden die sechsundfünfzig Siege des Epigramms noch verdächtiger, als sie es ohnehin schon waren. Daß man sich Simonides späterhin als Teilnehmer am Dithyrambenagon auch geraume Zeit vor seinem datierten Sieg dachte, belegt Ar. vesp. 1410 f.

Harveys Versuch (S. 173 f.), die Diskrepanz zwischen den angeblich sechsundfünfzig Siegen des Simonides und dem Fehlen von dithyrambischen Fragmenten damit zu erklären, daß die Alexandriner die agonale Dithyrambik nicht als lyrische Dichtung anerkannt hätte, hat gegen sich, daß doch auch die Lieder in dem bakchylideischen Dithyrambenbuch nicht nach Kultliedern im engsten Sinne aussehen.

[1] Rutherford, Paeans S. 201 ff. rechnet mit einem eigenen Buch.

[2] Gegen die Annahme eines Zeushymnus auf der Grundlage von Himer. or. 39, 1 Colonna (PMG 589) schon Wilamowitz, Sappho und Simonides, S. 151¹.

[3] Vgl. Jacoby zu FGrHist 8 [Simonides der Genealoge] F 3. Die von Page unter PMG 650 - 653 zusammengestellten Dubia lasse ich hier außer Betracht.

[4] Vgl. P. Parsons, The Oxyrhynchus Papyri, vol. LIX (1992) S. 6.

439)[1]. Wilamowitz sieht in der Wendung ἐκ τῶν ἐλεγείων, mit der ein Aristophanesscholion fr. 86 W.[2] einführt, einen Beleg für ein besonderes Elegienbuch, wobei er selbst sagt, daß das zitierte Distichon wie der Bestandteil eines Epigramms aussieht[2].

Was ergibt sich aus dieser Aufstellung für die Editionspraxis und das Gattungsverständnis der Alexandriner? Die Buchaufteilung nach Gattungen ist offenbar nicht die einzige Möglichkeit, die sie ins Auge gefaßt haben. Daneben tritt, sicher bei Sappho und wahrscheinlich bei Anakreon, eine solche nach metrischen Gesichtspunkten. Wenn wir die Sappho - Ausgabe mit den Editionen des Pindar und des Bakchylides vergleichen, ergibt sich, daß sich bei diesen beiden Dichtern, die sich für jedes ihrer Werke neue Strophenformen ausdachten, eine Aufteilung nach metrischen Kriterien von vornherein unmöglich war[3]; die von Sappho hinterlassenen Texte erlaubten unter diesem Aspekt offenbar die Bildung hinreichend großer Gruppen. Andererseits mußten Sapphos Dichtungen aufgrund ihres zumeist privaten Charakters einer Gliederung nach thematischen oder Gattungsgesichtspunkten Schwierigkeiten in den Weg legen[4], während die Gedichte des Pindar und des Bakchylides zumeist an große öffentliche Anlässe gebunden waren und und in dieser Hinsicht zumindest zu einem erheblichen Teil in größeren Gruppen zusammengefaßt werden konnten.

Bei Alkman scheint die Gattung als Kriterium der Buchaufteilung neben irgendetwas anderes getreten zu sein.

So muß es auch in der Simonidesausgabe gewesen sein. Dort hat man die Epinikien, die wie bei Pindar, aber anders als bei Bakchylides nicht alle in ein Buch paßten, anders gegliedert als bei Pindar. Es können praktische Gesichtspunkte gewesen sein, die zu diesem ungleichmäßigen Verfahren geführt haben. Vielleicht ergaben sich bei Simonides auf diese Weise leidlich gleichmäßig umfangreiche Rollen (er mag häufiger für Sieger an weniger bedeutenden Festen geschrieben haben als Pindar[5]) und bei Pindar eben auf die andere. Sollte man sich einfach einer älteren, vorgefundenen Tradition angeschlossen haben[6], so

---

[1] Dieses Zeugnis verteidigt G. Burzacchini, Note al nuovo Simonide, Eikasmos 6 (1995) S. 21 - 38, dort S. 21 f., gegen West, IEG II[2] p. 114.

[2] Wilamowitz, Sappho und Simonides, S. 144[2].

[3] Vgl. Harvey, S. 159.

[4] Vgl. o. S. 127.

[5] Vgl. D'Alessio, Classification, S. 52.

[6] Darauf deutet der schon im Altertum als auffällig notierte merkwürdige Titel ἐπίνικοι δρομέσι hin, den Kallimachos (fr. 441 Pf.) kaum auf eigene Hand in seine Πίνακες eingetragen hätte (Bergk PLG III[4] p. 384; Wilamowitz, Textgeschichte, S. 37; vgl. Sappho und Simonides, S. 154 m. Anm. 1, und R. Blum, Kallimachos und die Literaturverzeichnung bei den Griechen, Frankfurt 1977, Sp. 237[249].

läge auch darin eine am Handwerklich - Praktischen orientierte editorische Entscheidung[1].

Im Falle des Stesichoros hat man, da es sich gut machen ließ, einfach jedes Gedicht für sich stehen lassen.

Die Gattung ist also ein Kriterium, das bei der Buchaufteilung prinzipiell mit anderen konkurriert. Man daher also zu ihm nur dann gegriffen haben, wenn die Beschaffenheit des Textmaterials es nahelegte. Das spricht gegen die Annahme, daß man sich die Gattungen eigens zurechtdefinierte. Dies gilt, obwohl natürlich im ganzen das praktisch - editorische Verhältnis der Herausgeber zum Problem der Anordnung der Texte bestätigt wird.

V. e 2) Die Editionen des Pindar und des Bakchylides

Unser nächster Prüfstein besteht in der Aufteilung der Editionen des Pindar und des Bakchylides. Es gilt als sicher, daß die alexandrinische Pindarausgabe in siebzehn Bücher eingeteilt war. Diese Zahl gibt die vita Ambrosiana (vol. I p. 3, 6 - 9 Dr.) und bestätigt sie durch ihre Aufzählung. Genannt ist dieselbe Zahl auch in der Gliederung, die die Vita des P. Oxy. 2438, Z. 35 - 39[2] bietet, wo dann aber nur sechzehn Bücher aufgezählt werden; was fehlt, ist, da alles andere mit der vita Ambrosiana übereinstimmt, ein zweites Buch Hyporchemata. Von siebzehn Büchern sprechen schließlich auch die vita Thomana (vol. I p. 6, 3 sq. Dr.), die für das Nähere sonst nicht in Betracht kommt, und der im Einzelnen unklare und textlich stark verdorbene Suda - Artikel (π 1617)[3]. Als vollständige Liste muß daher die der vita Ambrosiana gelten[4], und diese führt an:

---

[1] Lobel spielt im Falle Sapphos mit dem Gedanken an einen Anschluß an eine solche ältere Übung (Σαπφοῦς μέλη, Oxford 1925, S. XIV).

[2] Diese Liste ist wie die des Ambrosianus bei Sn.- M., vol. II, p. 1 abgedruckt.

[3] Zum Verhältnis des Sudaartikels zur Liste des Ambrosianus vgl. u. S. 139[1].

[4] Die Reihenfolge der Bücher in der Liste des P. Oxy. 2438, 35 - 39 weicht von der in der vita Ambrosiana p. 3, 6 sqq. Dr. erheblich ab. Da die Anordnung in dem Verzeichnis in der Vita zu der Aufteilung in Lieder εἰς θεούς, Lieder εἰς ἀνθρώπους und Lieder εἰς θεοὺς καὶ ἀνθρώπους in der Chrestomathie des Proklos (ap. Phot. bibl. cod. 239. 319 b 33 sqq. [§§ 33 - 36 Severyns]) stimmt, hält man sie zumeist für die der alexandrinischen Edition (vgl. Pfeiffer, S. 227 f. [S. 184]). Dagegen hält es W. H. Race, P. Oxy. 2438 and the Order of Pindar's Works, RhM 130 (1987) S. 407 - 410, unter den Bedingungen der damaligen äußeren Buchgestaltung, vor dem Sieg des Codex, der ein Gesamtwerk wie das Pindars in einem Band zu fassen vermochte, für sinnlos, über eine bestimmte Reihenfolge der Bücher nachzudenken, soweit sie nicht, wie vermutlich Dithyramben, Prosodien, Parthenien und Hyporcheme, von denen es jeweils zwei Bücher gab, innerhalb der Gattung durchgezählt waren. Immerhin zeigt aber unser großer Bakchylidespapyrus, daß eine Rolle von

ὕμνοι

παιᾶνες

2 Bücher διθύραμβοι

2 Bücher προσόδια

2 Bücher παρθένεια, außerdem ein drittes, das κεχωρισμένα παρθένεια überschrieben ist[1] (die Liste des P. Oxy. 2438 zählt einfach 3 Bücher Parthenien)

2 Bücher ὑπορχήματα

ἐγκώμια

θρῆνοι

4 Bücher ἐπίνικοι.

Aus dieser Bucheinteilung und aus dem, was wir über die Verteilung der Gedichte auf diese Bücher wissen, werden folgende Argumente zugunsten der These abgeleitet, die Alexandriner seien ohne Rücksicht auf die historischen Verhältnisse allein unter Anwendung selbstentwickelter formal - klassifikatorischer Vorstellungen verfahren:

1.) Unter einigen dieser Überschriften fanden Lieder ihren Platz, die ursprünglich im Zusammenhang mit dem Anlaß ihrer Aufführung anders bezeichnet worden waren. Ein Beipiel ist Pindars δαφνηφορικόν, das in jenem mit κεχωρισμένα παρθένεια überschriebenen dritten Parthenienbuch untergebracht war, und ein Indiz sieht Harvey in dem Umstand, daß zur Bezeichnung pindarischer Gedichte in der Liste der Suda (π 1617) Ausdrücke verwandt sind, die in den oben erwähnten Listen nicht gebraucht sind. Mit Harveys Worten: "There were doubtless many instances of poems, composed for a particular local ceremony and bearing the name of that particular cult, being placed with the προσόδια or the ὑπορχήματα or under whichever heading suited them best. Conse-

---

Fall zu Fall auch zwei Bücher der alexandrinischen Ausgabe fassen konnte (vgl. J. Irigoin in der Praefatio der Budé - Ausgabe, p. XXVIII - XXXI), und schließlich konnte durch ein Verzeichnis klar gemacht werden, wie man sich die Reihenfolge dachte. Sicher zu entscheiden ist die Sache nicht.

[1] παρθενίων β´, φέρεται δὲ καὶ γ´, ὃ ἐπιγράφεται κεχωρισμένων παρθενίων Boeckh aus φέρεται δὲ καὶ παρθενίων β´ καὶ γ´, ὃ ἐπιγράφει κεχωρισμένων παρθενίων. Die bei [Sn.-] M. vol. II p. 1 abgedruckte Ergänzung Snells (ὃ ἐπιγράφεται κεχωρισμέν⟨ον τ⟩ῶν παρθενείων) ist unnötig und paßt schlechter als das überlieferte ὃ ἐπιγράφεται κεχωρισμένων παρθενίων zu den Formulierungen ἐν τοῖς κεχωρισμένοις τῶν Παρθεν⟨εί⟩ων (Σ Pind. Pyth. 3, 139 a vol. II p. 81, 10 Dr. [Pind. fr. 95 [Sn.-] M.] und Σ Theocr. 2, 10 b p. 271, 8 Wendel [Pind. fr. 104 [Sn.-] M.]) und κεχωρισμέναι φέρονται (sc. Pind. Nem. 9 - 11, Σ Nem. 9, inscr. vol. III p. 150, 3 Dr.).

quently, these headings represent a piece of schematization; a poem handed down under the title `prosodion´ may not be a prosodion at all"[1].

2.) Unter dem Obergriff ἐπίνικοι bzw. ἐπινίκια stehen Lieder beisammen, die im Rahmen von Siegesfeiern verschiedener Art aufgeführt wurden, und solche, die nichts mit einer Siegesfeier zu tun haben und einen Sieg oder mehrere gerade nur bei Gelegenheit erwähnen[2].

3.) Der als Titel eines Buches verwendete Terminus ἐγκώμιον war im 5. Jhd. gängige Bezeichnung für Lieder auf siegreiche Teilnehmer sportlicher Wettkämpfe (Ar. fr. 505 K. - A.; nub. 1205 ohne sportlichen Zusammenhang ἐπ' εὐτυχίαισιν). Während diese Texte jedoch in der alexandrinischen Ausgabe unter ἐπινίκια oder ἐπίνικοι beisammenstehen (vielleicht nicht ganz anachronistisch, vgl. Aesch. Ag. 174), enthielt das Enkomienbuch Lieder, die zur Zeit Pindars im Hinblick auf die Darbietung im Rahmen eines Symposions nachweislich σκόλια genannt wurden; ob sie gleichzeitig auch schon als ἐγκώμια bezeichnet werden konnten, ist zumindest zweifelhaft[3].

---

1 Harvey S. 160.

2 Harvey S. 160.

3 Diese Formulierung läßt das Problem noch etwas schärfer hervortreten als die von Harvey (S. 161 - 164), der sich nur zum Sprachgebrauch des vierten, nicht dem des fünften Jahrhunderts äußert und dabei zwischen einem "literary sense" (≈Epinikion) und einem "rhetorical sense" (`Enkomion´ in unserem Sinne, versifiziert oder in Prosa) unterscheidet; beides habe es bis in den Hellenismus hinein gegeben, und die Alexandriner hätten den "literary sense" zugunsten von ἐπινίκιον aufgegeben und nur den rhetorischen verwendet.

Der erste sichere Beleg für das, was Harvey "rhetorical sense" nennt, dürfte Plat. conv. 177 a sein; in dieser Schrift und im `Gorgias´ taucht auch das zugehörige Verbum ἐγκωμιάζειν auf. Ursprünglich ist der Gebrauch des Wortes zur Bezeichnung des Epinikions als des Liedes, das beim (zu Ehren des Siegers gehaltenen) κῶμος gesungen wird. Das Epinikion fällt also ursprünglich nicht, wie man erwarten könnte, mit anderen Lobliedern unter den Oberbegriff Enkomion; dieser ist vielmehr eine Erweiterung des Begriffs des Siegesliedes (G. Fraustadt, Encomiorum in litteris Graecis usque ad Romanam aetatem historia, Diss. Leipzig 1909, S. 14 - 20). Pindar benutzt ἐγκώμιος nur als zweiendiges Adjektiv, und oft wenigstens scheint es bei ihm keine feste Gattungsbezeichnung zu sein, sondern die Vorstellungen des Hörers noch ganz auf den etymologischen Wortsinn zu lenken (an den beiden oben zitierten Aristophanesstellen kann man das bezweifeln). Das kann bei Pindars Stil nicht geradezu beweisen, daß die Weiterentwicklung noch nicht stattgefunden hatte, aber zumindest wahrscheinlich ist es, daß dieser Schritt erst im späteren fünften Jahrhundert vollzogen wurde.

Daß er sich in der Poesie vollzog, scheint mir hingegen sicher (die Rhetorik muß mangels einer direkten Anschlußmöglichkeit ihrerseits an den erweiterten Be-

Zu Punkt 1: Was die Suda betrifft, so kommt, da die ἐνθρονισμοί, die βακχικά und die δράματα τραγικά quellenkritisch verdächtig und auch an sich dubios sind[1], als gegenüber der alexandrinisch geprägten Liste des Ambrosianus originale aus dem fünften Jahrhundert stammende Gattungsbezeichnung neben σκόλιον[2] nur δαφνηφορικόν in Frage. Daß es sich dabei um eine voralexandrinische Bezeichnung für die Lieder handelte, die man für die thebanische Daphnephorie[3] brauchte, haben wir bei dem rein auf den praktischen äußeren Zweck zugeschnittenen Terminus keinen Grund zu bezweifeln. Nach der vita Ambrosiana (vol. I p. 3, 4 sq. Dr.) hat Pindar ein δαφνηφορικὸν ᾆσμα für seinen Sohn Daiphantos geschrieben. Daß Lieder, die man so bezeichnete, einen Teil der pindarischen παρθένεια ausmachten, ist uns anderweitig bezeugt: Lobel gibt in einer Anmerkung seines Kommentars zu P. Oxy. 2438[4] ein auf einem Papyrusfetzen unklarer Zugehörigkeit erhaltenes Scholion wieder (abgedruckt auch bei [Sn.-] M., vol. II p. 1), durch das bei allen Zerstörungen wenigstens soviel klar wird, daß unter den παρθένεια auch δαφνηφορικά standen, ohne daß es dafür einen Sondertitel δαφνηφορικὰ παρθένεια gegeben hätte; Bezug auf Pindar liegt oh-

---

griff angeknüpft haben), und deshalb ist die Trennung in eine `literarische´ und eine `rhetorische´ Bedeutung wohl nicht ganz glücklich, zumal man sich fragen muß, was bei Plat. conv. 177 a an dem Enkomion für Eros, leg. VII. 801 e 1 und 3 an den ἐγκώμια, die Göttern, δαίμονες und Heroen gesungen werden sollen, oder gar Arist. ars poet. 4. 1448 b 27 an den ἐγκώμια, zu denen die σεμνότεροι sich getrieben sahen, nicht "literary" sein sollte.

[1] Vgl. E. Hiller, Die antiken Verzeichnisse der pindarischen Dichtungen, Hermes 21 (1886) 357 - 371, dort bes. 363 ff. Δράματα τραγικά könnten auch Sammelbezeichnung für das lyrische Werk Pindars als ganzes sein, vgl. O. Immisch, Zur Geschichte der griechischen Lyrik, RhM 44, 1889, S. 553 - 567, dort S. 558. Hiller und Immisch sind sich darin einig, daß die Liste der Suda auf ein Exemplar des Verzeichnisses zurückgeht, das uns auch in der vita Ambrosiana vorliegt. Irigoin (Histoire S. 37, wo merkwürdigerweise Hiller die Auffassung zugeschrieben wird, die beiden Verzeichnisse repräsentierten verschiedene hellenistische Editionen) faßt das weniger scharf und läßt beide Verzeichnisse sich auf dieselbe Edition beziehen, ohne die Abhängigkeit der Suda zu konstatieren. So muß er allen in der Suda `überschüssigen´ εἴδη einen Platz anweisen; die βακχικά und δράματα τραγικά faßt er als "variétés de Dithyrambes" und die ἐνθρονισμοί als "poèmes écrits en l'honneur de Pan et de la Mère des Dieux" (S. 36 f.), die unter den προσόδια gestanden hätten. Die Abhängigkeit der Suda hat eine hohe Wahrscheinlichkeit für sich.

[2] Dazu u. S. 148 f.

[3] A. Schachter, Cults of Boeotia. 1. Acheloos to Hera, London 1981, S. 83 - 85.

[4] The Oxyrhynchus Papyri, part XXVI (1961) S. 6[1].

nehin nahe und ist dadurch, daß eingangs des uns erhaltenen Passus von den κεχωρισμ(έν)α τ(ῶν) π[αρθε]νείων die Rede ist, über allen Zweifel erhoben. Unter dem Einfluß der alexandrinischen Pindarausgabe wird auch stehen, was Proklos (Phot. bibl. cod. 239 p. 321 a 33 - 35 [§ 68 f. Severyns], bei [Sn.-] M. im App. zu fr. 94 b inscr.) sagt: τὰ δὲ λεγόμενα παρθένια χοροῖς παρθένων ἐνεγράφετο· οἷς καὶ τὰ δαφνηφορικὰ ὡς εἰς γένος πίπτει. Ein ohne Zuweisung an einen Dichter auf uns gekommener Papyrustext (P. Oxy. 659, col. 2 - 5), der offensichtlich ein solches δαφνηφορικόν darstellt, ist von den *editores principes* Grenfell und Hunt unter die pindarischen Parthenien gestellt worden und bei [Sn.-] M. unter der Fragmentnummer 94 b abgedruckt.

Danach ist klar, daß wir, wird uns ein Stück Text aus den pindarischen Parthenien zitiert, nicht sicher sein können, daß Pindar und seine Zeitgenossen es ausschließlich mit diesem Namen bezeichneten oder es auch nur u. a. unter dieser Sammelbezeichnung kannten. Für die Frage aber, wie die Alexandriner sich zu den lyrischen Gattungen stellten, ergibt sich nur, daß man zu praktischen Zwecken allerlei unter der Überschrift παρθένεια vereinigte, was seine ursprüngliche, unmittelbarer von einem bestimmten Aufführungsrahmen abgeleitete Bezeichnung mit einer kleineren Gruppe von Texten als Unterabteilung zusammenfaßte. Der oben zitierte Papyrusfetzen zeigt, daß man sich zumindest von Fall zu Fall dieser genaueren Verhältnisse bewußt war und sie keineswegs geringschätzte. Was die Zusammenfassung unter dem Titel παρθένεια angeht, so deutet schon diese selbst eher in die Richtung einer funktionalen Gattungsauffassung denn auf eine formale. Es handelt sich um eine Sammelbezeichnung, die die Art der Aufführung in den Vordergrund stellt[1].

Bunt dürfte in verschiedener Weise auch der Inhalt der Bücher der Hymnen, der Prosodien und der Hyporchemata gewesen sein, über die wir im einzelnen schon deshalb wenig sagen können, weil die als Titel verwendeten Begriffe in verschiedener Weise unklar sind. `Hymnos´ kann jedes beliebige Lied heißen, das zu Ehren einer Gottheit gesungen wird, ist also Oberbegriff fast aller religiösen Poesie; wie die Alexandriner den der Einteilung der Pindarausgabe zweifellos zugrundeliegenden engeren Hymnenbegriff faßten, wissen wir nicht, aber es

---

[1] Die Theorie von Wilamowitz (Einleitung S. 140 [S. 139]), das dritte Partheniebuch habe als letztes der Bücher mit Liedern εἰς θεούς alles gefaßt, was von solchen Oden anderswo nicht unterzubringen war, hängt von der nicht ganz sicheren Voraussetzung ab, daß es eine feste Reihenfolge der Bücher gab (dazu vgl. o. S. 136[4]). Auch wenn diese Voraussetzung zutrifft, wird man kaum so weit gehen wollen anzunehmen, daß auch Lieder hier Platz fanden, die nicht von παρθένοι oder wenigstens mit ihrer Beteiligung gesungen wurden, auch wenn man einräumen muß, daß auch die letzten Lieder im Nemeenbuch keine Nemeen waren (vgl. u. S. 142 f. und 145 f.). Da hätte man denn doch besser das Hymnen- oder das Prosodienbuch aufgefüllt.

liegt nahe, daß hier alles zu stehen kam, was weder Paian noch Dithyrambos noch Prosodion noch Parthenion heißen konnte[1]. Formale Merkmale, an denen sich die Gliederung schematisch hätte orientieren können, sind nicht leicht zu benennen. Letzteres gilt sicher auch für die Prosodien[2], deren Titel schon eine Gruppierung von Texten im Hinblick auf ihren `Sitz im Leben´ vermuten läßt. Kriterium der Einordnung in dieses Buch sollten Indizien gewesen sein, die auf Absingen im Rahmen einer Prozession wiesen, wobei jedenfalls solche Lieder aussortiert werden mußten, die zwar dieses Aufführungsmerkmal erkennen ließen, aber doch (zumindest in der Regel durch die formalen Merkmale von ἰή - Ruf und Paianepiklese) als Paiane zu identifizieren waren[3]. Mithin muß auch die Verwendung des in der musikalischen und religiösen Praxis durchaus gängigen Terminus προσόδιον als Buchtitel ein praktischer Kompromiß gewesen sein[4]. Das für uns rätselhafteste aller Bücher aber sind die Hyporchemata (den gleichen Titel führte auch ein Buch der Bakchylidesausgabe: fr. 14 M.). Ein klares Bild von diesem Genos ist aus den z. T. widersprüchlichen Zeugnissen und den wenigen pindarischen und bakchylideischen Fragmenten nicht zu gewinnen[5], und der Name hilft nicht weiter; "Tanzlieder sind sie ja alle"[6]. Immerhin ist die Bezeichnung voralexandrinisch; Platon verwendet sie für ein poetisches Genos (Ion 534 c)[7], und vermutlich bezeichnete der Terminus damals Lieder, die von einem Teil der Aufführenden gesungen wurden, während der andere Teil

---

[1] W. D. Furley, Praise and Persuasion in Greek Hymns, JHS 115 (1995) S. 29 - 46, dort 31 f.

[2] Ihre Zahl erscheint infolge der Nachprüfung der von Snell und Maehler vorgenommenen Verteilung der Papyrusbruchstücke auf die Bücher der alexandrinischen Ausgabe durch D´Alessio (Classification, S. 23 - 46) sowie wegen der Entdeckung, daß die dritte Triade des sechsten Paians auch im Buch der Prosodien stand (Rutherford, Unnoticed Title, *passim*), beträchtlich vermehrt.

[3] Vgl. D´Alessio, Classification, S. 30 und 38.

[4] D´Alessio, Classification, S. 38 hält es mit Recht für wahrscheinlich, daß sich die Alexandriner bei der Zuweisung von Texten an dieses Genos durchaus an zeitgenössischer musikalischer und kultischer Praxis orientierten.

[5] Die Zeugnisse sind zusammengestellt bei E. Diehl, RE s.v. Hyporchema, Bd. IX 1 (1914) Sp. 338 - 343; das große Pratinasfragment (PMG 708 = TrGF 4 F 3), das bei Diehl als Hauptzeugnis erscheint, ist bei Athenaios wahrscheinlich zu Unrecht oder wenigstens nicht in einem technischen Sinne als Hyporchema bezeichnet, vgl. Zimmermann, Pratinasfragment, S. 145 f. m. Lit.

[6] Wilamowitz, Einleitung, S. 77 [S. 76].

[7] Insofern kann die Formulierung bei R. Seaford, Maia 29 (1977 - 78) 87 f., der *terminus technicus* sei "a creation of musical theory", nur insofern gelten, als diese die Entwicklung der Bedeutung beinflußt haben kann.

den Tanz übernahm[1]. Möglicherweise standen hier wie unter den Parthenien Lieder beisammen, die ursprünglich spezifischere Bezeichnungen getragen hatten; so scheint die πυρρίχη unter den Begriff gefallen zu sein[2]. Auf eine rein formal - klassifikatorische Betrachtungsweise weist hier so wenig wie dort.

Zu Punkt 2[3]: Der Inhalt der pindarischen Epinikienbücher, deren Arrangement im Kern vielleicht durch Aristophanes schon übernommen wurde,[4] ist in der Tat in mehrfacher Hinsicht heterogen.

Den Hauptanteil haben Siegeslieder, die bei einer speziellen Feier nach der Rückkehr des Siegers aufgeführt wurden. Bei einigen findet die Ehrung nicht bei einer solchen privaten Feier, sondern im Rahmen eines regulären öffentlichen Festes statt[5]. Eine Reihe von Liedern, die Thomas Gelzer unter dem Bacch. 2, 11 M. entlehnten Titel Μοῦσα αὐθιγενής besprochen hat, waren wie auch im Epinikienbuch des Bakchylides zur Darbietung im unmittelbaren Anschluß an den Wettkampf und an seinem Schauplatz bestimmt[6].

Es gibt Lieder, die keinen aktuellen Sieg zum Anlaß haben, sondern lediglich ältere erwähnen, wo es sich dem Dichter anbot. So dichtete Pindar Nem. 11

---

1 K. Latte, De saltationibus Graecorum capita quinque, Gießen 1913 (RgVV XIII 3), S. 13 f.

2 Latte, op. cit., S. 33 f.

3 Vgl. o. S. 138.

4 Darauf deutet das Scholion zur zweiten Pythie hin, in dem es heißt, Kallimachos (fr. 450 Pf., vgl. u. S. 147) habe diese Ode als Νεμεακή bezeichnet. Für Aufführung in Nemea gibt der Text nicht den geringsten Anhaltspunkt, und von einem dort errungenen Sieg Hierons ist uns jedenfalls nichts überliefert. Man nimmt deshalb meist an, daß Kallimachos habe sagen wollen, der Sieg sei bei keinem der vier großen in der Aufteilung der Siegeslieder berücksichtigten Agone gewonnen worden und die Ode gehöre deshalb mit einigen anderen dieser Art am Ende des Nemeenbuches zusammengestellt (vgl. u. S. 147). Dabei wird weiter angenommen, es sei Kallimachos selbst gewesen, der diese Lösung zur Unterbringung nicht in das System passender Texte ersonnen haben (Irigoin, Histoire, S. 33; vgl. Fuhrer S. 34). Dies aber ist fraglich, denn damit ist ein Problem gelöst, das sich einem Editor stellt, nicht dem Verfasser eines πίναξ, in dem das Erbe der griechischen Literatur, soweit erreichbar, katalogisiert wird. Welchen Wert sollte es für Kallimachos gehabt haben, eine historisch unrichtige Angabe über den Wettkampfort zu machen, wenn er sich nicht auf eine ihm vorliegende Ausgabe beziehen konnte, deren Gliederung er selbst in seinem Katalog charakterisiert hatte oder deren Kenntnis er beim Benutzer der Πίνακες voraussetzen konnte? Dieses Ordnungsprinzip müßte also wenigstens auf die Ausgabe Zenodots zurückgehen.

5 Liste bei Gelzer, Μοῦσα αὐθιγενής, S. 96[5].

6 Der Kreis dieser Gedichte ist im einzelnen nicht ganz sicher festzulegen, vgl. Gelzer, Μοῦσα αὐθιγενής, S. 97[6].

zur Feier des Amtsantritts des Aristagoras von Tenedos als Prytane in seiner Heimatpolis und geht dabei auch auf seine wohl lange zurückliegende Karriere als Ringer und Pankratiast ein (ein solches Lied scheint auch Bacch. 14 B M., das als letztes im Epinikienbuch dieses Dichters stand, gewesen zu sein[1]). Der Auftraggeber von Nem. 3 scheint nach V. 70 - 75, wie immer man die Stelle im einzelnen interpretiert, bereits weit über das Alter sportlicher Aktivitäten hinauszusein. Man wird sich das Lied deshalb im Rahmen einer Feier aufgeführt denken, die nach Art eines Jubiläums an den Nemeensieg erinnert[2]. Ähnlich wird es auch mit Nem. 9 gegangen sein[3], und vielleicht auch mit Isthm. 2, einem Lied, das nach dem Tod eines Wettkampfsiegers an dessen Sohn gerichtet ist. Wie lange der Sieg zurückliegt, ist unklar, und so ist es umstritten, ob es sich um ein Lied für ein Siegesjubiläum[4] oder nicht doch um eine postume Feier eines noch frischen Sieges handelt[5].

Pyth. 4 ist im Zusammenhang der Feier des pythischen Sieges aufgeführt, den Arkesilas von Kyrene im Jahre 462 errungen hatte und den Pindar in Pyth. 5 mit einem richtigen Epinikion feiert; die vierte Pythische Ode deutet einen Bezug auf diesen Sieg lediglich an und nimmt diesen zum Anlaß, für einen verbannten Oppositionellen um Begnadigung zu bitten[6].

Pyth. 1 erwähnt einen Sieg des Hieron in Delphi, der auch noch ziemlich frisch sein muß, hält sich damit aber nicht lange auf, und die Hauptsache an diesem Erfolg scheint zu sein, daß Hieron sich nicht als Syrakusaner, sondern als Sieger aus Aitna soll haben ausrufen lassen (V. 32 f.); im übrigen beschäftigt sich der Text mit den Verdiensten und Vorzügen Hierons, der neuen Stadt Aitna und dem jungen König Deinomenes. Wilamowitz hat sich das Lied im Rahmen der Feierlichkeiten zur Einweihung der neugegründeten Stadt aufgeführt ge-

---

1 Vgl. Maehler, Lieder, Teil I 2, S. 302 f.

2 So schon Dissen (Boeckh - Dissen II 1, p. 363; 367; 376 sq.). Gelzer, Μοῦσα αὐθιγενής, S. 96[4] scheint, obwohl die Formulierung nicht eindeutig ist, im Hinblick auf V. 70 an eine Feier zu denken, die Aristokleides als (neueingesetztem?) θεαρός seiner Heimatstadt galt. Daß er zu der Zeit der Feier θεαρός war, wird man annehmen, aber wie sollte man in V. 2 ἐν ἱερομηνίᾳ Νεμεάδι verstehen? Selbst wenn der Termin für den Amtsantritt der θεαροί zufällig in dieser Zeit gelegen haben sollte, so bleibt doch, daß an prominenter Stelle am Eingang des Liedes eben nur von der Nemeenzeit, nicht von der Amtseinführung die Rede ist.

3 So Dissen (Boeckh - Dissen II 1, p. 451) und Spätere.

4 So schon Dissen (Boeckh - Dissen II 1, p. 491), Bury (S. 31 seines Kommentars) und Christ.

5 So Thummer in seinem Kommentar, Bd. II, S. 36 - 38.

6 Vgl. B. K. Braswell, A Commentary on the Fourth Pythian Ode of Pindar, Berlin - New York 1988, S. 1 - 6.

dacht[1]; jedenfalls muß das Fest, für das die Ode gedichtet ist, den Sieg ganz in den Dienst der politischen Propaganda gestellt haben[2].

Pyth. 3 erwähnt lediglich in V. 73 f. einen oder mehrere länger zurückliegende pythische Siege, von denen aber deutlich wird, daß keiner von ihnen als Anlaß des Liedes zu verstehen ist[3]. Gildersleeve[4] bezeichnet das Lied als *consolatio ad Hieronem*, Wilamowitz[5] spricht von einem "poetischen Brief".

Bei Pyth. 2 geht aus dem Text nicht eindeutig hervor, bei welchem Fest Hieron das V. 4 ff. erwähnte Wagenrennen gewonnen hat, einige haben sogar bezweifelt, ob überhaupt ein bestimmter Sieg gefeiert wird und Hieron nicht vielmehr überhaupt als erfolgreicher Rennstallbesitzer gepriesen wird[6]; Wilamowitz bezeichnete, nicht als einziger, das Gedicht als "Brief"[7]; der letzte Kommentator, Chr. Carey[8], und Most[9] kehren zu Boeckhs Annahme zurück[10], es handele sich um ein reguläres Epinikion auf einen in Theben errungenen Sieg, Farnell und Lefkowitz[11] denken an einen Sieg bei Spielen in Syrakus, Young vermutet, daß das Lied dem olympischen Erfolg von 468 galt und ursprünglich vor

---

1 Pindaros S. 296 ff.; skeptisch Schmids Literaturgeschichte, Bd. I 1 (1929) S. 566, und Young, Pindar Pythians 2 and 3, S. 31.

2 Vgl. Ed. Fraenkel, Horace, Oxford 1957, S. 277 m. Anm. 4.

3 Young (Pindar Pythian 2 and 3, S. 35 - 42) versucht einen Bezug auf einen aktuellen Sieg dadurch möglich zu machen, daß er in V. 74 das ποτέ, aus dem man zuvor stets einen erheblichen zeitlichen Abstand von der Aufführung des Liedes ableitete, wie in einem Gefallenenepigramm auf einen zukünftig in erheblichem zeitlichen Abstand an den Text herantretenden Hörer oder Leser berechnet sein läßt. Dies ist bei Mary Lefkowitz, Victory Ode, S. 163[42] unter Bezugnahme auf eine mündlich vorgetragene Version dieses zur Zeit der Abfassung ihres Buches noch unpublizierten Aufsatzes widerlegt, trotz der Replik bei Young, S. 38[24].

4 S. 268 seines Kommentars; vgl. D. C. Young, Three Odes of Pindar, Leiden 1968, S. 68.

5 Pindaros S. 280.

6 Übersicht über die verschiedenen Standpunkte bei Lloyd - Jones, S. 124 (ursprünglich 1973).

7 Pindaros S. 286 f. und 293; erstmalig formuliert 1901 in der Abhandlung "Hieron und Pindaros", SB Berlin 1901, Nr. 53, S. 1273 - 1318, dort S. 1304 und 1310 ff. (= Kl. Schr. Bd. VI, S. 234 - 285, dort S. 269 und 276 ff.). Anhänger dieser Auffassung bei Young, Pindar Pythian 2 and 3, S. 31[3] und Most, S. 61[7].

8 A Commentary on Five Odes of Pindar, Salem, N. H. 1981 S. 21.

9 S. 61 - 65.

10 Most, S. 64 m. Anm. 22 erwägt, ob sie schon die des Kallimachos war.

11 Victory Ode, S. 164 f.

Ol. 1 am Anfang des Buches stand[1]. Über das Anrecht der Ode auf einen Platz an dieser Stelle wurde schon im Altertum gestritten (Σ Pyth. 2. vol. II p. 31, 8 - 14 Dr.)[2].

Nem. 9 und 10 stehen insofern etwas überraschend an ihrem Platz, als die besungenen Erfolge nicht in Nemea, sondern in Sikyon (Nem. 9) bzw. in Argos (Nem. 10) errungen sind.

In all dem ist nichts, was auf eine rein formale, vom \`Sitz im Leben´ absehende Betrachtung der Texte als Lesepoesie deuten könnte. Was sich vielmehr wieder einmal zeigt, ist, daß man bei der Verteilung von Einzeltexten auf Buchrollen nach praktischen Gesichtspunkten verfuhr. Aus solchen Überlegungen erklärt es sich befriedigend, warum man Gedichte, die in der Heimat des Siegers, und solche, die am Wettkampfort aufgeführt waren, nebeneinanderstellte (nicht anders verfuhr man in der Bakchylidesausgabe), zumal eine Trennung nur weitere schwierige und teilweise unsichere Einzelentscheidungen erforderlich gemacht hätten[3]; übrigens haben ja auch die von Gelzer herausgearbeiteten formalen Unterschiede zwischen den gleich nach dem Wettkampf an Ort und Stelle und den später nach der Rückkehr in der Heimat aufgeführten Siegesliedern auf die Klassifikation keinen Einfluß gehabt. Das gleiche gilt für Lieder, die einen Sieger im Rahmen eines öffentlichen Festes rühmten. Ein anderes Verfahren hätte zu einer unnötigen Zersplitterung der Texte nach immer spezielleren und dadurch schwerer handhabbaren Kriterien geführt. Ganz schwierig wäre es bei Einzelfällen wie der vierten Pythischen Ode geworden (sollte man ein Buch "Fürbitten für Verbannte" einrichten?)[4], und da Pindar, vielleicht anders als Simonides[5], offenbar fast ausschließlich für die Sieger der vier großen panhellenischen Feste gedichtet hat, sprach auch alles dafür, die Lieder für einen Sieger in Sikyon und einen in Argos gewissermaßen als Appendix in einem der vier Bücher unterzubringen; der Inkonsequenz war man sich bewußt, vgl. Σ Nem. 9, inscr. vol. III p. 150, 1 - 3 Dr.: αὗται δὲ αἱ ᾠδαὶ οὐκέτι Νεμεονίκαις εἰσὶ γεγραμμέναι· διὸ κεχωρισμέναι φέρονται[6]. Was die elfte \`Nemee´ betrifft (ganz ähnlich steht

---

[1] Young, Pindar Pythians 2 and 3, S. 42 - 48 (er verweist auf Lloyd - Jones, S. 125[55a] und 124 [ursprünglich 1973]).

[2] Vgl. u. S. 147 f.

[3] Vgl. o. S. 142 m. Anm. 6.

[4] Σ Pyth. 4, 1 a. vol. II p. 93, 24 - 94, 3 Dr. zeigt ein deutliches Bewußtsein von der Besonderheit, und in der Erläuterung stehen ein formaler und ein funktionaler Gesichtspunkt nebeneinander: τάττεται ἡ ᾠδὴ εἰς τοὺς ἐπινίκους, μεῖζόν τι ἢ κατὰ ἐπίνικον οὖσα διὰ τὸ μεμηκύνθαι καὶ πραγμάτων ἔχειν ἀφήγησιν ἐντοπίων, τὸ δὲ ἀνωτάτω καταλλαγὴν φυγάδος Δαμοφίλου τινός.

[5] Vgl. o. S. 135 m. Anm. 5.

[6] Das kann nicht gut bedeuten "sind auch als κεχωρισμέναι überliefert" und auf eine zusätzliche separate Überlieferung an anderer Stelle verweisen, sondern muß "wer-

am Ende des bakchylideischen Epinikienbuchs 14 B, offenbar auch für einen früher einmal sportlich erfolgreichen Amtsträger[1]), so hatte sich zumindest Didymos über ihren `Sitz im Leben´ treffende Gedanken gemacht, auch wenn seine Kritik an der praktischen Entscheidung der Herausgeber auf deren offensichtliche Intentionen keine Rücksicht nahm (Σ Nem. 11 inscr. a vol. III p. 184, 14 - 18 Dr.): οὐδὲ ὅλως, φησὶν ὁ Δίδυμος (p. 237 Schmidt), ἐχρῆν τὴν ᾠδὴν ταύτην εἰς τοὺς ἐπινίκους συνεῶσθαι· οὐ γὰρ ἱερὸν ἀγῶνα νενίκηκεν ὁ Ἀρισταγόρας ἀλλὰ περιχώρους. γεγράφθαι ⟨δέ⟩ φησιν τὴν ᾠδὴν εἰς πρυτανεύοντα καὶ τῆς πόλεως προεστῶτα τὸν Ἀρισταγόραν. Dies wird nun belegt und weiter anhand des Textes ausgeführt, daß der Empfänger des Liedes nur an lokalen Wettbewerben teilgenommen habe, und der Schluß des Didymos lautet: συντακτέον οὖν ... εἰς τὰ Παρθένεια[2], καθὰ καὶ τοῖς περὶ τὸν Φασηλίτην ἀρέσκει. Die nächstliegende Annahme, die sehr in unserem Sinne wäre, dürfte darin bestehen, daß Didymos und Dionysios von Phaselis bei einer solchen Gelegenheit einen Mädchenchor oder wenigstens einen gemischten für erforderlich hielten[3]; leider wissen wir über dergleichen Gepflogenheiten nichts.

Was nun die ersten drei Pythien angeht, so zeigen die Scholien in der Tat nur im Falle der zweiten, daß man sich dort gründlich mit den Schwierigkeiten auseinandersetzte. Aber Pyth. 1 ließ sich ja wirklich in der einen oder anderen Weise als Epinikion auffassen, und im Falle von Pyth. 3 vermitteln die Scholien einfach den Eindruck, daß die Interpretation des Textes zu sehr an der Oberfläche geblieben und die Schwierigkeit gar nicht richtig deutlich geworden war (Σ Pyth. 3 inscr. a, vol. II p. 62, 10 - 13 Dr.): γράφει τὸν ἐπίνικον Ἱέρωνι νικήσαντι κέλητι τὴν εἰκοστὴν ἕκτην (κε´ C) καὶ εἰκοστὴν ἑβδόμην Πυθιάδα. καὶ φανερόν, ὅτι εἰς ἀμφοτέρας τὰς νίκας τὸν ἐπίνικον συντάττει, δι' ὧν ὀνο-

---

den auch als κεχωρισμέναι aufgeführt" heißen; unter den Belegen für den Gebrauch von φέρεσθαι, die Rutherford, Unnoticed Title S. 9 - 12 zusammenstellt, paßt D. H. De Dinarcho 11, vol. I p. 317, 3 - 4 U.- R. (οὗτος ἐν τοῖς Περγαμηνοῖς πίναξι φέρεται ὡς Καλλικράτους), auch wenn Rutherford "is transmitted" übersetzt; ins Aktiv gewendet, findet sich das gleiche De Dinarcho 10, vol. I p. 312, 1 U.- R. (Call. fr. 444 Pf.), und wahrscheinlich muß man auch Σ Eur. Tr. 1051, vol. II p. 369, 25 Schwartz entsprechend deuten.

1 Vgl. Maehler, Lieder, Teil I 2, S. 302 - 4.

2 So Drachmann nach Bergk für das überlieferte παροίνια, das jetzt von D´Alessio, Classification, S. 54[183] verteidigt wird und auf die unter die Enkomien gestellten Skolien (vgl. u. S. 148 f.) wiese. Hat aber nicht doch die Annahme etwas für sich, daß Didymos sich mit Titel auf eines der Bücher der alexandrinischen Ausgabe beziehe, zumal er vom συντάττειν spricht und nicht einfach παροίνιόν ἐστι sagt?

3 Zu der von Wilamowitz aufgestellten Theorie über den gemischten Inhalt des dritten Parthenienbuches vgl. o. S. 140[1].

μάζει στεφάνους ἀέθλων καὶ κώμους ἀέθλων. τὸ δὲ προοίμιον πρὸς τὴν Ἱέρωνος νόσον ἐστίν.

Der *locus classicus* Σ Pyth. 2 inscr. vol. II p. 31, 8 sqq. Dr. aber lautet: γέγραπται μὲν Ἱέρωνι ἅρματι νικήσαντι, ἄδηλον δὲ εἰς ποῖον ἀγῶνα· διεστασίασται γὰρ οὐ μετρίως τοῖς πρὸ ἡμῶν. οἱ μὲν γὰρ οὐδὲ ὅλως ἐπίνικον αὐτὸν εἶναί φασι, Τίμαιος δὲ (FGrHist 566 F 141) θυσιαστικήν, Καλλίμαχος (Call. fr. 450 Pf.) Νεμεακήν, Ἀμμώνιος καὶ Καλλίστρατος Ὀλυμπιακήν, ἔνιοι Πυθικὴν ὡς Ἀπολλώνιος ὁ εἰδογράφος, ἔνιοι δὲ Παναθηναικήν. αὐτίκα γοῦν Διονύσιος ὁ Φασηλίτης οὐκ οἴεται δεῖν γράφειν τᾶν λιπαρᾶν ἀπὸ Θηβᾶν, ἀλλὰ τᾶν λιπαρᾶν ἀπ' Ἀθηνᾶν διὰ τὸ Παναθηναικὸν εἶναι τὸν ἐπίνικον· καταφέρεσθαι γάρ πως τὸν Πίνδαρον εἰς τὸ τὰς Ἀθήνας λιπαρὰς προσαγορεύειν, τὰς δὲ Θήβας χρυσαρμάτους καὶ εὐαρμάτους καὶ λευκίππους καὶ κυανάμπυκας; es folgt Polemik, an deren Schluß das Urteil steht, ἀπὸ Θηβᾶν sei ausschließlich als Heimat des Dichters, nicht gleichzeitig als Schauplatz des sportlichen Erfolges zu verstehen.

Was ergibt sich für unsere Frage aus diesem Zeugnis? Von dem Vorgehen des Kallimachos war oben[1] bereits die Rede. Er bezog sich in seinem Verzeichnis auf eine wohl schon vorliegende Sammlung, in der man einen Platz für Epinikien, die keinem der vier großen Feste zuzuordnen waren, vorgesehen hatte, wo offenbar mit Nem. 11 auch schon ein Lied, das ersichtlich kein Epinikion war, aber sportliche Erfolge doch zumindest erwähnte und nicht leicht irgendwoanders untergebracht werden konnte, als erträglich galt; in dieser Zusammenstellung erkennen wir wieder das rein praktische Interesse desjenigen, der eine vorgegebene etwas disparate Masse von Texten in irgendeine einigermaßen einleuchtende Ordnung bringen muß. Diejenigen, die den Epinikiencharakter überhaupt bezweifelten, müssen nicht unbedingt alexandrinische Philologen gewesen sein, wie schon der Name des Timaios zeigt; waren sie es, zeigt diese Betrachtung des Gedichts, daß man sich auf der Grundlage des Textes nach Kräften bemühte, die ursprüngliche Funktion des Liedes wiederzugewinnen; in diesem Falle wird man sich an die noch unter den Modernen umstrittenen V. 67 - 69 mit der schwierigen Antithese τόδε μὲν ... μέλος - τὸ Καστόρειον δέ gehalten haben[2]. Dionysios von Phaselis hat sich zu seinem drastischen und, wie auch wir sagen werden, willkürlichen Eingriff durch Beobachtung des pindarischen Sprachgebrauchs berechtigt gefühlt, aber der Anlaß muß doch wohl der gewesen sein, daß er sich weder mit dem Fehlen einer Angabe über den Schauplatz des Sieges noch damit abfinden mochte, daß er in Theben errungen sein sollte; wenn sich für die Verbindung von λιπαρός mit den verschiedensten Städtenamen so leicht Belege finden ließen, wie es noch heute der Fall ist, kann das

---

[1] S. 142[4].

[2] Vgl. Carey (A Commentary to Five Odes of Pindar, Salem, N. H. 1981) zur Stelle.

sprachliche Argument nur eine zusätzliche Entscheidungshilfe gewesen sein; die Worte des Dionysios von Phaselis müssen ja auch nicht unbedingt in dem Sinne verstanden werden, daß Pindar das Adjektiv ausschließlich mit Athen verbunden habe, es ist vielmehr nur von einer Vorliebe die Rede (καταφέρεσθαι ... τὸν Πίνδαρον). Ein ernsthaftes Interesse an der Gelegenheit der Aufführung muß auch Ammonios, Kallistratos und Apollonios den Eidographen umgetrieben haben. Die Vertreter der Olympienthese mögen sich daran gehalten haben, daß man nur von *einem* pythischen Gespannsieg Hierons wußte (Σ Pind. Pyth. 1, vol. II p. 5, 13 - 15 Dr.), dem schon Pyth. 1 zugeordnet war, es anderseits aber *keine* pindarische Ode auf seinen einen Gespannsieg in Olympia gab; allerdings hatte dafür Bakchylides ein Lied geschrieben (c. 3 M.), aber auch auf den Sieg des κέλης Pherenikos im Jahre 476 gab es je ein Lied des Bacch. (c. 5 M.) und eines des Pindar (Ol. 1)[1]. Die Verbindung mit dem Olympiensieg von 468 ist, wie oben bemerkt[2], jetzt wieder von D. C. Young in die Diskussion gebracht worden. Worauf Apollonios der Eidograph und die anderen, die dem Lied schließlich den Platz anwiesen, an dem wir es lesen, ihre Auffassung stützten, wissen wir nicht, nicht einmal, ob es die gleichen waren; als es an die Edition ging, könnte der Gesichtspunkt entschieden haben, daß man bereits zwei Pythien für Hieron beisammen hatte, aber nur eine Olympie, und sich mangels besserer Kritierien dafür entschied, zu den zwei Pythien noch eine dritte hinzuzustellen[3].

In all diesen Fällen, in denen Lieder unter den Sammeltitel ἐπινίκια gestellt sind, ohne im engsten Sinne dazuzugehören, liegt der wahrscheinliche Anknüpfungspunkt in der ursprünglichen lebensweltlichen Funktion, niemals in der Form.

Auch hier stehen also wieder Bemühungen um Wiedergewinnung des ursprünglichen \`Sitzes im Leben´ neben den Auswirkungen handfesten editionspraktischen Interesses; von einer rein formalen, von allen ursprünglichen Zusammenhängen abgelösten Betrachtung der alten Texte keine Spur.

Zu Punkt 3[4]: Da der Begriff σκόλιον seit dem dritten Jahrhundert nicht mehr jedes beliebige beim Gelage zur Lyra gesungene Lied, sondern nur noch die kurzen Strophen bezeichnete, wie sie uns in der Skoliensammlung bei Athe-

---

[1] Eine solche Doppelung gab es auch bei dem pythischen Sieg (Pind. Pyth. 1 und Bacch. c. 4 M.), aber da war offenbar das Lied des Bakchylides zur sofortigen Aufführung am Wettkampfort bestimmt.

[2] Vgl. o. S. 144 f.

[3] Vgl. Irigoin, Histoire, S. 44 und D´Alessio, Classification, S. 53. Wilamowitz erwog, daß Pyth. 2 und 3 zusammen mit Pyth. 1 in die Bibliothek gelangt und deshalb auch in der Ausgabe beisammengelassen worden seien (Textgeschichte, S. 42). Die oben zitierten Scholien sprechen nicht dafür.

[4] Vgl. o. S. 138.

naios erhalten sind, und der mittlerweile erweiterte Begriff ἐγκώμιον nachträglich gut auf die von Pindar für die Zwecke des Symposions verfaßten Loblieder auf lebende Personen paßte[1], handelt es sich, wie Harvey sagt, bei der Wahl der Überschrift um Rücksichtnahme auf den lebendigen Sprachgebrauch; mit dem Terminus σκόλιον verband sich eine feste Vorstellung, der die Gedichte Pindars eben nicht entsprachen. Hinzu trat vielleicht das Bestreben, auch noch anderes in demselben Buch unterzubringen. Jedenfalls hat in dem Verzeichnis der pindarischen Bücher, das uns der P. Oxy. 2438 erhalten hat, I. Gallo in Z. 38 zu ἐγκωμίων α' ἐν [ᾧ] καὶ [σκόλιά τινα ...] ergänzt; selbst wenn diese plausible Ergänzung σκόλιά τινα nicht das Richtige treffen sollte, deutet doch das sicher hergestellte ἐν ᾧ καί, darauf, daß der Verfasser sich bewußt war, daß sich unter den ἐγκώμια Unterteilungen vornehmen ließen. Auch wenn wir von Gallos Ergänzung absehen, kann man nach all dem, was oben an Zeugnissen für das Interesse der alexandrinischen Philologen am `Sitz im Leben´ der von ihnen edierten Dichtung gesammelt ist, kaum für möglich halten, daß sie darauf verzichteten, sich den ursprünglichen Rahmen solcher Gesänge klarzumachen, und sei es anhand von Darstellungen wie der Dikaiarchs in der Schrift Περὶ μουσικῶν ἀγώνων (fr. 88 W.[2])[2].

Aus dem, was über die Anordnung der Texte in der alexandrinischen Pindarausgabe bekannt ist, läßt sich also kein Argument für die These schmieden, die Alexandriner hätten die lyrischen Gattungen lediglich unter praktisch - klassifikatorischen Gesichtspunkten gewürdigt und sich für die Unterschiede, die in klassischer und archaischer Zeit maßgebend waren, nicht interessiert. Die Scholien zu den Epinikien weisen mehrfach auf das Gegenteil.

Indizien in jener Richtung liefert am ehesten noch der Inhalt des bakchylideischen Dithyrambenbuches. Diese Texte waren bei ihrem Erscheinen eine große Überraschung, paßten sie doch nur schlecht in das Bild, das man sich anhand antiker Zeugnisse und der Überreste der pindarischen Dithyramben von der Gattung gemacht hatte, und so wurde von manchen die Anschauung vertreten, mit der Einordnung eines Gedichtes unter die Dithyramben solle nichts anderes gesagt sein, als daß eine mythische Erzählung im Vordergrund stehe[3].

---

[1] Harvey S. 160 - 164.

[2] Pind. fr. 122 [Sn.-] M., nennt sich selbst σκόλιον; es wird leider ohne Angabe des Buches zitiert, kann aber eigentlich nur unter den ἐγκώμια gestanden haben, und ob es nun dort untergebracht war oder in einem anderen Buch, das ja keinesfalls σκόλια überschrieben war: den Editoren kann die `Unstimmigkeit´ unmöglich entgangen sein.

[3] Wilamowitz, Rez. Kenyon, S. 144 f. (vgl. Textgeschichte, S. 43); Jebb, S. 39 f.; vgl. Zimmermann, Dithyrambos, S. 65. Für die Richtigkeit der Gattungszuweisung im Sinne des ursprünglichen Aufführungszusammenhangs trat Pickard-Cambridge, DTC[1] S. 40 - 45 (= DTC[2] S. 25 - 30) ein.

Nur ein Lied (Bacch. c. 19 M.) ist offenkundig für einen dionysischen Dithyrambenagon in Athen bestimmt, sonst wird nirgendwo etwas Dionysisches sichtbar. Allen Liedern ist, soweit der Erhaltungszustand ein Urteil erlaubt, gemein, daß in ihnen mythische Sujets im Mittelpunkt stehen. Soweit diese in der Form der Erzählung behandelt werden, paßt auf sie genau das oben erörterte Kriterium der Mythenerzählung, das allein zur Zusammenstellung in diesem Buch geführt haben könnte; c. 18, dessen Form dramatisch ist, könnte wegen seines mythischen Inhalts mit den anderen Texten zusammengestellt worden sein. Nun wäre all dies nach dem, was wir über die Anwendung des Kriteriums der Mythenerzählung und über das Interesse der alexandrinischen Philologen am `Sitz im Leben´ gesagt haben, noch kein Grund zur Beunruhigung. Die Lieder 15, 16 und 18 M. können tatsächlich Dithyramben gewesen sein - mehr ist dazu bei unserer spärlichen Kenntnis nicht zu sagen[1]. Daß c. 17 mit annähernder Sicherheit kein Dithyrambos, sondern sehr wahrscheinlich ein Paian ist[2], beweist auch nichts für eine rein formale Auffassung des Dithyrambenbegriffs, da die Entscheidung nur auf eine Untersuchung der Aufführungsumstände gegründet werden kann, und da war die Bezeugung wohl schon im Altertum schlecht.

Die wirkliche Schwierigkeit bereitet c. 20. Von diesem Lied ist nur der Anfang erhalten, die ersten elf Verse, und diese unvollständig. Soviel wird aber deutlich, daß der Chor seinen eigenen Gesang mit der Angabe einleitet, in Sparta hätten die Frauen oder wohl eher die Mädchen, als Idas Marpessa als seine Frau heimführte, τοιόνδε μέλος gesungen. Dies hat Jurenka dazu geführt, sich das Gedicht als Epithalamion zu denken[3]; Jebb möchte so weit nicht gehen; das Gedicht sei "though not technically an epithalamion or a hymenaeus, ... of a hymeneal character"[4]. Zimmermann[5] und Maehler[6] nehmen an, daß die Aufführungssituation den Gegebenheiten, in die der Text das nicht mehr erhaltene μέλος einbettet, in irgendeiner Weise analog sein müsse, und stellen sich vor, daß das Lied bei einem lakonischen Artemisfest von einem Mädchenchor aufgeführt wurde. Als Parallelen für das angenommene Verhältnis der Aufführungssituation und dem `Zitat´ eines bei analoger längst vergangener Gelegenheit vorgetragenen Textes sind Ar. av. 1731 - 42 und Theocr. 18 sowie Sappho fr. 44 V. angeführt worden. Wenn es sich um ein solches spartanisches Parthenion handelte (von einem regelrechten Hochzeitslied ganz zu schweigen) und der bloße Text das einigermaßen erkennen ließ, spräche wohl wirklich viel dafür, daß die Alex-

---

[1] Mehr soll auch bei Zimmermann, Dithyrambos, S. 68 f.; 70 f.; 99 f. nicht bewiesen werden (S. 114).

[2] Das hoffe ich in meinem Aufsatz (Verf., Kretafahrt) zu zeigen.

[3] Jurenka, S. 219 f.

[4] Jebb, S. 40.

[5] Dithyrambos, S. 104 f.

[6] S. 262 in seinem Kommentar.

andriner bei der Einreihung unter die bakchylideischen Dithyramben eine bloß formale, von den ursprünglichen Aufführungsgegebenheiten gänzlich unabhängige Definition des Dithyrambos sehr schematisch zur Anwendung gebracht und sich lediglich an den Gesichtspunkt gehalten hätten, daß der Text von Idas erzählte; man bedenke auch, daß Dithyramben, so weit wir das wissen, nicht von Frauen aufgeführt wurden[1]. In die gleiche Richtung könnte weisen, daß zumindest wir nichts von einem Dithyrambenagon in Sparta wissen, daß also auch für die hellenistischen Philologen, so sie sich denn um den 'Sitz im Leben' überhaupt scherten, in den spartanischen Aufführungsgelegenheiten ein Argument gegen die Einordnung des Liedes an dieser Stelle gelegen haben sollte. Auch die oben im Falle Pindars angestellten Erwägungen analoge Überlegung, daß man das Lied nur deshalb zu den Dithyramben gestellt haben könnte, weil es nirgendwoanders unterzubringen war (etwa wenn es kein Parthenienbuch gegeben haben sollte[2]), wäre bei dem eigenständigen Charakter und der fest umrissenen Situation der staatlich veranlaßten Aufführung eines Dithyrambos kaum geeignet, die Rücksichtslosigkeit gegenüber den ursprünglichen Aufführungsgegebenheiten zu mildern.

Diese Konsequenzen würden dem, was wir sonst über das Verhältnis der alexandrinischen Philologie zum ursprünglichen Aufführungszusammenhang lyrischer Gedichte festgestellt haben, sehr zuwiderlaufen. So drängt sich die Frage auf, ob wir uns das ja schließlich nur zum kleinsten Teil erhaltene Lied nicht ohne allzu große Gewaltsamkeit so vorstellen können, daß solche unwillkommenen Schlüsse unnötig werden.

Die Formulierung, die Lakedaimonierinnen hätten damals τοιόνδε μέλος gesungen, kann die Aufführung durch einen Mädchenchor nicht beweisen: Es muß nicht "ein solches Lied dieser Art hier, also eines wie unseres" bedeuten, sondern kann einfach "etwa folgendes Lied" heißen. Ist es nicht möglich, daß Bakchylides, womöglich in einem Dithyrambos, seinen Mythos aus der Perspektive des Mädchenchores einer Hochzeitsgesellschaft erzählte, um dadurch reizvolle erzähltechnische Effekte zu erzielen? Möglicherweise ließ er sich zu dieser Kompositionsweise durch ähnliche Erwägungen bestimmen, wie sie ihn zu der Entscheidung bewogen haben, in c. 23 M. Ereignisse des trojanischen Krieges in der Form einer Prophezeiung der Kassandra zu berichten. Wer will wissen,

---

1 Allenfalls das an Dionysos gerichtete Lied der elischen Frauen PMG 871 könnte darauf weisen, das es so etwas doch gab.

Die Mißachtung des ursprünglichen Aufführungszusammenhangs wäre besonders schwer verständlich, sollte unter den Büchern der Bakchylidesausgabe auch eines mit Parthenien gewesen sein, was [Plut.] De mus. 17. 1136 F (p. 68 in der kommentierten Ausgabe von Maehler) nahczulegen scheint, aber leider nicht beweist.

2 Vgl. letzte Anmerkung.

welche Gestaltungsmöglichkeiten dem Dichter seine Erfindung besonders an dem bei ihm immer so wichtigen Schluß des Liedes eröffnete?

Es ist klar, daß solche Hilfshypothesen nicht wirklich befriedigen können. Umgekehrt aber scheint es mir unerlaubt, ein ganzes Gedicht aus wenigen erhaltenen Anfangsversen in einer Form zu rekonstruieren, die die Alexandriner in seiner editorischen Behandlung in klaren Widerspruch zu der Haltung setzen würde, die sonst an ihnen zu beobachten ist.

V. f) Ergebnisse

Blicken wir zurück. Daß die alexandrinischen Editoren sich bei der Verteilung der gesammelten lyrischen Texte auf Bücher von praktischen Gesichtspunkten leiten ließen, ist offensichtlich. Ferner ist zu konzedieren, daß sie dort, wo sie εἴδη zum Kriterium der Aufteilung machten, teilweise zu Sammelbezeichnungen griffen, die sich mit den in der kultischen und musikalischen Praxis zur Zeit der Dichter gebräuchlichen Termini gar nicht deckten (ἐγκώμιον) oder sich mit ihnen in einer für uns u. U. verwirrenden Weise überschnitten, wie dies etwa bei den ὕμνοι und den προσόδια der Fall gewesen zu sein scheint, wobei die Unklarheiten aber z. T. einfach darauf zurückgingen, daß diese Bezeichnungen in archaischer und klassischer Zeit keine klassifikatorischen *termini technici* gewesen waren, sondern ein Lied von Fall zu Fall unter verschiedenen Gesichtspunkten im Hinblick auf seinen Verwendungszweck und seine Aufführungsumstände charakterisieren konnten. Außerdem war man unter verschiedenen Umständen bereit, Lieder unter Sammeltitel zu stellen, die auf sie strenggenommen nicht anwendbar waren. Schließlich ist anzuerkennen, daß das den Editoren zur Verfügung stehende Material häufig nicht ausreichte, den ursprünglichen Aufführungszusammenhang verläßlich zu bestimmen. Es muß somit auch dabei bleiben, daß ein Zitat eines lyrischen Textes aus einem bestimmten Buch einer alexandrinischen Edition über die ursprüngliche Gattungsbezeichnung nicht verläßlich Auskunft gibt und daß die Literaturkritik und -theorie des späteren Altertums durch verfehlte Gattungszuweisungen hier und da in die Irre geführt worden sein kann[1].

Kein wirklich gewichtiges Indiz aber gibt es dafür, daß die Alexandriner alte Termini, die seit langem an bestimmten, ziemlich fest umrissenen Arten von Gesangsaufführungen hafteten, wie διθύραμβος und παιάν, künstlich ohne Rücksicht auf den möglichst zu bestimmenden authentischen Aufführungszusammenhang und im Hinblick auf bestimmte formale Eigenschaften der bloßen Texte umdefiniert hätten. Umgekehrt haben wir in dem Scholion zur `Kassandra´ ein Indizium dafür gefunden, daß das gedankliche Ziel der Bemühungen um

---

[1] Ob die alexandrinische Klassifikation den später arbeitenden Gelehrten den Blick auf die Gattungsrealität der frühen Zeit tatsächlich so sehr verstellt haben kann, wie oft angenommen wird, müßte erneut geprüft werden.

die Klassifikation der Einzeltexte sehr wohl der ursprüngliche Aufführungszusammenhang war, und die Scholien zu den Epinikien weisen an mehreren Stellen auf ein helles Bewußtsein von der Bedeutung dieses Gesichtspunkts und ein lebhaftes Interesse dafür[1].

Man tut mithin den alexandrinischen Gelehrten Unrecht, wenn man ihnen unterstellt, für die Funktionsgebundenheit der Arbeit der großen Lyriker kein Sensorium besessen und ihre Werke als bloße Buchpoesie mißverstanden zu haben.

---

[1] Die Annahme, die Kommentatoren aus der Zeit nach der Entstehung der maßgeblichen Editionen, deren Arbeit sich in den zitierten Epinikien - Scholien niederschlägt, hätten eine Beziehung zum `Sitz im Leben´ wiedererlangt, die Gelehrten wie Kallimachos, Aristophancs und Aristarch abhanden gekommen sei, hat alle Wahrscheinlichkeit gegen sich.

Index